U0850833

高等学校规划教材

流体力学

主　编　李福宝　李　勤
副主编　王德喜　雷旭霞　王会林

北京
冶金工业出版社
2021

内容提要

本书以流体静力学、流体运动学和流体动力学为理论基础，以解决流体力学问题的典型方法和典型工程应用为主线，注重基础理论的学习和基本方法的掌握，强调与工程应用相结合，同时结合了编者多年来在此领域的教学成果和科研实践。

全书共分 11 章，内容包括：绪论；流体的基本物理性质；流体静力学；流体运动学；流体动力学；平面势流；管内流体流动；流体绕物流动；湍流与射流；撞击流；流体流动的相似性等。

本书可作为高等院校教材，也可作为相关工程技术人员参考用书。

图书在版编目(CIP)数据

流体力学/李福宝，李勤主编. —北京：冶金工业出版社，2010. 2(2021. 7 重印)
高等学校规划教材
ISBN 978-7-5024-5160-8

Ⅰ. ①流… Ⅱ. ①李… ②李… Ⅲ. ①流体力学 Ⅳ. ①O35

中国版本图书馆 CIP 数据核字(2010)第 021701 号

出 版 人 苏长永
地　　址 北京市东城区嵩祝院北巷 39 号 邮编 100009 电话 (010)64027926
网　　址 www. cnmip. com. cn 电子信箱 yjcbs@ cnmip. com. cn
责任编辑 郭冬艳 美术编辑 李 新 版式设计 张 青
责任校对 石 静 责任印制 李玉山
ISBN 978-7-5024-5160-8
冶金工业出版社出版发行；各地新华书店经销；北京虎彩文化传播有限公司印刷
2010 年 2 月第 1 版，2021 年 7 月第 5 次印刷
787mm×1092mm 1/16；13 印张；345 千字；197 页
27. 00 元

冶金工业出版社 投稿电话 (010)64027932 投稿信箱 tougao@cnmip. com. cn
冶金工业出版社营销中心 电话 (010)64044283 传真 (010)64027893
冶金工业出版社天猫旗舰店 yjgycbs. tmall. com

前　言

流体力学是研究流体受力及其宏观运动规律的一门学科，是过程装备与控制工程专业的核心课程之一，其目的是使学生掌握流体受力及运动的基本原理，了解解决流体问题的基本方法，结合工程实际分析流体现象，研究过程装备中流体流动规律和与传递有关的过程。

本书以流体静力学、流体运动学和流体动力学为理论基础，以解决流体力学问题的典型方法和典型工程应用为主线，注重基础理论的学习和基本方法的掌握，强调与工程应用相结合，同时结合了编者多年来在此领域的教学成果和科研实践。

全书共分11章，内容包括：绪论，流体的基本物理性质，流体静力学，流体运动学，流体动力学，平面势流，管内流体流动，流体绕物流动，湍流与射流，撞击流，流体流动的相似性。其中第1、10章由李勤编写，第4章由王德喜编写，第5、6、8、9章由李福宝编写，第2、3章由雷旭霞编写，第7、11章由王会林编写。全书由李福宝统稿。

本书可用作高等学校的教材，也可作为工程技术人员参考用书。在本书编写过程中得到了专家同行的大力支持，在此表示衷心的感谢！同时恳请专家、学者及同行对本书的缺点和不妥之处提出宝贵的意见。

编　者

2009年11月

目　　录

1 绪　　论

1.1 工程流体力学的定义

工程流体力学是以理论分析和实验研究相结合的方法来研究流体处于平衡、运动和流体与固体相互作用的力学规律,以及这些规律在实际工程中的应用,其研究对象为物质的流态、气态。

1.2 研究方法

1.2.1 理论分析方法

理论分析方法包括:

(1) 对实际的流体力学问题进行科学的抽象,即对诸多影响因素分清主次、抓住主要因素、建立理论模型。

(2) 对该模型建立描写流体运动规律的积分方程或微分方程,并确定初始条件和边界条件。

(3) 解析方程组。

(4) 解析解与实际流动相比较,以确定解的精确度。

理论分析方法是借助数学工具和计算机,其特点是推导严谨、答案精确,但由于在建立流体力学模型时忽略了次要因素的影响,因此它只局限于比较简单的理论模型,并且与实际流体相比,往往有一定误差,需要依靠实验进行修正,对于复杂的流体力学问题,只能用理论指导下的实验研究或数值计算方法进行研究。

1.2.2 实验研究方法

实验研究方法包括:

(1) 对实际流体力学问题的影响因素分清主次,抓住主要因素,根据相似原理建立实验模型,选择流动介质。

(2) 通过实验测定有关相似准则数中的物理量。实验设备可以是水槽、水洞、水池、风洞、激波管、测试管系,水电比拟及有关测试仪器等。

(3) 将实验数据整理成相似准则数,并通过对实验数据的拟合,找出准则方程式,便可推广应用于相似的流动。

实验研究方法接近于实际,只要实验模型设计合理(即模型流场与实际流场相似)、测量无误、准则方程拟合精度高,其实验结果就是可靠的。如果由于模型尺寸、流动介质等的限制,设计模型时只能使主要相似准则数相等,则实验结果就只能是近似的。

1.2.3 数值计算方法

数值计算方法的步骤是:

(1) 抓住主要影响因素,建立流体力学模型。

(2) 确定初始条件和边界条件。

(3) 合理选用计算方法，它们可以是有限差分方法、特征线方法、有限元方法、边界元方法、谱方法等。

(4) 编制计算程序。

(5) 上机计算，得到近似解，分析答案，以确定是否符合精度要求。

数值计算方法的特点是：

(1) 过去许多用解析方法不能求解的流体力学问题，用计算机数值计算便可解决。

(2) 在计算机上用数值计算方法可以很好地模拟流体力学实验，并可对多个实验研究方案进行比较和优选，从而可大大地节省实验时间和费用。

(3) 在某些无法进行实验或实验耗资巨大的工程领域中，数值计算方法更能显现突出的优越性。

(4) 具有局限性，因为数学模型建立必须以理论分析和实验研究为基础，而此时，往往很难包括实际流动的所有物理特性。

理论分析、实验研究和数值计算三种方法各有利弊，相辅相成。理论分析方法指导实验研究和数值计算，实验研究方法用来检验理论分析和数值计算结果的正确性，数值计算方法用来弥补理论分析和实验研究的不足。

1.3 流体力学的作用

人类最早对流体力学的认识是从治水、灌溉、航行等方面开始的：四千多年前的大禹治水、秦代修建的都江堰、郑国渠、灵渠。随着人们对流体力学的认知，流体力学在各个领域都得到了广泛的应用。水利工程的建设、造船工业的发展是同水静力学的建立和水动力学的发展密切相关的。航空工业中各种飞机和飞行器的设计都要依据空气动力学和气体动力学的基本原理。在电力工业中不论是水电站、火电站，还是核电站、地热电站，它们的工作介质都是流体，所以动力设备的设计都必须符合流体流动的规律。机械工业中的润滑、冷却、液压传动、气流输送以及液压和气动控制问题的解决，都必须应用流体力学的理论。在冶金工业中，则会遇到像气体在炉内的流动、液态金属在炉内或铸模内的流动，以及冷却、通风等流体力学问题。在采矿工业中，像矿井通风、矿产品的水力输送、洗选以及风动、液动工具等。在石油化工工业中，油气、水的渗流、抽吸和输送问题以及化学反应、传质、传热中的流动过程。在土木建筑工程中的给水排水、供热通风、空气调节、燃气供应等。在海洋中的波浪、环流、潮汐以及大气中的气旋、环流和季风等都是流体力学问题，人体的循环系统中，如人工心脏、心肺机、助呼吸器等的设计都是依据流体力学的基本原理。

2 流体的基本物理性质

2.1 流体的概念

2.1.1 流体的定义

物质一般存在五态，即固态、液态、气态，还有离子态和凝聚态。其中固、液、气三态是自然界中常见的。液体和气体因具有易流动性，故而称为流体。从力学方面看，固体具有抵抗压力、拉力和剪切力的能力，因此，在外力作用下，通常发生较小的变形。流体由于不能保持一定的形状，所以它仅能抵抗压力，而不能抵抗拉力和剪切力。当它受到任何微小剪切力的作用时都会发生连续变形（即流动），并且只要这种力存在，变形就不会停止。

固体、液体和气体都是由分子组成的，只是分子间的距离不同而已。固体分子间的距离很小，分子间的作用力很大，不容易产生变形。而气体分子间的距离较大，分子间的作用力很小。气体分子可以自由运动，并总是充满它所能到达的整个空间，所以气体不能保持一定的形状和体积，极易发生变形和流动。液体介于两者之间，虽然和气体一样容易发生变形和流动，但在一般情况下，可以保持一定的体积，而不像气体那样，总是充满整个容器。

流体的基本特征是具有流动性，其通常用密度、压强、温度和速度等物理量来进行描述。

2.1.2 流体质点的概念

从物质微观结构角度看，流体是由分了组成的，分子间有比其自身尺度大得多的间隙，同时，由于分子的随机运动，致使流体分子不连续地分布于其所占有的空间，并随时间不断地变化。

从物质的宏观角度看，按照分子统计平均方法，完全可以将流体视为由连续分布的质点构成。其流体质点的物理性质及其运动参量也是连续的，是所在空间及时间的连续函数。

关于流体质点的定义，用于描述物理量平均统计特性的微元 ΔV 应该是使物理量统计平均值与分子随机运动无关的最小微元，该微元定义为流体质点。流体质点的尺度较微观粒子结构尺度大得多，而较宏观特征尺度小得多，可以忽略不计。

2.2 流体密度

2.2.1 流体的密度

单位体积的流体所具有的质量称为流体的密度。它表征流体在空间某点质量的密集程度。

2.2.1.1 均质流体

对于均质流体，其密度为：

$$\rho = \frac{m}{V} \tag{2-1}$$

式中 ρ——流体的密度，kg/m^3；

m——流体质量，kg；

V——流体的体积,m^3。

2.2.1.2　非均质流体

对于非均质流体,在流体中任意取一体积为 ΔV 的微元,其质量为 Δm,则其平均密度为:

$$\rho_m = \frac{\Delta m}{\Delta V} \tag{2-2}$$

当 $\Delta V \to \varepsilon^3$ 时,其中 ε 为流体质点的特征尺寸,以满足流体作为连续介质的要求,则该点的密度为:

$$\rho = \lim_{\Delta V \to \varepsilon^3} \frac{\Delta m}{\Delta V} \tag{2-3}$$

一般来说,流体的密度随压强和温度的变化而变化,对于液体而言,液体密度随温度和压强的变化很小,通常视为常数,对于气体来讲,气体密度随压强和温度的变化较大,对于理想气体,可用气体状态方程来描述。

$$p = \rho RT \tag{2-4}$$

式中　p——气体的绝对压强,Pa;

ρ——气体密度,kg/m^3;

R——气体常数,J/(kg·K);

T——气体的热力学温度,K。

2.2.2　比体积(比容)

比体积(比容)v 为流体密度的倒数,即单位质量流体所占有的体积

$$v = \frac{1}{\rho} \tag{2-5}$$

式中　v——比体积(比容),m^3/kg;

ρ——流体密度,kg/m^3。

2.2.3　密度(重度)

密度是用单位体积流体所具有的重量,即:

$$\gamma = \frac{G}{V} \tag{2-6}$$

式中　γ——流体的密度,kg/m^3;

G——流体的质量,kg;

V——流体的体积,m^3。

2.2.4　混合气体的密度

混合气体的密度可以按各种气体所占有的体积百分数来计算

$$\rho = \rho_1\alpha_1 + \rho_2\alpha_2 + \cdots + \rho_n\alpha_n = \sum_{i=1}^{n} \rho_i\alpha_i \tag{2-7}$$

式中　ρ_i——混合气体中各种气体的密度;

α_i——混合气体中各种气体所占有的体积分数。

2.3　流体的连续介质模型

流体的连续介质模型是1755年欧拉提出来的,按照连续介质模型,流体的密度、压强、速度、

温度等物理量一般在空间和时间上都是连续分布的，是空间坐标和时间的单值连续可微函数。基于流体质点的概念，流体的连续介质模型，有如下的基本假说：

(1) 质量分布连续。用密度作为表示流体质量的物理量，则密度是空间坐标和时间的单值连续可微函数，即

$$\rho = \rho(x,y,z,t) \tag{2-8}$$

(2) 运动连续。在取定的区域和时间内，质量连续分布的流体处于运动状态时，其运动是连续的，亦即表征运动的特征量是空间坐标点和时间的单值连续可微函数，以速度为例，即

$$\boldsymbol{v} = \boldsymbol{v}(x,y,z,t) \tag{2-9}$$

(3) 内应力连续。流体运动时，流体质点之间的相互作用力称为流体内应力，在流体中任意取一个微元面积 ΔA，微元面上流体质点之间的相互作用力为 ΔF，则流体内应力 p 可以定义为

$$p = \lim_{\Delta A\to 0}\frac{\Delta F}{\Delta A} = \frac{\mathrm{d}F}{\mathrm{d}A} \tag{2-10}$$

流体内应力是连续的，即为空间坐标和时间的单值连续可微函数。

$$p = p(x,y,z,t) \tag{2-11}$$

流体连续介质模型的建立，使流体物性和运动参数物理量都被表示成连续的函数，可以引用大量的数学方法来求解流体力学的问题。因此它具有十分重要的意义。

2.4 流体的物理性质

刚体力学的基本假设是所研究的刚体各部分之间没有变形或相互位移，流体力学基本假设是所研究的流体具有变形和相互位移，并且没有固定的形状。

2.4.1 流动性

流体分子间的引力较小，分子的运动较强烈，分子排列松散，因而流体没有固定的形状，其形状取决于限制它的固体边界，流体各个部分之间很容易发生相对运动，这种流体的流动性质可以用力学语言来描述为：流体在受到很小的切应力时，就要发生连续的变形，直到切应力消失为止。受到切应力的作用发生连续变形的流体称为运动流体。反之，不受切应力作用的流体就不会发生变形，称之为静止流体。流体中存在切应力是流体处于运动状态的充分必要条件。

2.4.2 可压缩性和膨胀性

2.4.2.1 流体的可压缩性

流体不仅形状容易发生变化，而且其体积随压强的增大而减小，这一特性称为流体的可压缩性，通常用体积压缩系数 β_p 来表示，其定义为在一定温度下，增加单位压强所引起的流体体积的相对变化量，即

$$\beta_p = -\frac{\mathrm{d}V/V}{\mathrm{d}p} \tag{2-12}$$

式中 β_p——体积压缩系数，1/Pa；
$\mathrm{d}V/V$——流体的体积相对变化量
$\mathrm{d}p$——压强的增量，Pa。

β_p 恒为正值，β_p 值大，表示流体的可压缩性大，反之，则表示其可压缩性小。

流体体积压缩系数的倒数称为流体的体积弹性模量 E，它指的是流体单位体积的相对变化量所需要的压强增量，即

$$E = \frac{1}{\beta_p} = -\frac{V\mathrm{d}p}{\mathrm{d}V} \tag{2-13}$$

E 的单位与压强的单位相同，工程上常用体积弹性模量来衡量流体压缩性的大小，E 值大的流体的可压缩性小，E 值小的流体其可压缩性大。流体的体积弹性模量 E 的值随温度和压强的变化而变化，但液体的 E 值变化较小。水的 E 值很大，它的可压缩性很小，通常近似取 E 值为 1.9613 GPa。

2.4.2.2　流体的膨胀性

流体的体积随温度的升高而增大的特性称为流体的膨胀性。通常用体积膨胀系数 β_T 来表示，即在压强不变的情况下，单位温升所引起流体体积的相对变化量，即：

$$\beta_T = \frac{\mathrm{d}V/V}{\mathrm{d}T} \tag{2-14}$$

式中　β_T——体积膨胀系数，1/K；

$\frac{\mathrm{d}V}{V}$——流体的体积相对变化量；

$\mathrm{d}T$——温度的增量，K。

2.4.3　黏性

流体的黏性是指流体流动时产生内摩擦力的性质，这是流体的固有物理属性，但流体的黏性只有在运动状态下才能显示出来。

2.4.3.1　黏性实验

图 2-1 为两块相距 h 的水平放置的平行平板，其间充满液体，下板固定不动，上板在力 F' 作用下以 U 的速度沿 x 方向做定常运动。黏性使流体黏附于它所接触的固体表面，与上平板接触的流体以 U 的速度运动，而与下平板接触的液体静止不动，它们中间的流体速度则由下板处的零均匀地变化到上板处的 U，各流层之间都有相对运动。若以上平板为研究对象，必定会产生与 F' 大小相等而方向相反的摩擦阻力 F。

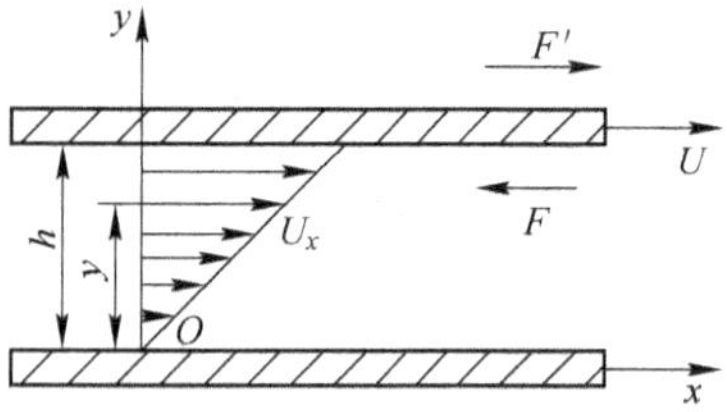

图 2-1　液体在平行平板间的流动

实验表明：该力的大小与平板的面积 A、平板的运动速度 U 成正比，而与两板间的距离 h 成反比，即：

$$F \propto A\frac{U}{h} \tag{2-15}$$

U/h 表示在速度的垂直方向上单位长度的速度增量，称为速度梯度，单位为 s^{-1}。显然，上述情况的速度分布为直线，速度梯度为常数。单位面积的摩擦阻力为切向应力，用 τ 表示：

$$\tau \propto \frac{U}{h} \tag{2-16}$$

2.4.3.2　牛顿内摩擦定律

A　牛顿切应力公式

如图 2-2 所示，流体表面在外部剪切力作用下发生流动，由于流体分子间的相互作用，表面流体将带动下面的流体流动。同时下面的流体要阻止上面部分流体的流动，从而在流体内部产生相对运动，假想在流体中有一个平面将流体分为上、下两部分，则上、下两部分流体接触面上必然存在阻碍相对运动的摩擦力，此称为流体内摩擦力。

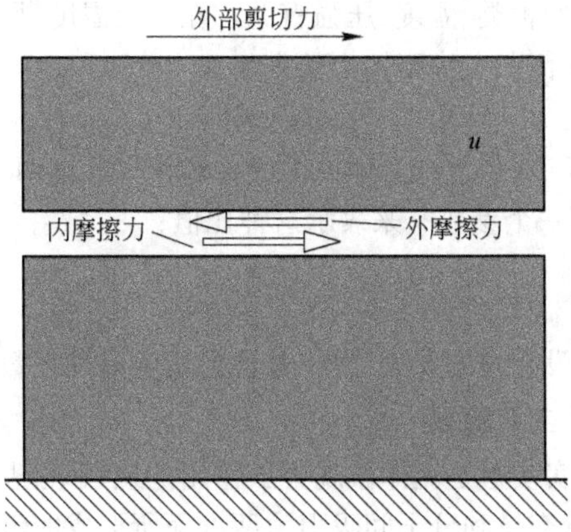

图 2-2 液体间的剪切力

图 2-3 为二维流动的一般速度分布。现取一厚度为 δy 的薄流层,坐标 y 处的流速为 u,坐标 $y+\delta y$ 处的流速为 $u_x+\delta u_x$,该层的平均速度梯度为 $\delta u_x/\delta y$。而 $\lim\limits_{\delta y\to 0}(\delta u_x/\delta y)=\mathrm{d}u_x/\mathrm{d}y$ 为微元流层的速度梯度。

对流体微元流层得:

$$\tau = \mu \frac{\mathrm{d}u}{\mathrm{d}y} \tag{2-17}$$

式(2-17)称为牛顿切应力公式,其中比例系数 μ 就是代表流体黏滞性的物理量,其单位为 $\mathrm{N\cdot s/m^2}$ 或 $\mathrm{Pa\cdot s}$。

B 流体流动的速度梯度与流体微团的角变形速度的关系

在流体中取一微小单元 $abcd$,如图 2-4 所示,经过 $\mathrm{d}t$ 时间后,其形状变为 $a'b'c'd'$,发生了角变形,变形角为 $\mathrm{d}\psi$,角变形速度为 $\mathrm{d}\psi/\mathrm{d}t$。则:

$$\frac{\mathrm{d}\psi}{\mathrm{d}t} = \frac{\mathrm{d}u_x\cdot \mathrm{d}t/\mathrm{d}y}{\mathrm{d}t} = \frac{\mathrm{d}u_x}{\mathrm{d}y} \tag{2-18}$$

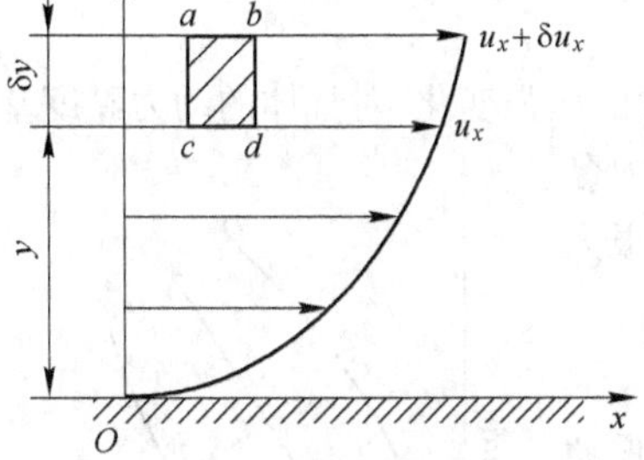

图 2-3 二维流动的一般速度分布

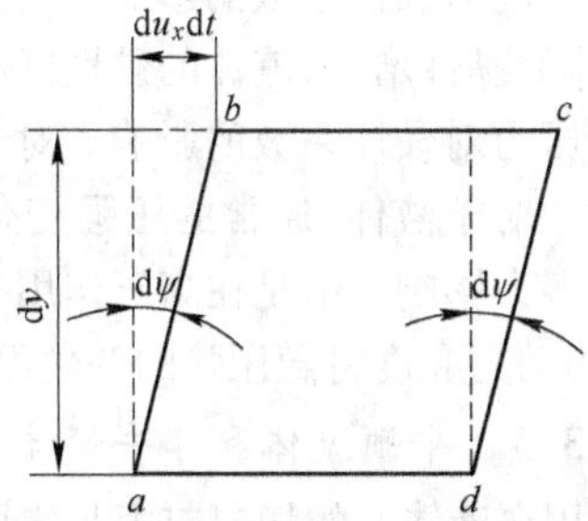

图 2-4 流体微团的角变形

可见,流体流动的速度梯度等于流体微团的角变形速度,因此,牛顿黏性应力公式的物理意义也可表述为:各流层间的切向应力与流体微团的角变形速度成正比。

C 黏性系数

a 动力黏性系数

动力黏性系数 μ 是代表流体黏滞性的物理量,它反映了流体内摩擦力的大小,称为流体的动力黏性系数或黏性，与流体的种类、温度、压强有关。在一定温度、压强下，它是一个常数，在数值上等于速度梯度为 1 时单位面积上内摩擦力的大小。

b　运动黏性系数

在流体力学的分析计算中，常常把流体的黏度 μ 和密度 ρ 这两个物理性质结合在一起以 μ/ρ 的形式出现。由此引出另一个参数 γ 来表示这种比值：

$$\gamma = \frac{\mu}{\rho}$$

γ 的单位为 m^2/s，因为没有力的要素，故将其称为运动黏性系数或运动黏度。

2.4.3.3　黏性阻力产生的原因

黏性阻力或内摩擦力，实质上是流体微观分子作用的宏观表现，黏性阻力产生的物理原因，就是分子不规则运动的动量交换和分子间吸引力两方面所形成的阻力。

（1）分子不规则运动的动量交换形成的阻力。由于分子做不规则运动，各流体层之间互有微观的分子迁移掺混，当流体层之间存在相对运动时，可以说快层中所有分子以宏观速度 du 对慢层做相对运动。同时也可以说慢层中所有分子以宏观速度 $-du$ 对快层做相对运动。这样，当快层分子迁移到慢层时，分子就带有动量 mdu 交换给慢层，这种动量交换给慢层以向前的碰撞，形成拖力而使慢层加速；当慢层分子迁移到快层时，分子就带有动量 $-mdu$ 交换给快层，这种动量交换给快层以向后的碰撞，形成阻力而使快层减速，这就是流体分子的热运动在不同流速流层间的动量交换所形成的黏性。

（2）分子间吸引力形成的阻力。当流体层之间没有相对运动时，相邻层中分子均处于平衡位置，各方向的吸引力平衡，当相邻层有相对运动时，便破坏了原来的分子排列，而使相邻层中分子距有所增加，则两层分子间的吸引力就表现出来了，这时快层的分子引力表现为拖动慢层，而慢层的分子引力表现为阻滞快层，这样流体分子间的引力在流体微团做相对运动时形成黏性。

对于液体，分子距较小，分子间的引力较大，而分子的热运动较弱，所以形成液体黏性的主要因素是分子间的引力。对于气体，分子距很大，分子间的引力非常微小，而分子的热运动强烈，所以形成气体黏性的主要因素是分子的热运动。

2.4.3.4　黏性系数的影响因素

（1）温度对黏性系数的影响。当温度升高时，分子的热运动加强，分子距增大，分子间引力减小，气体的黏性增大，液体的黏性减小。

（2）压力对黏性系数的影响。对气体而言，通常的压强变化，对气体的动力黏度基本上没有什么影响。对于液体，通常的压强变化对液体的动力黏度也没有多大影响。但是在高压作用下或压强变化很大时，液体的动力黏度将随压强的变化而变化。

2.4.3.5　牛顿流体和非牛顿流体

凡作用在液体上的切向应力与它所引起的角变形速度（速度梯度）之间的关系符合牛顿内摩擦定律的流体，称为牛顿流体。如图 2-5 中直线 A 所示，水和空气都是牛顿流体，否则称为非牛顿流体，典型的曲线如 B、C、D 所示。

2.4.3.6　黏性流体和理想流体

实际流体都具有黏性，都是黏性流体，没有黏性的流体称为理想流体，是一种假想流体模型。

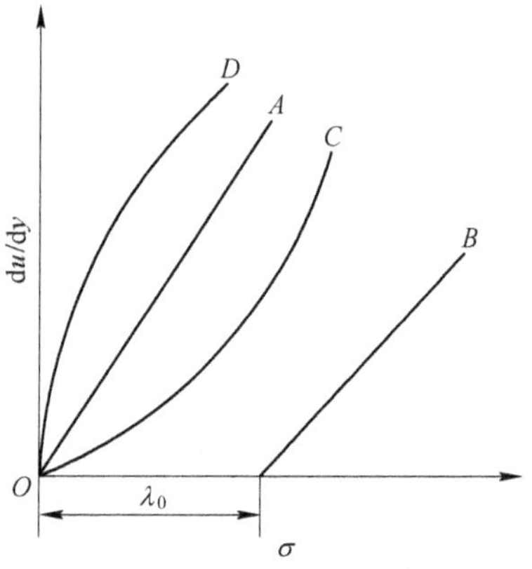

图 2-5　牛顿流体与非牛顿流体

引入理想流体概念的意义：一方面，有些实际流体的黏性显示不出来，如静止的流体，等速直线运动的流体等；另一方面，有些问题黏性不起主要作用，便可按理想流体求出流动的基本规律，使分析和计算得以简化。如果要考虑黏性的影响，还可根据实验数据进行修正。

［**例 2-1**］ 垂直圆管内的活塞运动

图 2-6 是一根内直径 $d=74.0$ mm 的垂直圆管；管内有一质量为 2.5 kg 的活塞，其 $D=73.8$ mm，$L=150$ mm。活塞与圆管完全对中，两者间隙为 0.1 mm，间隙中充满润滑油膜。润滑油的黏度 $\mu=7\times10^{-3}$ Pa · s。若不考虑空气压力，试求当活塞自由下落时其最终的平衡速度——活塞重力与活塞表面摩擦力相等时的速度。

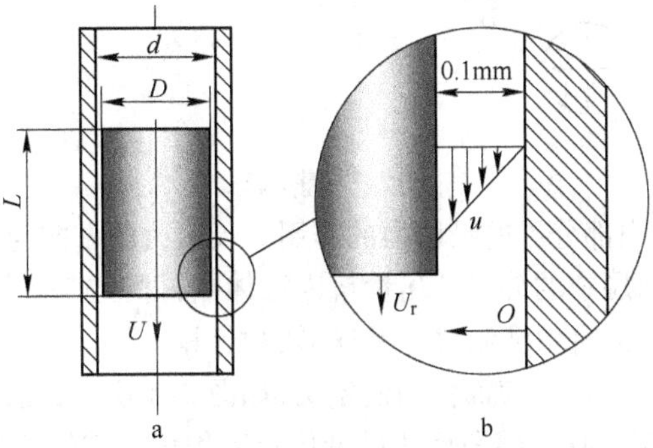

图 2-6 垂直圆管内的活塞运动

解：假设油膜中的速度分布是线性的，如图 2-6b 所示，则油膜内的速度梯度可计算为：

$$\frac{\partial u}{\partial r}=\frac{U-0}{0.0001}=10000U\ (\mathrm{s^{-1}})$$

由牛顿剪切定律可得活塞表面处流体所受的切应力为：

$$\tau=\mu\frac{\partial u}{\partial r}=70U\ (\mathrm{Pa})$$

活塞受到的切应力与 τ 大小相等，指向活塞运动反方向，活塞受到的总的摩擦力为 $\pi DL\tau$。设达到平衡时的活塞速度为 U_T，则由摩擦力与重力平衡得：

$$\pi DL\tau=mg$$

$$\pi\times0.0738\times0.15\times70\times U_T=9.381\times2.5$$

由此计算出

$$U_T=10.07\ (\mathrm{m/s})$$

2.4.4 表面张力

2.4.4.1 表面张力的形成

液体表面总是取收缩的趋势，这种收缩趋势表明液体表面各部分之间存在相互作用的拉力。液体分子间吸引力的作用范围很小，大约在 3 ~ 4 倍平均分子距为半径 r 的球形范围内，该范围称为影响球。当某分子距离自由液面的距离大于或等于 r 时，该分子受到周围分子的引力是相互平衡的，如图 2-7A、B 所示。当某分子距离自由液面的距离小于 r 时，由于自由液面另一侧气体分子的引力远小于液体分子的引力，球内诸分子作用在该分子上的引力便不能相互平衡，而合成一个拉向液体内部的合力，如图 2-7C 所示。在距离液面小于 r 的范围内，所有液体分子均受到这样的力作用。其大小因距液面的距离不同而不同，当液体分子处于自由表面时，合力达到最大值，如图 2-7D 所示。液面下厚度小于影响球半径的薄层为表面层，表面层内所有液体分子都受到向下的吸引力，从而把表面层紧紧地拉向液体内部。所以层下的液体分子要进入表面层，都必须反抗这种力的作用，对这些分子做功。这些功便成了增加的表面层自由能。因此，自由表面的增加便是表面自由能的增加，反之亦然。当自由表面收缩时，必定有与收缩方向相反的拉力做负功，以使表面自由能相应减少。可见，自由表面处于拉伸状态。液体的表面张力是液体表面上相邻部分之间的相互牵引力，是液体分子力在液体表面层中的一种宏观表现，其方向与液体表面相切，并与两相邻部分的分界线垂直。

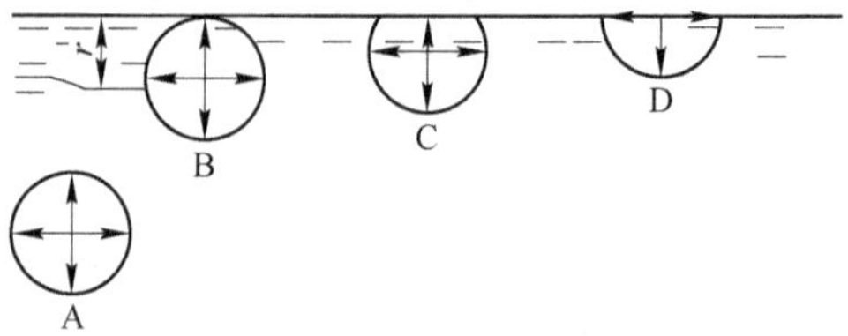

图 2-7　影响球

液面上的分子受液体内部分子的吸引力的作用。吸引力的方向与液面垂直并指向内部。在这种力的作用下，液体表面层中的分子有尽量挤入液体内部的趋势。因而液体表面趋向于收缩成最小面积，这就是空气中的自由液滴总是呈球形的原因。

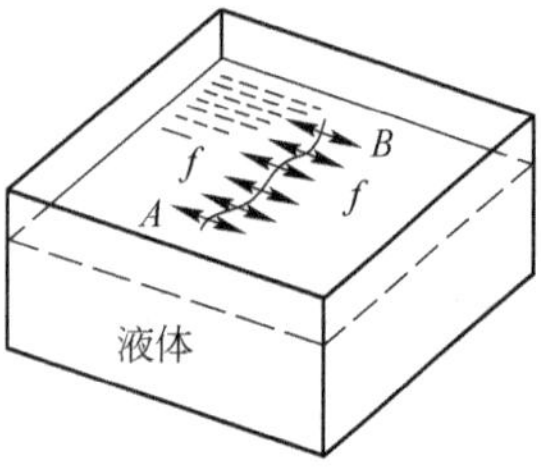

图 2-8　液体表面张力

表面张力的定义，如图 2-8 所示，在液面上任意作一条曲线段 AB。线段两边的液体相互作用一定的拉力 f，这个拉力垂直于所取线段且与液面相切。其大小为：

$$f = \sigma l \tag{2-19}$$

比例系数 σ 称为液体表面引力系数。它在数值上等于液体表面单位长度分界线两边的相互拉力，单位为 N/m。

因此把表面张力的大小以作用在单位长度上的力即表面张力系数 σ 来表示。其与液体的种类有关，也随温度变化，温度升高，表面张力减小。

2.4.4.2　拉普拉斯公式

液体自由表面为曲面时，表面张力的存在将使液体自由表面两侧产生附加压力差。

图 2-9 是在凸起的液面下取一个四边形微元面 $ABCD$，其面积为 ΔS。O 为 $ABCD$ 的中心点，n 为过 O 点的曲面法线。过 O 点作两个相互垂直的平面，分别与微元面 $ABCD$ 相交于 IJ 和 GH 两条曲线，GH 和 IJ 分别与 $ABCD$ 的边平行。这两条曲线在 O 点的曲率中心分别在法线上的 O_1 和 O_2 点处，其曲率半径分别为 $R_1 = OO_1$ 和 $R_2 = OO_2$。

由于表面张力的存在，液体自由表面内外侧将产生附加压力差：

$$\Delta p = p_i - p_o \tag{2-20}$$

如图 2-9 所示，该压力差作用于液体自由表面的总力为 $\Delta p \Delta S$，其方向指向法线 n 的正方向，且必然与微元面 $ABCD$ 周边的表面张力在 n 方向的分力相平衡。

现考察微元面的 AB 和 CD 两条边上的表面张力 F 和 F'，则有：

$$F = \sigma \cdot AB \quad 和 \quad F' = \sigma \cdot CD \tag{2-21}$$

将 F 分解，如图 2-9 所示，得到其在平行于 n 方向的分量 f_1 为：

$$\begin{aligned} f_1 &= F\sin\left(\frac{\beta}{2}\right) \approx \sigma \cdot AB \cdot \frac{\beta}{2} \\ &= \sigma \cdot AB \cdot \frac{IJ}{2R_1} = \frac{\sigma}{2R_1}\Delta S \end{aligned} \tag{2-22}$$

同理可得 F'平行于 n 方向的分量 f_2 为：

$$f_2 = \frac{\sigma}{2R_1}\Delta S \tag{2-23}$$

对微元四边形的另外两条边 AD 和 BC，类似可得：

$$f_3 = \frac{\sigma}{2R_2}\Delta S \tag{2-24}$$

$$f_4 = \frac{\sigma}{2R_2}\Delta S \tag{2-25}$$

于是，将式(2-22)～式(2-25)相加可得微元 ΔS 受到的表面张力的法线方向分量总和为：

$$\Delta p\Delta S = f_1 + f_2 + f_3 + f_4 = \sigma\left(\frac{1}{R_1} + \frac{1}{R_2}\right)\Delta S \tag{2-26}$$

因此，由压力差的总力 $\Delta p\Delta S$ 与上述表面张力的法向分量总和相等，得附加压力差为：

$$\Delta p = \sigma\left(\frac{1}{R_1} + \frac{1}{R_2}\right) \tag{2-27}$$

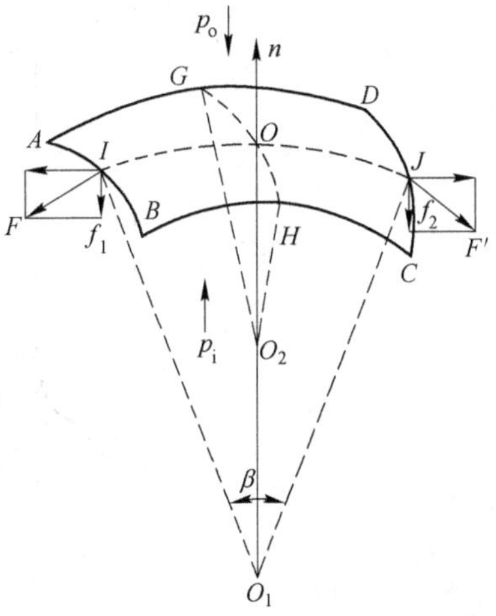

图 2-9 曲面上的表面张力与附加压力

式(2-27)就是计算弯曲液面附加压力差 Δp 的拉普拉斯公式。它表明由于表面张力的存在，凸起液面内侧的压力值高于外侧的压力。

对于凹形液面，同样可用上面的方法推导出拉普拉斯公式。只需在式(2-27)右边加一个负号，表示凹液面的内侧压力低于外侧压力。例如，水中气泡内的压力就比气泡外的高。

［**例 2-2**］ 球形液膜的内外压差

图 2-10 所示是一个球形液膜（如肥皂泡等），其表面张力系数为 σ，厚度可以忽略不计，即内外侧的半径均为 R。试求膜内外的压力差。

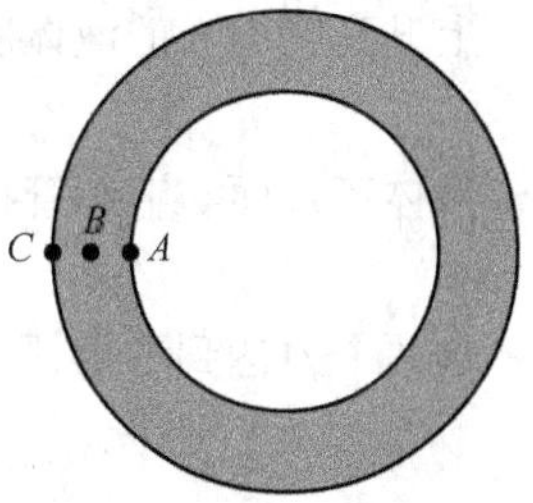

图 2-10 球形液膜

解：考察液膜外侧点 C，内侧点 A 和液膜中点 B。根据拉普拉斯公式，表面张力在 A 和 B 点之间形成的压力差为：

$$p_A - p_B = \left(\frac{1}{R} + \frac{1}{R}\right)\sigma = \frac{2\sigma}{R}$$

因为是球形，所以上式中两个曲率半径均为 R。而 B 和 C 之间的压力差为：

$$p_C - p_B = -\left(\frac{1}{R} + \frac{1}{R}\right)\sigma = -\frac{2\sigma}{R}$$

在以上两式中消去 p_B 则得：

$$p_A - p_C = \frac{4\sigma}{R}$$

这个结果表明，球形液膜内侧的压力较外侧的压力高 $4\sigma/R$。

2.4.4.3 毛细现象

液体分子之间相互制约的引力称为内聚力，液体分子和固体分子之间的引力称为附着力。当液体和固体壁面接触时，若内聚力小于附着力，液体将在固体壁面上伸展开来，湿润固体壁面，称为润湿现象。如图 2-11a 所示，水在玻璃壁面上将出现润湿现象。当内聚力大于附着力时，液体将缩成一团，不润湿固体壁面，水银在玻璃壁面上就出现这种现象，如图 2-11b 所示。

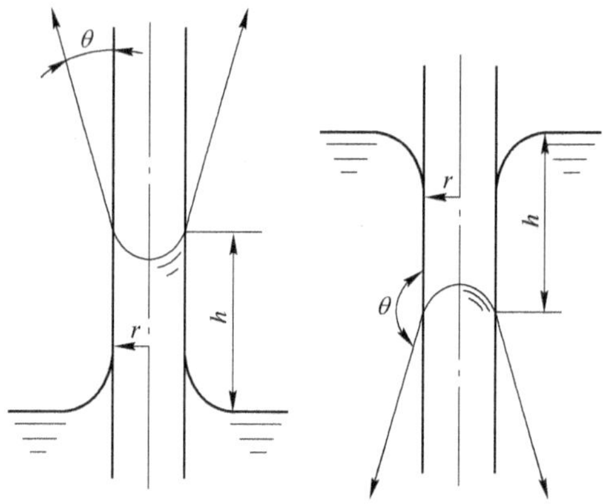

图 2-11　毛细现象

因此，上述现象的表现为，当液体能润湿管壁时，管内液面升高，且呈凹形，接触角是锐角，当液体不能润湿管壁时，管内液面将下降，且呈凸形，接触角是钝角，这种现象称为毛细现象。例如，吸水纸可以把水吸走，水可以在土壤缝隙中上升到地下水位以上。水可以从树根沿着树干上升到树梢、沙漠中的胡杨、多孔介质流动、微细血管内血液流动等造成毛细现象的原因，可由拉普拉斯公式解释，当液面为曲面时，表面张力造成了曲面两侧的压强差，为了平衡这种压强差，液面必定要升高或降低，其升高或降低的液体高度所产生的压力等于毛细管内液面内外压差，或接触周边的表面张力。

上升高度为 h 的液体所受到重力为

$$G = \pi r^2 h\rho g \tag{2-28}$$

液体弯月面与毛细管接触周边的表面张力在垂直方向的分量为：

$$f = 2\pi r\sigma\cos\theta \tag{2-29}$$

这两个力达到平衡，则可求得 h：

$$h = \frac{2\sigma\cos\theta}{\rho g r} \tag{2-30}$$

其中，θ 称为液体与固体界面之间的接触角，反映附着力的影响。显然，液体能润湿管壁时 θ 为锐角；反之为钝角。θ 为钝角时，h 为负值，表明管内液面低于管外液面。σ 为表面张力系数，反映内聚力的影响。

式(2-30)反映了毛细管中液面上升或下降高度与表面张力系数和接触角之间的关系，因此在实践中可以用来准确测定液体的表面张力系数。

[**例 2-3**]　水中之毛细管

设有一根毛细管，其内直径为 2 mm，与水的接触角 $\theta = 20°$。水在空气中的表面张力系数为 0.0730 N/m。若取水的密度为 1000 kg/m^3，试求水在毛细管中的上升高度。

解：用式(2-30)进行计算：

$$h = \frac{2\sigma\cos\theta}{\rho g r} = \frac{2 \times 0.073 \times \cos 20°}{1000 \times 9.806 \times 0.001} = 0.01399\ (\mathrm{m}) = 13.99\ (\mathrm{mm})$$

3 流体静力学

流体的平衡状态包括静止状态和相对静止状态，静止流体是指对选定的坐标系无相对运动的流体，其特点是流体内部均没有相对运动，切向应力处处为零，不显现流体的黏性作用。流体静力学的任务就是研究流体平衡的规律。分析力学性质，找出各个物理量之间的相互关系。

3.1 作用在流体上的力

作用在流体上的力，按其作用形式分为表面力和质量力。

3.1.1 表面力

表面力是由相邻流体质点或其他物体直接作用于液体微团表面的力。如压力、摩擦力等表面力，只有通过表面接触而起作用，故又称之为接触力。表面力是单位面积上的表面力，即是用表面应力来表示的。

如图 3-1 所示，取任一 a 点处小微元面积 ΔA，其上作用表面力为 ΔF，则表面应力为：

$$p = \lim_{\Delta A \to 0} \frac{\Delta F}{\Delta A} \tag{3-1}$$

ΔF 可分解为正向力 ΔF_n 和切向力 ΔF_τ，则表面应力可分解为垂直分量为正应力和切线分量为切应力。

$\Delta F_n/\Delta A$ 表示作用在微元面积 ΔA 上的平均法向应力即平均压强，当 ΔA 无限趋于 a 点时，称为 a 点的压强，即：

$$p = \lim_{\Delta A \to 0} \frac{\Delta F_n}{\Delta A} \tag{3-2}$$

$\Delta F_\tau/\Delta A$ 表示作用在微元面积 ΔA 上的平均切向应力，当 ΔA 无限缩小趋于 a 点时，称为 a 点的切向应力，即：

$$\tau = \lim_{\Delta A \to 0} \frac{\Delta F_\tau}{\Delta A} \tag{3-3}$$

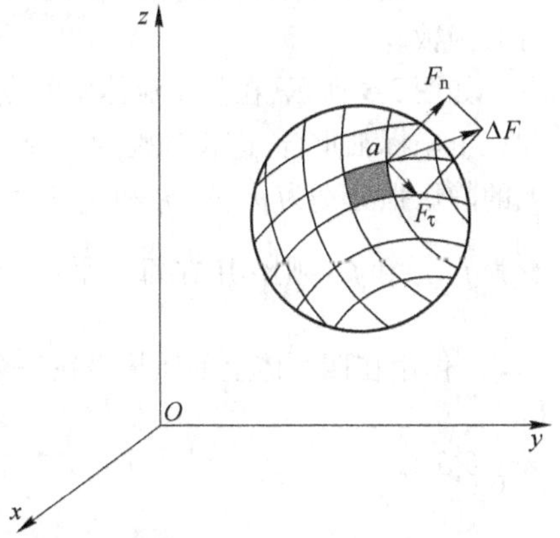

图 3-1 表面力

3.1.2 质量力

质量力是作用在流体上的非接触力。如地球引力、电磁力、惯性力均属于质量力，质量力的大小用单位质量的质量力来度量。

取任一点处微元体积 ΔV，其作用在 ΔV 上的质量力为 ΔF，则单位质量流体所受的质量力定义为：

$$f = \lim_{\Delta V \to 0} \frac{\Delta F}{\Delta V} \tag{3-4}$$

质量力 f 在直角坐标系三个坐标方向上的投影分别为 f_x、f_y、f_z，则：

$$f = f_x \boldsymbol{i} + f_y \boldsymbol{j} + f_z \boldsymbol{k} \tag{3-5}$$

作用在体积 V 上的质量力 F_m 可表示为：

$$F_m = \iiint \rho f(x,y,z,t)\,dV \tag{3-6}$$

由地球引力引起的质量力为 $-\frac{mg}{m} = -g$

由惯性力引起的质量力为 $-\frac{ma}{m} = -a$

总之，表面力和质量力均为分布力，表面力分布于表面上，质量力分布于体积上，它们都是时间和空间的函数。

3.1.3　流体静压强及特性

流体静压强有两个特性：

其一，流体静压强的作用方向沿作用面的内法线方向。我们知道，在任何微小的剪切力作用下，流体都要流动；流体要保持静止，便不能有剪切力作用。而流体在拉力作用下，通常也要产生流动，所以流体要保持静止，也不能有拉力作用。因此，流体要保持静止状态，唯一可能的作用力是沿作用面内法线方向的静压强。

根据流体静压强的这一特性，流体作用于固体壁面上的静压强，恒垂直于固体的壁面。图 3-2表示的是流体作用在平壁面和曲壁面上的静压强。

其二，静止流体中任一点流体静压强的大小与作用面在空间的方位无关，是点的坐标的连续可微函数。

如图 3-3 所示，在静止流体中的点 A 取一微小四面体，A 为坐标原点，四面体的三条边分别和三个坐标轴重合，边长分别为 δ_x、δ_y、δ_z，作用在微小平面 $\triangle ABD$、$\triangle ABC$、$\triangle ACD$ 和 $\triangle BCD$ 中心上的静压强分别为 p_x、p_y、p_z 和 p_n，四面体中心的流体密度为 ρ，作用在四面体上单位质量力的投影为 f_x、f_y 和 f_z。则作用在每个平面上静压强的合力为 $p_x \times \frac{1}{2}\delta_y\delta_z$、$p_y \times \frac{1}{2}\delta_x\delta_z$、$p_z \times \frac{1}{2}\delta_x\delta_y$ 和 $p_n A_{\triangle BCD}$，作用在四面体上的质量力在三个坐标轴上的投影分别为 $f_x\rho \times \frac{1}{6}\delta_x\delta_y\delta_z$、$f_y\rho \times \frac{1}{6}\delta_x\delta_y\delta_z$ 和 $f_z\rho \times \frac{1}{6}\delta_x\delta_y\delta_z$。

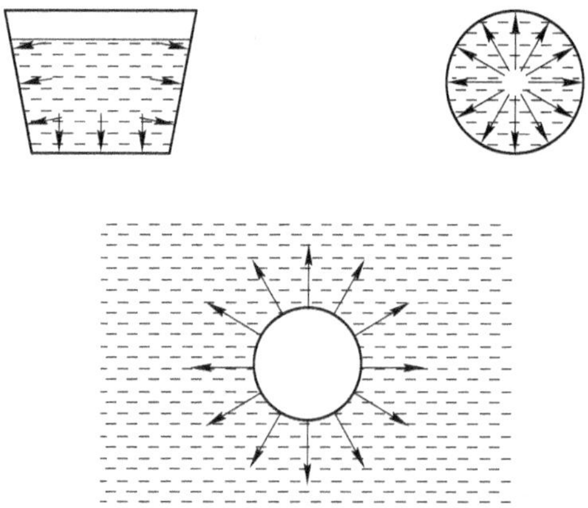

图 3-2　静压强垂直于容器的壁面

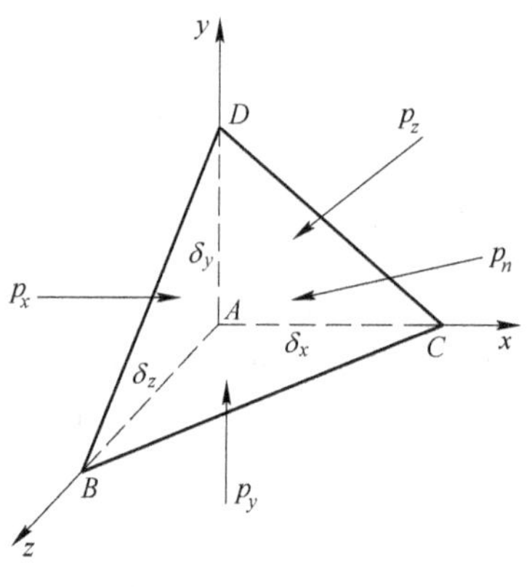

图 3-3　静止流体中的微小四面体

由于流体是静止的，则作用在四面体上的力在 x 方向的平衡方程为：

$$p_x \times \frac{1}{2}\delta_y\delta_z - p_n \times A_{\triangle BCD}\cos(p_n,x) + f_x\rho \times \frac{1}{6}\delta_x\delta_y\delta_z = 0 \tag{3-7}$$

由于 $A_{\triangle BCD}\cos(p_n,x)$ 为 $\triangle BCD$ 在 Ayz 坐标面上的投影面积 $\frac{1}{2}\delta_y\delta_z$，故上式简化为：

$$p_x - p_n + f_x\rho \times \frac{1}{3}\delta_x = 0 \tag{3-8}$$

让四面体无限缩小到点 A，上式第三项为无穷小，可以略去，故得：

$$p_x = p_n \tag{3-9}$$

同理　$p_y = p_n$　$p_z = p_n$

即　$p_x = p_y = p_z = p_n$

可见，在静止流体的任一点上来自任意方向的静压强大小相等，它是空间坐标的连续函数，即：

$$p = p(x,y,z) \tag{3-10}$$

3.2 流体平衡微分方程

3.2.1 平衡微分方程

如图3-4 所示，在平衡流体中取任一边长为 dx、dy、dz 微小六面体，其中心点为 $A(x,y,z)$，且该点的压强为 p。作用在平衡六面体上的力有：表面力和质量力，表面力中显然没有切向力，只有沿内法线方向作用在六面体六个面上的静压力。由于 A 点压强是坐标的连续函数，故距 A 点距离为 $\frac{1}{2}dx$ 的左右两个面上的压强，按泰勒级数展开，并略去二阶及以上无穷小量后，分别为 $p-\frac{\partial p}{\partial x}\frac{dx}{2}$ 和 $p+\frac{\partial p}{\partial x}\frac{dx}{2}$，并将它们视为两端面上的平均压强。

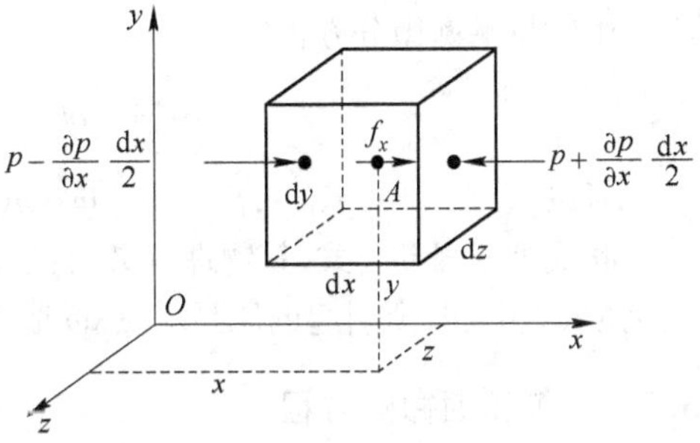

图3-4　微元平行六面体及 x 方向受力

若用 ρ 表示微元六面体的平均密度，f_x、f_y 和 f_z 表示作用在微元体上单位质量的质量力的三个分力。则处于平衡状态的微元体在 x 方向的平衡方程为

$$f_x\rho dxdydz + \left(p_x - \frac{\partial p}{\partial x}\frac{dx}{2}\right)dydz - \left(p_x + \frac{\partial p}{\partial x}\frac{dx}{2}\right)dydz = 0 \tag{3-11}$$

化简后为

$$f_x\rho dxdydz - \frac{\partial p}{\partial x}dxdydz = 0 \tag{3-12}$$

同理，可以写出 y 方向和 z 方向的平衡微分方程，并以质量 $\rho dxdydz$ 通除以后得到

$$\begin{cases} f_x - \dfrac{1}{\rho}\dfrac{\partial p}{\partial x} = 0 \\ f_y - \dfrac{1}{\rho}\dfrac{\partial p}{\partial y} = 0 \\ f_z - \dfrac{1}{\rho}\dfrac{\partial p}{\partial z} = 0 \end{cases} \quad \text{或} \quad \begin{bmatrix} f_x \\ f_y \\ f_z \end{bmatrix} - \frac{1}{\rho}\begin{bmatrix} \dfrac{\partial p}{\partial x} \\ \dfrac{\partial p}{\partial y} \\ \dfrac{\partial p}{\partial z} \end{bmatrix} = 0 \tag{3-13}$$

写成矢量形式为：

$$f - \frac{1}{\rho}\nabla p = 0 \quad 或 \quad f - \frac{1}{\rho}\mathrm{grad}\ p = 0$$

式中，∇p（或 grad p）称为压强 p 的梯度。在直角坐标系下的定义为：

$$\nabla p = \frac{\partial p}{\partial x}\boldsymbol{i} + \frac{\partial p}{\partial y}\boldsymbol{j} + \frac{\partial p}{\partial z}\boldsymbol{k} \tag{3-14}$$

式(3-13)即为流体平衡微分方程。它是欧拉(Leonard Euler)于1775年首先提出的,故又称为欧拉平衡微分方程。

欧拉平衡微分方程式的物理意义是,在静止流体内的任一点上,作用在单位质量流体上的质量力与静压强的合力相平衡。在该方程的推导过程中,对质量力和流体密度均未加限制,所以,该方程对不可压缩流体和可压缩流体的静止和相对静止状态都适用,它是流体静力学的基本方程,流体静力学的其他计算公式都是以此方程为基础导出的。

3.2.2　压强差公式

流体静压强是空间坐标的连续函数,即 $p = p(x、y、z)$,其全微分为

$$\mathrm{d}p = \frac{\partial p}{\partial x}\mathrm{d}x + \frac{\partial p}{\partial y}\mathrm{d}y + \frac{\partial p}{\partial z}\mathrm{d}z \tag{3-15}$$

由欧拉平衡微分方程知

$$\frac{\partial p}{\partial x} = \rho f_x \qquad \frac{\partial p}{\partial y} = \rho f_y \qquad \frac{\partial p}{\partial z} = \rho f_z$$

所以

$$\mathrm{d}p = \rho(f_x\mathrm{d}x + f_y\mathrm{d}y + f_z\mathrm{d}z) \tag{3-16}$$

此式为压强差公式,其物理意义为:当流体处于平衡状态或相对平衡状态时,由于点的坐标变化量 dx、dy、dz 所引起的压强增量 dp 取决于质量力。

3.2.3　等压面微分方程

在流场中压强相等的点组成的面称为等压面,其方程 $p(x,y,z)$ = 常数,不同的常数对应于不同的等压面。

由此可知,在等压面上,dp = 0

由压强差公式得

$$f_x\mathrm{d}x + f_y\mathrm{d}y + f_z\mathrm{d}z = 0 \tag{3-17}$$

其矢量形式为：

$$f \cdot \mathrm{d}\boldsymbol{r} = 0 \tag{3-18}$$

式中

$$\mathrm{d}\boldsymbol{r} = \mathrm{d}x\boldsymbol{i} + \mathrm{d}y\boldsymbol{j} + \mathrm{d}z\boldsymbol{k} \tag{3-19}$$

此为等压面微分方程

式(3-19)表明,在静止流体中,作用于任一点的质量力垂直于经过该点的等压面,例如在重力场中,任何均质的静止流体的水平面都是等压面。

3.2.4　力的势函数

3.2.4.1　势函数

由压强差公式得：

$$\frac{1}{\rho}\mathrm{d}p = f_x\mathrm{d}x + f_y\mathrm{d}y + f_z\mathrm{d}z \tag{3-20}$$

很明显，这是一个全微分的形式，由数学分析可知，使方程右端成为某一函数的全微分的必要且充分条件是：

$$\frac{\partial f_y}{\partial z}=\frac{\partial f_z}{\partial y},\frac{\partial f_z}{\partial x}=\frac{\partial f_x}{\partial z},\frac{\partial f_x}{\partial y}=\frac{\partial f_y}{\partial x} \tag{3-21}$$

其矢量形式是：

$$\nabla\times\boldsymbol{f}=\mathrm{rot}\,\boldsymbol{f}=\begin{vmatrix} i & j & k \\ \dfrac{\partial}{\partial x} & \dfrac{\partial}{\partial y} & \dfrac{\partial}{\partial z} \\ f_x & f_y & f_z \end{vmatrix}=0 \tag{3-22}$$

或
$$\left(\frac{\partial f_z}{\partial y}-\frac{\partial f_y}{\partial z}\right)\boldsymbol{i}+\left(\frac{\partial f_x}{\partial z}-\frac{\partial f_z}{\partial x}\right)\boldsymbol{j}+\left(\frac{\partial f_y}{\partial x}-\frac{\partial f_x}{\partial y}\right)\boldsymbol{k}=0 \tag{3-23}$$

$\nabla\times\boldsymbol{f}$ 为单位质量的质量力 $\boldsymbol{f}$ 的旋度。构造 $-\pi(x,y,z)$ 这一函数，使 $-\mathrm{d}\pi=f_x\mathrm{d}x+f_y\mathrm{d}y+f_z\mathrm{d}z$，说明质量力有势，势函数为 π。由于 π 是连续函数，所以：

$$\mathrm{d}\pi=\frac{\partial\pi}{\partial x}\mathrm{d}x+\frac{\partial\pi}{\partial y}\mathrm{d}y+\frac{\partial\pi}{\partial z}\mathrm{d}z \tag{3-24}$$

因此有
$$f_x=-\frac{\partial\pi}{\partial x},f_y=-\frac{\partial\pi}{\partial y},f_z=-\frac{\partial\pi}{\partial z}$$

矢量形式为：

$$\boldsymbol{f}=-\nabla\pi \quad 或 \quad \boldsymbol{f}=-\mathrm{grad}\,\pi \tag{3-25}$$

函数 $\pi(x,y,z)$ 是质量力的势函数，有势函数存在的质量力称为有势力。可以看出无旋必有势，反之，有势必无旋。

3.2.4.2 等势面

势函数等于常数的面为等势面，在等势面上 $\mathrm{d}\pi=0$。在势力场中质量力垂直于等势面，等势面也是等压面。将式 $\boldsymbol{f}=\nabla\pi$ 代入压强差公式，得：

$$\mathrm{d}(p/\rho)=-\left(\frac{\partial\pi}{\partial x}\mathrm{d}x+\frac{\partial\pi}{\partial y}\mathrm{d}y+\frac{\partial\pi}{\partial z}\mathrm{d}z\right)=-\mathrm{d}\pi$$

并积分，令积分常数为零，得单位质量力的势函数为 $\pi=-p/\rho$。质量力不仅垂直于等势面，而且始终指向势函数减小也即压强增加的方向。

3.2.5 流体静止的必要条件

对 $\boldsymbol{f}=\dfrac{1}{\rho}\nabla p$ 两边取旋度，并根据 ∇ 算子的运算规律 $\nabla\times(\nabla p)=0$，有

$$\nabla\times\boldsymbol{f}=\nabla\times\left(\frac{\nabla p}{\rho}\right)=\frac{1}{\rho}\nabla\times(\nabla p)+\nabla\left(\frac{1}{\rho}\right)\times\nabla p=\nabla\left(\frac{1}{\rho}\right)\times\nabla p \tag{3-26}$$

将此式与 $\boldsymbol{f}=\dfrac{1}{\rho}\nabla p$ 式两边同时进行点积得到：

$$\boldsymbol{f}\cdot(\nabla\times\boldsymbol{f})=\frac{\nabla p}{\rho}\cdot\left[\nabla\left(\frac{1}{\rho}\right)\times\nabla p\right]=\frac{1}{\rho}\nabla\left(\frac{1}{\rho}\right)\cdot(\nabla p\times\nabla p) \tag{3-27}$$

因为 $(\nabla p\times\nabla p)=0$，所以有：

$$\boldsymbol{f}\cdot(\nabla\times\boldsymbol{f})=0 \tag{3-28}$$

这就是流体静止时质量力必须满足的条件，即流体静止的必要条件。

[例 3-1] 设在一流场中有质量为 $f=(y^2+2\lambda yz+z^2)\boldsymbol{i}+(z^2+2\mu zx+x^2)\boldsymbol{j}+(x^2+2\gamma xy+$

$y^2)\boldsymbol{k}$,问当 λ、μ 和 γ 取何值时,流场是静止的。

解:

$$\boldsymbol{f}\cdot(\nabla\times\boldsymbol{f})=f_x\left(\frac{\partial f_z}{\partial y}-\frac{\partial f_y}{\partial z}\right)+f_y\left(\frac{\partial f_x}{\partial z}-\frac{\partial f_z}{\partial x}\right)+f_z\left(\frac{\partial f_y}{\partial x}-\frac{\partial f_x}{\partial y}\right)=0$$

$$\frac{\partial f_x}{\partial y}=2y+2\lambda z \qquad \frac{\partial f_x}{\partial z}=2z+2\lambda y$$

$$\frac{\partial f_y}{\partial x}=2x+2\mu z \qquad \frac{\partial f_y}{\partial z}=2z+2\mu x$$

$$\frac{\partial f_z}{\partial x}=2x+2\gamma y \qquad \frac{\partial f_z}{\partial y}=2y+2\gamma x$$

$$(\lambda+\mu-1)y^2z+(1-\lambda-\gamma)yz^2+(1-\mu-\gamma)xy^2$$
$$+(\gamma+\mu-1)z^2x+(1-\lambda-\mu)x^2z+(\lambda+\gamma-1)x^2y=0$$

上式恒等,只需各项系数为零,即

$$\begin{cases}1-\lambda-\mu=0\\1-\lambda-\gamma=0\\1-\gamma-\mu=0\end{cases}$$

解之得:$\lambda=\mu=\gamma=\dfrac{1}{2}$

3.3　流体静力学基本方程式

3.3.1　重力场中液体的平衡方程

重力场是个有势场,其特点是 $f_x=0$,$f_y=0$,$f_z=-g$。

根据压强差公式 $\mathrm{d}p=-\rho g\mathrm{d}z$ 得:

$$\mathrm{d}z+\frac{\mathrm{d}p}{\rho g}=0 \tag{3-29}$$

一般情况下,如图 3-5 所示,液体可视为不可压缩均质流体,其密度为常数,则积分上式得:

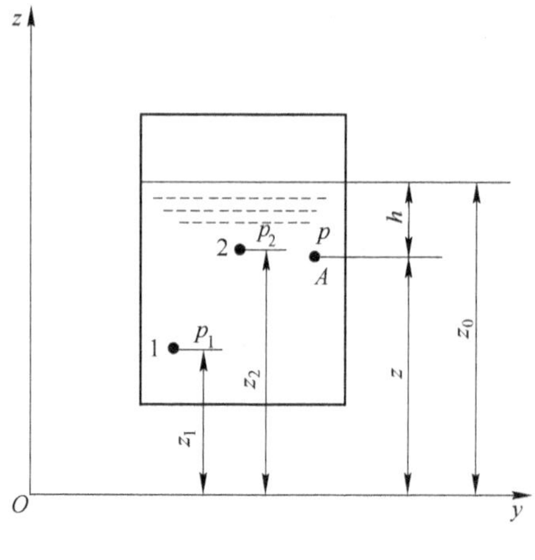

图 3-5　静止液体的平衡

$$z_1+\frac{p_1}{\rho g}=z_2+\frac{p_2}{\rho g} \tag{3-30}$$

或

$$z+\frac{p}{\rho g}=C \tag{3-31}$$

式中,C 为积分常数,由边界条件确定。

式(3-31)称为流体静力学基本方程式,它适用于在重力作用下静止的不可压缩流体。

(1)式(3-31)的物理意义。式中第一项 z 代表单位重量流体的位势能,其单位为 m(米);第二项 $p/(\rho g)$ 的意义为单位重量流体的压强势能。单位与 z 相同,单位也是 m。流体的位势能和压强势能之和为总势能,其意义为:在重力作用下,不可压缩流体平衡时各点单位重力流体的总势能保持不变。

(2)式(3-31)的几何意义。单位重量流体的势能具有长度单位,可以用液柱高度来表示,并称之为水头,z 为位置水头,$p/(\rho g)$ 为压强水头,两者之和称为静水头,各点静水头的连线称为静水头线。因此流体静力学基本方程的几何意义为:在重力作用下,静止的不可压缩流体的静水头线和计示静水头线均为水平线。

3.3.2　不可压缩流体中压强的计算公式

由流体静力学基本方程可知，如图 3-5 所示，当 A 点的淹深为 h，列出 A 点和自由液面上某点的静力学基本方程为：

$$z + \frac{p}{\rho g} = (z + h) + \frac{p_0}{\rho g} \tag{3-32}$$

经整理可得

$$p = p_0 + \rho g h \tag{3-33}$$

式(3-33)为在重力作用下有自由液面的不可压缩均质静止流体中任一点的静压强计算公式。由此可知，静止流体中任一点的压强由两部分组成，一部分是自由液面上的压强 p_0，另一部分是淹深为 h、底为单位面积的流体柱产生的压强 ρgh。

对于重力场中可压缩流体平衡时的压强分布规律，必须给出补充的关系式以同时确定 p 和 ρ。

3.3.3　典型实例

［例 3-2］　连通器

如图 3-6 所示的液体容器的 a 处开孔，与已被抽成真空的闭口测压管 bc 相连接。容器内的液体将在压强 p 的作用下沿测压管上升一定的高度。在液体上升过程中，压差克服液柱的重力做了功，从而增加了液柱的位势能。体积为 ΔV 的微元液体上升 h_p 距离，其势能增加为 $\rho g\Delta Vh_p$，单位重力流体所增加的势能则为 $\rho g\Delta Vh_p/(\rho g\Delta V) = h_p$，该势能恰好是由压强所做的功。将式(3-32)应用于 a、b 两点，有

$$z + \frac{p}{\rho g} = z + h_p \tag{3-34}$$

故

$$h_p = \frac{p}{\rho g} \tag{3-35}$$

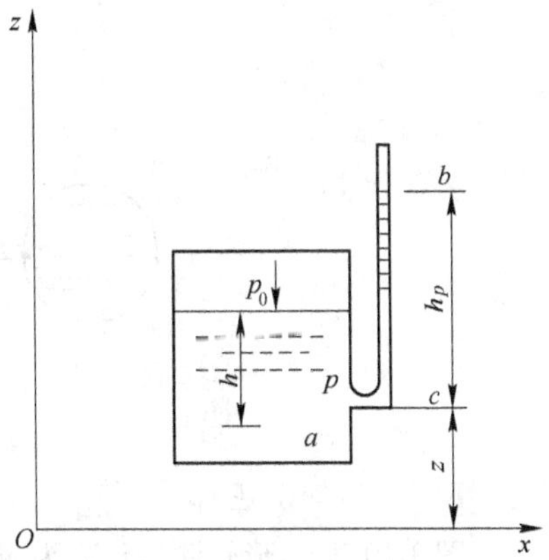

图 3-6　压强势能与位势能

［例 3-3］　压力的传递

从压强计算公式可知，液体内任一点的压强都包含了液面上的压强 p_0。这就是说，液面上的压强以不变的数值在液体内传递。这就是帕斯卡(Pascal)原理。水压机、增压油缸等液压传动装置的设计，都是以此原理作为基础的。

如图 3-7 所示：

$$\frac{F_1}{A_1} = \frac{F_2}{A_2}$$

所传递的压强不变，由于面积不同，而使其力放大。

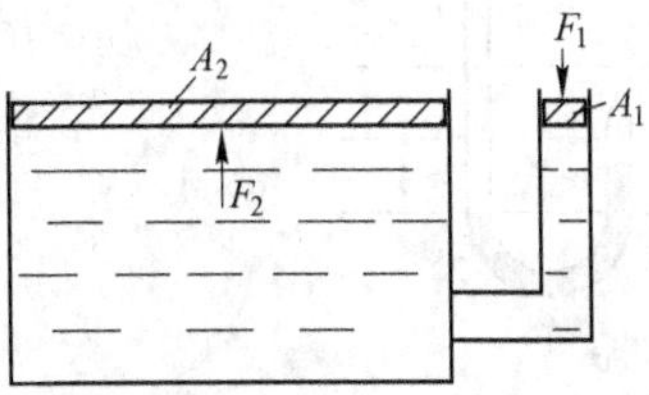

图 3-7　帕斯卡原理示意图

［例 3-4］　压强计量

绝对压强——以完全真空为基准计量的压强。

相对压强——以大气压强为基准计量的压强，通常也称为计示压强或表压。

相对压强(p_g) = 绝对压强(p) − 大气压强(p_a)，即

$$p_g = p - p_a = \rho g h$$

如图 3-8 所示，若流体中某点的压强低于大气压强，p_g 为负值，通常用真空度 p_v 来表示，即

$$p_v = p_a - p = -p_g$$

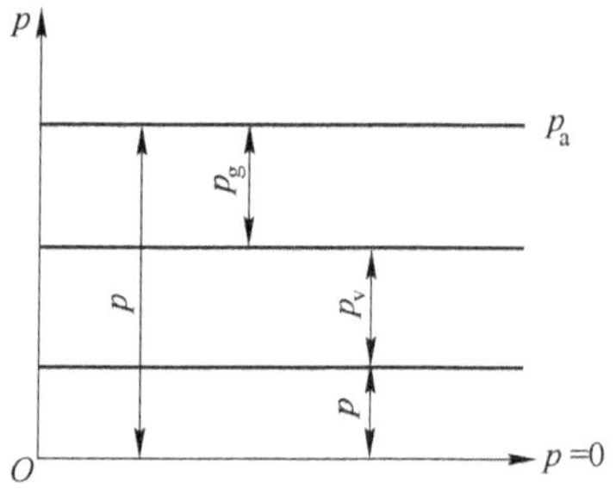

图 3-8 绝对压强、计示压强真空之间的关系

测量压强的仪表，多数是在大气环境中进行测量的，所以其实际测定的是计示压强。

A 测压管

如图 3-9 所示，测压管是结构最简单的液柱式测压计，它采用直径均匀的玻璃管制成，测量时将其直接连接到测量压强的容器上。为了减小毛细现象的影响，玻璃管的直径一般不小于 10mm。

图 3-9a 所示为被测流体的压强高于大气压强的情况。被测点的绝对压强和计示压强分别为

$$p = p_a + \rho g h \qquad p_g = p - p_a = \rho g h$$

图 3-9b 所示为被测流体的压强低于大气压强的情况。被测点的绝对压强和真空度分别为

$$p = p_a - \rho g h \qquad p_v = \rho g h$$

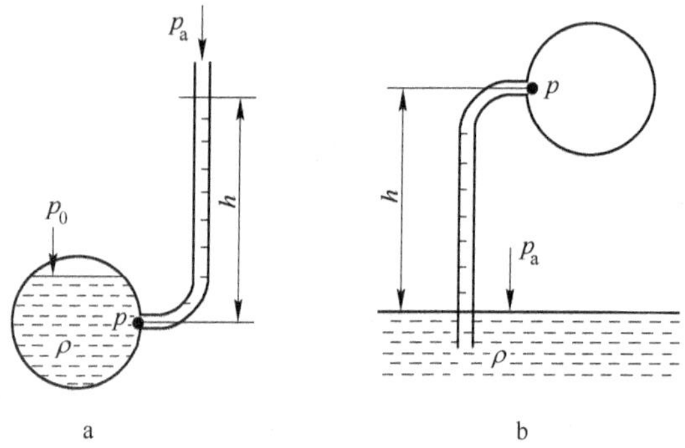

图 3-9 测压管

B U 形管测压计

图 3-10 为 U 形管测压计。为减小毛细现象影响对管径的要求，它的测压量程比测压管大。U 形管的工作液体一般为水、酒精或水银，假设其密度为 ρ_2，被测流体的密度为 ρ_1。图 3-10 为被测流体的压强高于大气压强的情况。由于点 1 和点 2 在同一流体的水平线——等压面上，故 $p_1 = p_2$，由此得

$$p_1 = p + \rho_1 g h_1 \qquad p_2 = p_a + \rho_2 g h_2$$

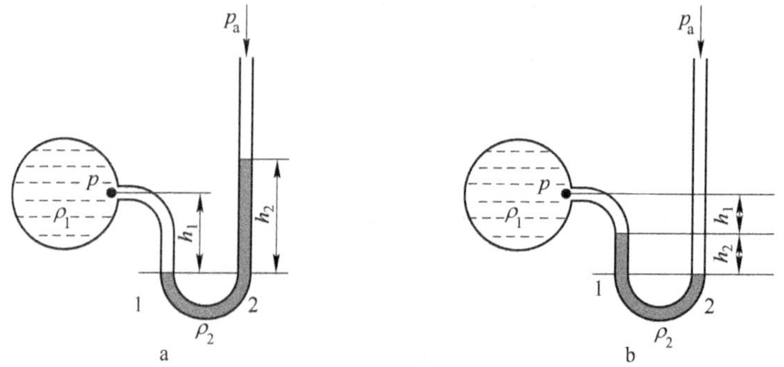

图 3-10 U 形管测压计

故有　$$p = p_a + \rho_2 g h_2 - \rho_1 g h_1$$

$$p_g = p - p_a = \rho_2 g h_2 - \rho_1 g h_1$$

图 3-10b 为被测流体的压强小于大气压强的情况。按照同样的方法可得

$$p = p_a - \rho_2 g h_2 - \rho_1 g h_1$$

$$p_v = p_a - p = \rho_2 g h_2 + \rho_1 g h_1$$

若被测流体为气体，由于气体的密度很小，$\rho_1 g h_1$ 可以忽略不计。

U 形管测压计还可以用来测量两容器中流体的压强差。图 3-11 所示为两容器中流体的密度均为 ρ_1，U 形管中工作液体的密度为 ρ_2。由于 1、2 两点在同一等压面上，$p_1 = p_2$，故有：

$$p_A + \rho_1 g h_1 = p_B + \rho_1 g h_2 + \rho_2 g h$$

A、B 两点的压强差为：

$$\Delta p = p_A - p_B = \rho_2 g h + \rho_1 g h_2 - \rho_1 g h_1 = (\rho_2 - \rho_1) g h \tag{3-36}$$

若被测流体为气体，由于气体的密度很小，$\rho_1 g h_2$ 可以忽略不计。

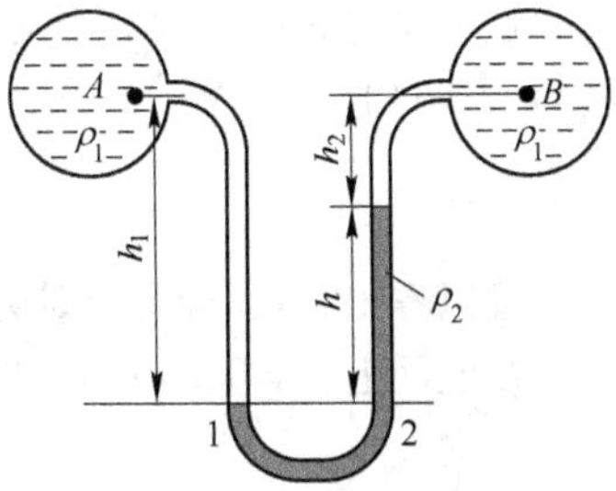

图 3-11　U 形管压差计

3.4　流体静力学中的典型实例

3.4.1　流体的相对平衡

对于解决等加速运动和等角速度运动中的流体静力学问题，需要确定某一瞬时的相对平衡，并计入惯性力。

［例 3-5］　匀加速水平运动容器中液体的平衡

如图 3-12 所示，容器以匀加速度 a 沿 x 方向运动，容器内液体所受质量力除重力外，还有惯性力，即：

$$f_x = -a, f_y = 0, f_z = -g$$

根据压强差公式，得

$$\mathrm{d}p = \rho(-a\mathrm{d}x - g\mathrm{d}z) \tag{3-37}$$

积分，得

$$p = -\rho(ax + gz) + C \tag{3-38}$$

应用边界条件：$x = 0, z = 0$ 时，$p = p_0$，代入上式可求出积分常数 $C = p_0$ 于是：

$$p = p_0 - \rho(ax + gz) \tag{3-39}$$

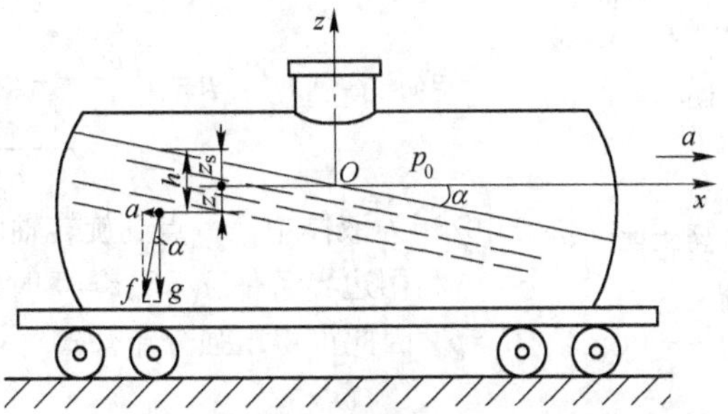

图 3-12　匀加速水平运动容器中液体的平衡

该式表明匀加速水平运动容器中的液体压强 p 不仅随 z 变化，而且还随 x 变化。

令压强差公式中的 $\mathrm{d}p=0$，便可得等压面的微分方程：

$$a\mathrm{d}x+g\mathrm{d}z=0 \tag{3-40}$$

积分可得

$$ax+gz=C \tag{3-41}$$

这就是等压面方程。不同的常数 C 代表不同的等压面，故等压面是一簇平行的斜面。等压面与 x 方向的夹角为

$$\alpha=-\arctan\frac{a}{g} \tag{3-42}$$

可以看出，等压面与质量力的合力相互垂直。

在液面上，$x=0$，$z=0$ 时，积分常数 $C=0$，若令液面上任一点的垂直坐标为 z_s，则液面方程为

$$ax+gz_s=0 \tag{3-43}$$

将上式代入压强公式(3-39)，得

$$\begin{aligned}p&=p_0+\rho g(z_s-z)\\&=p_0+\rho gh\end{aligned} \tag{3-44}$$

两者表示的压强分布规律是完全相同的，即液体内任一点的压强 p 均等于作用于该点处淹深为 h 的单位面积上的液柱受重力作用所产生的压强 ρgh 与自由液面上的压强 p_0 之和。

3.4.2　等角速度旋转容器中液体的平衡

如图 3-13 所示，装有液体的容器绕垂直轴 z 以等角速度 ω 旋转。液体被容器带动而随容器旋转。待稳定后，液面呈现如图 3-13 所示的曲面，液体如同刚体一样旋转，形成液体对容器的相对平衡。在这种情况下，除了重力以外，还有液体质量因等角速度旋转运动而产生的离心惯性力，单位质量所受惯性力的大小为 $\omega^2 r$，其方向与向心加速度相反。因此，液体中任一点单位质量流体所受的质量力为

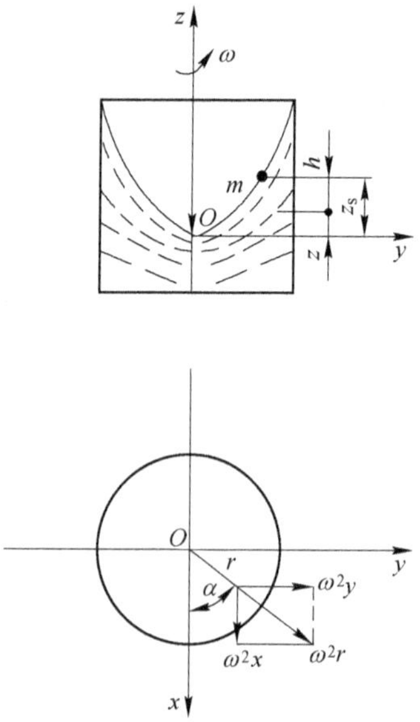

图 3-13　等角速度旋转容器中液体的平衡

$$f_x=\omega^2 x,f_y=\omega^2 y,f_z=-g \tag{3-45}$$

代入，得

$$\mathrm{d}p=\rho(\omega^2 x\mathrm{d}x+\omega^2 y\mathrm{d}y-g\mathrm{d}z)$$

积分，得

$$p=\rho\left(\frac{\omega^2x^2}{2}+\frac{\omega^2y^2}{2}-gz\right)+C \tag{3-46}$$

或

$$p=\rho\left(\frac{\omega^2r^2}{2}-gz\right)+C \tag{3-47}$$

$$r=\sqrt{x^2+y^2} \tag{3-48}$$

式中，r 为液体中任一点到旋转轴的距离。

利用边界条件：$r=0$，$z=0$ 时，$p=p_0$，可求得积分常数 $C=p_0$，因此可得压强分布公式

$$p=p_0+\rho\left(\frac{\omega^2r^2}{2}-gz\right) \tag{3-49}$$

该式表明，在同一高度上，液体的静压强与质点所在的半径的平方成正比。

将质量力代入等压面方程式中，得：

$$\omega^2 x\mathrm{d}x + \omega^2 y\mathrm{d}y - g\mathrm{d}z = 0 \tag{3-50}$$

积分得

$$\frac{\omega^2 x^2}{2} + \frac{\omega^2 y^2}{2} - gz = C \tag{3-51}$$

或

$$\frac{\omega^2 r^2}{2} - gz = C \tag{3-52}$$

此方程是抛物面方程，不同的常数 C 代表不同的等压面。故当等角速度旋转容器中的液体相对平衡时，等压面是一簇绕 z 轴的旋转抛物面。

在液面上，$r=0$，$z=0$ 时，积分常数 $C=0$，令液面上任一点的垂直坐标为 z_s，则液面方程为

$$\frac{\omega^2 r^2}{2} - gz_s = 0 \tag{3-53}$$

将上式代入 $p = p_0 + \rho\left(\frac{\omega^2 r^2}{2} - gz\right)$，得

$$p = p_0 + \rho g(z_s - z) = p_0 + \rho gh \tag{3-54}$$

可见，上式与式 $p = p_0 + \rho gh$ 相同，表明液体内任一点的压强 p，也等于作用于该点处淹深为 h 的单位面积上的液柱受重力作用所产生的压强 ρgh 与自由液面上的压强 p_0 之和。换言之，离自由液面相同深度的面为等压面。

3.4.3　旋转圆筒螺栓受力问题

［**例 3-6**］　图 3-14 为圆筒形容器，筒径为 d，质量为 m，筒内充满密度为 ρ 的液体，并绕轴线以 ω 的角速度旋转；顶盖的质量为 m_1，其中心装有开口直管，当管内液面的最低点高度为 h 时，作用在螺栓组 1 和 2 上的拉力各为多少？

解：坐标原点选在直管中心的液面上，z 轴铅直向上。由于容器处于大气环境中，只需按计示压强进行计算。在顶盖的下表面上有 $z=-h$，得顶盖下表面的压力为

$$p_e = \rho\left(\frac{1}{2}\omega^2 r^2 + gh\right)$$

以上顶盖为研究对象，则作用在顶盖上的计示压强的合力与顶盖的重力之差便是螺栓组 1 受到的拉力：

$$F_1 = \int_0^{\frac{d}{2}} p_e 2\pi r\mathrm{d}r - m_1 g = \int_0^{\frac{d}{2}} 2\pi r\rho\left(\frac{1}{2}r^2\omega^2 + gh\right)\mathrm{d}r - m_1 g$$

$$= \frac{\pi}{4}d^2\rho\left(\frac{d^2\omega^2}{16} + gh\right) - m_1 g$$

螺栓组 2 受到的拉力为

$$F_2 = F_1 - mg = \frac{\pi}{4}d^2\rho\left(\frac{d^2\omega^2}{16} + gh\right) - (m_1 + m)g$$

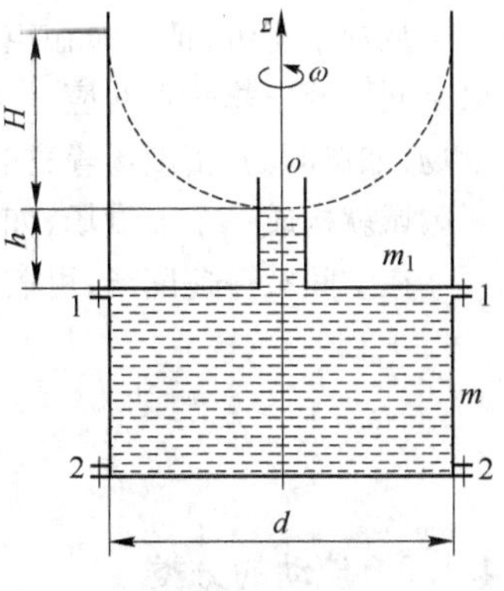

图 3-14　顶盖中心装有开口直径的旋转器

4 流体运动学

流体运动学是研究流体运动规律的学科。

4.1 流体的运动

4.1.1 流体运动的特点

刚体质点运动可以用曲线运动理论来描述，其运动可以分解为平动和转动，其运动参数如轨迹、速度、加速度、角速度和角加速度等都是时间的函数。而流体由于其具有如下原因:(1) 流体由无穷多质点构成，很难采用质点曲线运动理论来研究。(2) 在运动中流体要变形，也就是说流体微团在运动时，既有平动、转动又有变形，因此，研究流体运动应具有以下特点:(1)视流体为不连续的质点。将流体的运动以微团的形式反映出来，流体微团(或称流体质点)的几何尺寸与分子间的距离相比是非常大的，但在宏观上与所讨论的物体大小相比，流体质点的尺寸却是非常小，可以看作只占据空间的一个“点”。流体微团的运动不仅简单地分解成平动和转动来进行整体研究，而且必须分析其每个几何点上流体的运动变化，其运动参数应为空间和时间的函数。(2)视流体为一个连续的场。由于流体微团所占据的空间每一点都是研究对象，因此将其看成一个“场”。由于流体是连续介质，因此充满流体的空间被称为“流场”。

4.1.2 流场的概念

从数学上讲，把分布在空间某一区域内的物理量或数学函数称为场。从流体力学角度讲，如果空间区域内每一点对应一个数量值 $\varphi(x,y,z,t)$，那么它在该空间区域就构成一个数量场或标量场，如温度场、密度场等;如果在空间区域内每一点对应一个矢量值 $\boldsymbol{p}(x,y,z,t)$，那么它在该空间区域就构成一个矢量场，如速度场、加速度场、应力场等。

在空间某一速度场，可表示为:

$$\begin{cases} v_x = v_x(x,y,z,t) \\ v_y = v_y(x,y,z,t) \\ v_z = v_z(x,y,z,t) \end{cases} \tag{4-1}$$

4.1.3 流动的分类

4.1.3.1 按流动与时间的关系进行分类

稳态流动:流场中各空间点流体的物理参数与时间 t 无关，即流体各物理参数的当地变化率等于零，亦称之为定常流场，如速度场表示为:

$$\begin{cases} v_x = v_x(x,y,z) \\ v_y = v_y(x,y,z) \\ v_z = v_z(x,y,z) \end{cases} \tag{4-2}$$

或

$$\frac{\partial \boldsymbol{v}}{\partial t} = 0 \tag{4-3}$$

非稳态流动：物理参数与时间有关，亦称之为非定常流场，即$\frac{\partial \boldsymbol{v}}{\partial t} \neq 0$。

4.1.3.2 按流动与空间的关系进行分类

如果流场中流体的各物理参数只是空间某一个坐标的函数，则该流场称为一维流场，对应的流动称为一维流动；如果流体的各物理参数只是空间两个坐标的函数，则该流场称为二维流场，对应的流动称为二维流动；如果流体的各物理参数是空间三个坐标的函数，则该流场为三维流场，对应的流动为三维流动。

二维流动又分为平面流动与轴对称流动，对于平面定常流动则有 $\boldsymbol{v}_0 = \boldsymbol{v}(x,y)$，$\frac{\partial \boldsymbol{v}}{\partial z} = 0$；而对轴对称流动，采用圆柱坐标系，则有 $\boldsymbol{v} = \boldsymbol{v}(r,z)$，$\frac{\partial \boldsymbol{v}}{\partial \theta} = 0$。

自然界中最普遍的流动就是三维流动，通常为使问题简化，常把三维流动简化成二维流动或一维流动。如图 4-1 所示，流体在圆管内定常流动，如采用直角坐标系，则有 $\boldsymbol{v} = \boldsymbol{v}(x,y,z)$，此为三维流动；如果取柱坐标系则有 $\boldsymbol{v} = \boldsymbol{v}(r,z)$，此为二维流动；如果取平均速度，则 $\boldsymbol{v} = \boldsymbol{v}(z)$，此为一维流动。

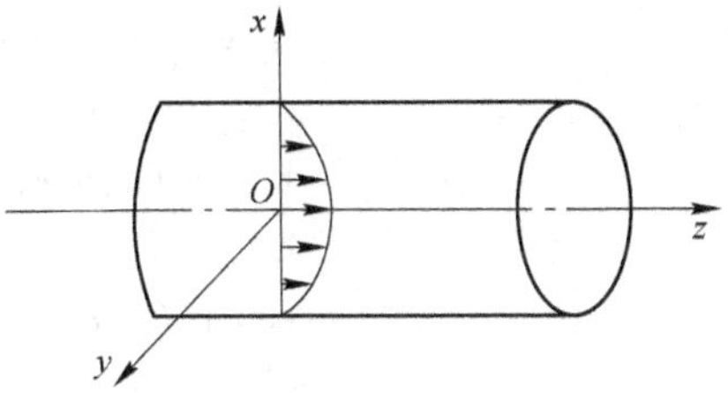

图 4-1 流体在圆管内的定常流动

此外，按流体微团是否旋转，又将流场分为有旋流场和无旋流场，在以后的章节将进行介绍。

4.2 流体运动的描述

流体是由无穷多流体质点组成的连续介质，流体的运动便是这无穷多流体质点运动的综合。由于研究流体运动的着眼点不同，故而描述流体运动的方法分为拉格朗日法和欧拉法。通过研究流场中单个质点的运动规律，进而研究流体的整个运动规律的方法称为拉格朗日法，通过研究流体通过一个空间点的运动规律，进而研究流场内的流体运动规律的方法称为欧拉法。

4.2.1 拉格朗日法

拉格朗日方法的基本思想是以流体质点为研究对象，是对流体质点运动过程的研究，将流体质点表示为空间坐标和时间的函数，其着眼于整个流场中各个流体质点的流动参数随时间的变化，综合流场中所有流体质点的运动从而得到整个流场流体的运动规律。

例如在某一时刻，某一流体质点的位置可表示为：

$$\begin{cases} x = x(a,b,c,t) \\ y = y(a,b,c,t) \\ z = z(a,b,c,t) \end{cases} \tag{4-4}$$

式中，a、b、c 为初始时刻 t_0 时某一流体质点的坐标，所以不同的流体质点有不同的 a、b、c，a、b、c 称为拉格朗日变量，是该质点不同于其他质点的标志，它不是空间坐标的函数。如果固定 a、b、c，而令 t 改变，则得到某一确定流体质点随时间的运动规律。如果固定时间 t，而令 a、b、c 改变，则得到同一时刻不同流体质点的位置分布。因此，$\boldsymbol{r} = \boldsymbol{r}(a,b,c,t_0)$，其代表 t_0 时刻 (a,b,c) 位置上的质点，而 $\boldsymbol{r} = \boldsymbol{r}(a,b,c,t_1)$ 代表 t_1 时刻原 (a,b,c) 这个质点现在的位置。

若用矢量来表示，则流体质点任意时刻的空间位置的矢径为：

$$\boldsymbol{r} = x\boldsymbol{i} + y\boldsymbol{j} + z\boldsymbol{k} = \boldsymbol{r}(a,b,c,t) \tag{4-5}$$

流体质点的速度为：

$$v_x = v_x(a,b,c,t) = \frac{\partial x(a,b,c,t)}{\partial t}$$

$$v_y = v_y(a,b,c,t) = \frac{\partial y(a,b,c,t)}{\partial t}$$

$$v_z = v_z(a,b,c,t) = \frac{\partial z(a,b,c,t)}{\partial t}$$

矢量形式

$$\boldsymbol{v} = \frac{\partial \boldsymbol{r}}{\partial t} = \frac{\partial x}{\partial t}\boldsymbol{i} + \frac{\partial y}{\partial t}\boldsymbol{j} + \frac{\partial z}{\partial t}\boldsymbol{k} = v_x\boldsymbol{i} + v_y\boldsymbol{j} + v_z\boldsymbol{k} \tag{4-6}$$

流体质点的加速度为：

$$a_x = a_x(a,b,c,t) = \frac{\partial v_x(a,b,c,t)}{\partial t} = \frac{\partial^2 x(a,b,c,t)}{\partial t^2}$$

$$a_y = a_y(a,b,c,t) = \frac{\partial v_y(a,b,c,t)}{\partial t} = \frac{\partial^2 y(a,b,c,t)}{\partial t^2}$$

$$a_z = a_z(a,b,c,t) = \frac{\partial v_z(a,b,c,t)}{\partial t} = \frac{\partial^2 z(a,b,c,t)}{\partial t^2}$$

矢量形式

$$\boldsymbol{a} = \frac{\partial \boldsymbol{v}}{\partial t} = \frac{\partial v_x}{\partial t}\boldsymbol{i} + \frac{\partial v_y}{\partial t}\boldsymbol{j} + \frac{\partial v_z}{\partial t}\boldsymbol{k} = a_x\boldsymbol{i} + a_y\boldsymbol{j} + a_z\boldsymbol{k} \tag{4-7}$$

4.2.2　欧拉法

欧拉法的基本思想是从场的观点出发对流动参数的研究，将流体的运动和物理参数直接表示为空间坐标和时间的函数，其着眼于整个流场中各空间点流动参数随时间的变化。综合流场中的所有点的运动，便可得到整个流场流动参数的变化规律。

欧拉方法的研究对象不是流体质点，而是空间点。不同时刻经过空间同一点的流体质点是不同的。在流场中任选一固定空间作为研究对象，同一时刻该空间各点流体的速度有可能不同，即速度 $\boldsymbol{v}$ 是空间坐标(x,y,z)的函数，而对某一固定的空间点而言，不同时刻被不同的两流体的质点所占据，速度也不相同，即速度 $\boldsymbol{v}$ 又是时间 t 的函数，所以速度是空间坐标和时间的函数，如：$\boldsymbol{v}=\boldsymbol{v}[(x_1,y_1,z_1),t]$ 和 $\boldsymbol{v}=\boldsymbol{v}[(x_2,y_2,z_2),t]$ 是 t 时刻在场中两个位置上的速度，或者 $\boldsymbol{v}=\boldsymbol{v}[(x_1,y_1,z_1),t]$ 和 $\boldsymbol{v}=\boldsymbol{v}[(x_2,y_2,z_2),t]$ 是场中(x_1,y_1,z_1)这个位置上 t_1、t_2时刻的速度，因此

$$\boldsymbol{v} = \boldsymbol{v}(x,y,z,t) \tag{4-8}$$

或

$$\boldsymbol{v} = v_x\boldsymbol{i} + v_y\boldsymbol{j} + v_z\boldsymbol{k} \tag{4-9}$$

其分量形式为

$$v_x = v_x(x,y,z,t)$$

$$v_y = v_y(x,y,z,t)$$

$$v_z = v_z(x,y,z,t)$$

式中，x、y、z、t 称为欧拉变量，当 x、y、z 固定，t 改变时，此式代表空间中某固定点上速度随时间的变化；当 t 固定，x、y、z 改变时，它代表的是某一时刻速度在空间的分布规律，当采用欧拉法时，速度、温度、密度等物理量均表示为空间区域的场，即速度场、温度场、密度场等。

压强 $p = p(x,y,z,t)$　　(4-10)

密度 $\rho = \rho(x,y,z,t)$　　(4-11)

$$温度\ T = T(x, y, z, t) \tag{4-12}$$

4.2.3 质点导数

流体质点的物理参数对于时间的变化率称为该质点物理量的导数,简称为质点导数,亦称为随体导数。

(1) 在拉格朗日方法中,流体质点运动的位置,可用矢径 $\boldsymbol{r}$ 表示为:

$$\boldsymbol{r} = \boldsymbol{r}(a, b, c, t) \tag{4-13}$$

矢径函数 $\boldsymbol{r}$ 的定义区域不是场,它不是空间坐标的函数,而是质点标号 a、b、c 的函数。$\boldsymbol{r}$ 同时是时间 t 和质点标号(即质点初始位置坐标 a、b、c)的函数。在求导数时要求 a、b、c 不变,即求导数是针对同一个流体质点的。因此,流体质点的速度和加速度可分别用矢径 $\boldsymbol{r}$ 对时间的一阶和二阶偏导数来表示:

$$\boldsymbol{v} = \frac{\partial \boldsymbol{r}(a, b, c, t)}{\partial t} \tag{4-14}$$

$$\boldsymbol{a} = \frac{\partial \boldsymbol{v}}{\partial t} = \frac{\partial^2 \boldsymbol{r}(a, b, c, t)}{\partial t^2} \tag{4-15}$$

(2) 在欧拉方法中,由于流体的某种物理量(如 $\boldsymbol{v}$)是空间坐标 x、y、z 和时间 t 的函数,即

$$\boldsymbol{v} = \boldsymbol{v}(x, y, z, t) \tag{4-16}$$

而 x、y、z 又可看作是流体质点的坐标,而流体质点的坐标又是时间 t 的函数,即 $x = x(t)$, $y = y(t)$, $z = z(t)$,所以 $\boldsymbol{v}$ 表示成

$$\boldsymbol{v} = \boldsymbol{v}[x(t), y(t), z(t), t] \tag{4-17}$$

流体质点的加速度为

$$\boldsymbol{a} = \frac{\mathrm{d}\boldsymbol{v}}{\mathrm{d}t} = \frac{\partial \boldsymbol{v}}{\partial t} + \frac{\partial \boldsymbol{v}}{\partial x}\frac{\mathrm{d}x}{\mathrm{d}t} + \frac{\partial \boldsymbol{v}}{\partial y}\frac{\mathrm{d}y}{\mathrm{d}t} + \frac{\partial \boldsymbol{v}}{\partial z}\frac{\mathrm{d}z}{\mathrm{d}t} \tag{4-18}$$

流体质点坐标(x、y、z)分别对时间的导数为该流体质点的各速度分量。

即 $\frac{\mathrm{d}x}{\mathrm{d}t} = v_x$, $\frac{\mathrm{d}y}{\mathrm{d}t} = v_y$, $\frac{\mathrm{d}z}{\mathrm{d}t} = v_z$,所以

$$\begin{aligned}
\boldsymbol{a} &= \frac{\partial \boldsymbol{v}}{\partial t} + v_x\frac{\partial \boldsymbol{v}}{\partial x} + v_y\frac{\partial \boldsymbol{v}}{\partial y} + v_z\frac{\partial \boldsymbol{v}}{\partial z} = \left(\frac{\partial}{\partial t} + v_x\frac{\partial}{\partial x} + v_y\frac{\partial}{\partial y} + v_z\frac{\partial}{\partial z}\right)\boldsymbol{v} \\
&= \left(\frac{\partial}{\partial t} + v_x\frac{\partial}{\partial x} + v_y\frac{\partial}{\partial y} + v_z\frac{\partial}{\partial z}\right)(v_x\boldsymbol{i} + v_y\boldsymbol{j} + v_z\boldsymbol{k}) \\
&= \left(\frac{\partial v_x}{\partial t} + v_x\frac{\partial v_x}{\partial x} + v_y\frac{\partial v_x}{\partial y} + v_z\frac{\partial v_x}{\partial z}\right)\boldsymbol{i} + \left(\frac{\partial v_y}{\partial t} + v_x\frac{\partial v_y}{\partial x} + v_y\frac{\partial v_y}{\partial y} + v_z\frac{\partial v_y}{\partial z}\right)\boldsymbol{j} + \left(\frac{\partial v_z}{\partial t} + v_x\frac{\partial v_z}{\partial x} + v_y\frac{\partial v_z}{\partial y} + v_z\frac{\partial v_z}{\partial z}\right)\boldsymbol{k}
\end{aligned}$$

又因为加速度又可表示为:

$$\boldsymbol{a} = \frac{\mathrm{d}\boldsymbol{v}}{\mathrm{d}t} = \frac{\mathrm{d}v_x}{\mathrm{d}t}\boldsymbol{i} + \frac{\mathrm{d}v_y}{\mathrm{d}t}\boldsymbol{j} + \frac{\mathrm{d}v_z}{\mathrm{d}t}\boldsymbol{k} = a_x\boldsymbol{i} + a_y\boldsymbol{j} + a_z\boldsymbol{k} \tag{4-19}$$

式中,a_x、a_y、a_z 分别为加速度 $\boldsymbol{a}$ 在 x、y、z 轴上的分量。通过比较得:

$$\begin{aligned}
a_x &= \frac{\mathrm{d}v_x}{\mathrm{d}t} = \frac{\partial v_x}{\partial t} + v_x\frac{\partial v_x}{\partial x} + v_y\frac{\partial v_x}{\partial y} + v_z\frac{\partial v_x}{\partial z} \\
a_y &= \frac{\mathrm{d}v_y}{\mathrm{d}t} = \frac{\partial v_y}{\partial t} + v_x\frac{\partial v_y}{\partial x} + v_y\frac{\partial v_y}{\partial y} + v_z\frac{\partial v_y}{\partial z} \\
a_z &= \frac{\mathrm{d}v_z}{\mathrm{d}t} = \frac{\partial v_z}{\partial t} + v_x\frac{\partial v_z}{\partial x} + v_y\frac{\partial v_z}{\partial y} + v_z\frac{\partial v_z}{\partial z}
\end{aligned} \tag{4-20}$$

其矢量表达式为
$$\boldsymbol{a}=\frac{\partial \boldsymbol{v}}{\partial t}+(\boldsymbol{v}\cdot\boldsymbol{\nabla})\boldsymbol{v} \tag{4-21}$$

式中，$\boldsymbol{\nabla}=\frac{\partial}{\partial x}\boldsymbol{i}+\frac{\partial}{\partial y}\boldsymbol{j}+\frac{\partial}{\partial z}\boldsymbol{k}$ 是哈密尔顿算子，由此式可知，加速度 $\boldsymbol{a}$ 由两部分组成：第一部分$\frac{\partial \boldsymbol{v}}{\partial t}$称为当地加速度（或称局部导数），表示速度在空间的一个固定点处随时间的变化，它是由场的不定常性引起的，对于定常流动$\frac{\partial \boldsymbol{v}}{\partial t}=0$；第二部分$(\boldsymbol{v}\cdot\boldsymbol{\nabla})\boldsymbol{v}=v_x\frac{\partial \boldsymbol{v}}{\partial x}+v_y\frac{\partial \boldsymbol{v}}{\partial y}+v_z\frac{\partial \boldsymbol{v}}{\partial z}$称为迁移加速度，表示速度由一点移动到另一点时所发生的变化，它是由流场的不均匀性引起的，对均匀流场$(\boldsymbol{v}\cdot\boldsymbol{\nabla})\boldsymbol{\nabla}=0$，$\frac{\partial \boldsymbol{v}}{\partial x}$表示流体质点沿 x 方向的速度变化率，如在单位时间内移动了 v_x 的距离，则 x 方向上的速度变化率是 $v_x\frac{\partial \boldsymbol{v}}{\partial x}$。同理，$v_y\frac{\partial \boldsymbol{v}}{\partial y}$和 $v_z\frac{\partial \boldsymbol{v}}{\partial z}$分别反映了流体质点在 y 和 z 方向的分速度 v_y 和 v_z 所引起的速度变化率。

用欧拉法求流体的其他物理量质点导数，其一般式为$\frac{\mathrm{d}}{\mathrm{d}t}(N)=\left(\frac{\partial}{\partial t}+\boldsymbol{v}\cdot\boldsymbol{\nabla}\right)(N)$，式中 N 为流体的某种物理量，$\frac{\partial N}{\partial t}$为 N 的当地变化率，$(\boldsymbol{v}\cdot\boldsymbol{\nabla})N$ 为 N 的位移变化率。例如，对压强 p 和密度 ρ 则有：

$$\frac{\mathrm{d}p}{\mathrm{d}t}=\left(\frac{\partial}{\partial t}+\boldsymbol{v}\cdot\boldsymbol{\nabla}\right)p=\frac{\partial p}{\partial t}+v_x\frac{\partial p}{\partial x}+v_y\frac{\partial p}{\partial y}+v_z\frac{\partial p}{\partial z}$$
$$\frac{\mathrm{d}\rho}{\mathrm{d}t}=\left(\frac{\partial}{\partial t}+\boldsymbol{v}\cdot\boldsymbol{\nabla}\right)\rho=\frac{\partial \rho}{\partial t}+v_x\frac{\partial \rho}{\partial x}+v_y\frac{\partial \rho}{\partial y}+v_z\frac{\partial \rho}{\partial z}$$

对于不可压缩流体，则$\frac{\partial \rho}{\partial t}=0$

［**例 4-1**］　设流场的速度分布为

$$v_x=4t-\frac{2y}{x^2+y^2}$$
$$v_y=\frac{2x}{x^2+y^2}$$

试求（1）当地加速度；

（2）当 $t=0$ 时，过（1，1）点流体质点的加速度。

解：（1）求当地加速度：

$$\frac{\partial v_x}{\partial t}=4,\quad \frac{\partial v_y}{\partial t}=0$$

（2）求流体质点的加速度：

$$a_x=\frac{\mathrm{d}v_x}{\mathrm{d}t}=\frac{\partial v_x}{\partial t}+v_x\frac{\partial v_x}{\partial x}+v_y\frac{\partial v_x}{\partial y}=4+\left(4t-\frac{2y}{x^2+y^2}\right)\left[\frac{4xy}{(x^2+y^2)^2}\right]+\frac{2x}{x^2+y^2}\left[\frac{2(y^2-x^2)}{(x^2+y^2)^2}\right]$$

当 $t=0$，$x=1$，$y=1$ 时，有：

$$a_x=\frac{\mathrm{d}v_x}{\mathrm{d}t}=4-1+0=3$$

$$a_y=\frac{\mathrm{d}v_y}{\mathrm{d}t}=\frac{\partial v_y}{\partial t}+v_x\frac{\partial v_y}{\partial x}+v_y\frac{\partial v_y}{\partial y}$$
$$=0+\left(4t-\frac{2y}{x^2+y^2}\right)\left[\frac{2(y^2-x^2)}{(x^2+y^2)^2}\right]+\frac{2x}{x^2+y^2}\left[\frac{-4xy}{(x^2+y^2)^2}\right]$$

当 $t=0, x=1, y=1$ 时有：

$$a_y=\frac{\mathrm{d}v_y}{\mathrm{d}t}=0+0-1=-1$$

加速度

$$a=\frac{\mathrm{d}\boldsymbol{v}}{\mathrm{d}t}=\frac{\mathrm{d}v_x}{\mathrm{d}t}\boldsymbol{i}+\frac{\mathrm{d}v_y}{\mathrm{d}t}\boldsymbol{j}=3\boldsymbol{i}-\boldsymbol{j}$$

4.3 流场的直观表示

为了直观地表示流场，人为地引入了迹线、流线和涡线的概念。

4.3.1 迹线

迹线是流体质点的运动轨迹曲线。迹线给出了同一质点，在不同时刻的空间位置和速度方向。

（1）拉格朗日法对迹线的描述：拉格朗日表达式就是迹线的参数方程，即

$$x=x(a,b,c,t) \quad y=y(a,b,c,t) \quad z=z(a,b,c,t)$$

从方程中消去参数 t，并给定 (a,b,c) 的值，就可以得到以 x、y、z 表示的流体质点 (a,b,c) 的迹线。

（2）欧拉法对迹线的描述：如果流体运动速度已经给出，即 $\boldsymbol{v}=\boldsymbol{v}(\boldsymbol{r},t)=\mathrm{d}\boldsymbol{r}/\mathrm{d}t$，如果将 $\mathrm{d}\boldsymbol{r}$ 理解为质点在时间间隔 $\mathrm{d}t$ 内所移动的距离，则 $\boldsymbol{v}=\frac{\mathrm{d}\boldsymbol{r}}{\mathrm{d}t}$ 为迹线的微分方程，即 $\frac{\mathrm{d}x}{\mathrm{d}t}=v_x(x,y,z,t)$，$\frac{\mathrm{d}y}{\mathrm{d}t}=v_y(x,y,z,t)$，$\frac{\mathrm{d}z}{\mathrm{d}t}=v_z(x,y,z,t)$，消去参数 t，得到迹线方程为：

$$\frac{\mathrm{d}x}{v_x(x,y,z,t)}=\frac{\mathrm{d}y}{v_y(x,y,z,t)}=\frac{\mathrm{d}z}{v_z(x,y,z,t)}=\mathrm{d}t \tag{4-22}$$

式中，t 是自变量，x、y、z 都是 t 的函数，积分后在所得到的表达式中消去时间 t 后，即得到迹线的方程。

4.3.2 流线

流线是在同一时刻由不同流体质点所组成的曲线，它给出该时刻不同流体质点的运动方向，在每一瞬时，该曲线上各流体质点的速度总是在该点与曲线相切，即在该点的速度方向与曲线切线方向重合。流线是一假想曲线，就像磁力线一样，是利用矢量线来几何地表示一个矢量场。

4.3.2.1 流线的绘制方法

如图 4-2 所示，在运动的流场中，某一瞬时 t 流体质点位于 A 点的速度为 $\boldsymbol{v}_1$，在 $\boldsymbol{v}_1$ 方向取一与 A 点邻近的 B 点，B 点的速度为 $\boldsymbol{v}_2$，再在 $\boldsymbol{v}_2$ 方向取一与 B 点邻近的 C 点，C 点的速度为 $\boldsymbol{v}_3$，以此类推，可以得到一条折线 $ABCDEF$……。令点与点之间的距离趋于零，即可得到一条光滑曲线即流线。

4.3.2.2 流线特征

（1）除了在速度为零和无穷大的那些点以外，经过空间一点只有一条流线，即流线不能相交。

（2）流场中每一点都有流线通过，所有的流线形成流线谱。

（3）稳态流动时流线的形状和位置不随时间变化，并与迹线重合，非稳定流动时流线的形状和位置是随时间变化的。

4.3.2.3　流线方程

如图 4-3 所示，设 $\boldsymbol{r}$ 是流线上某点的位置矢径，$\boldsymbol{v}$ 是流体在该点的速度矢量，根据流线的定义，由于速度与流线相切，所以流线微元段对应的矢径增量 $\mathrm{d}\boldsymbol{r}$ 必然与该点的速度 $\boldsymbol{v}$ 平行，由于两个平行矢量的乘积为零，所以有 $\boldsymbol{v}\times\mathrm{d}\boldsymbol{r}=0$。

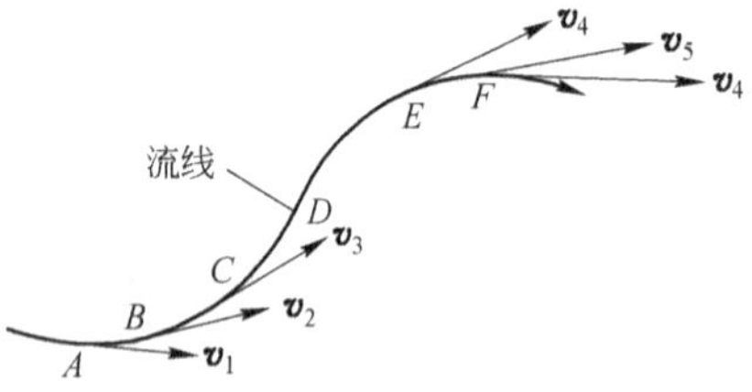

图 4-2　流线

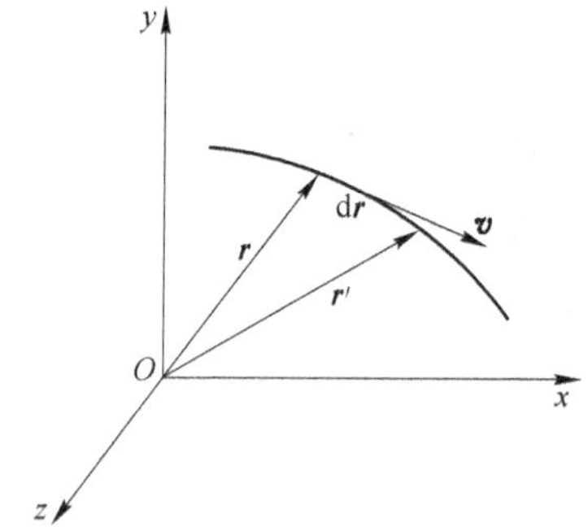

图 4-3　流线上的矢径增量与质点速度

上式即为流线方程的矢量表达式。

因为

$$\boldsymbol{v}=v_x\boldsymbol{i}+v_y\boldsymbol{j}+v_z\boldsymbol{k}$$

$$\mathrm{d}\boldsymbol{r}=\mathrm{d}x\boldsymbol{i}+\mathrm{d}y\boldsymbol{j}+\mathrm{d}z\boldsymbol{k}$$

所以有

$$\boldsymbol{v}\times\mathrm{d}\boldsymbol{r}=\begin{vmatrix}\boldsymbol{i} & \boldsymbol{j} & \boldsymbol{k}\\ v_x & v_y & v_z\\ \mathrm{d}x & \mathrm{d}y & \mathrm{d}z\end{vmatrix}=0$$

展开得

$$v_x\mathrm{d}y-v_y\mathrm{d}x=0$$

$$v_y\mathrm{d}z-v_z\mathrm{d}y=0$$

$$v_z\mathrm{d}x-v_x\mathrm{d}z=0$$

由此可得流线微分方程为：

$$\frac{\mathrm{d}x}{v_x}=\frac{\mathrm{d}y}{v_y}=\frac{\mathrm{d}z}{v_z} \tag{4-23}$$

此式可写成三个方程，但其中只有两个是独立的，由于流线是对同一时刻而言的，所以在求积分时，视变量 t 为常数，对坐标变量进行积分，可得到两个曲面方程，这两个曲面的交线便是流线。

4.3.3　流线与迹线的关系

迹线和流线是两个具有不同内容和意义的曲线，主要表现在：

(1) 它们在流场中的方程形式是相同的，但却有本质的区别。

(2) 迹线是和时间过程有关的曲线，描述的是一个流体质点在一段时间内由一点运动到另一点的轨迹。流线是流场中的瞬时曲线，描述的是某一瞬时，处在该曲线上的众多流体质点的运动方向。

(3) 迹线是同一质点在不同时刻的空间位置连成的曲线，它与拉格朗日观点相联系，而流线则是同一时刻不同质点所组成的曲线，它与欧拉观点相联系。

(4) 对于定常流动，迹线和流线方程中均不含时间 t，微分方程完全相同，积分结果一样，即流线与迹线重合，且不随时间变化；对于非定常流动，流体质点总有自己确定的迹线，而通过任意一点的流线在不同时刻可能有不同的形状，因而流线不一定始终和迹线重合。

[**例 4-2**]　设有一平面流场，其速度表达式是 $v_x = x + t, v_y = -y + t, v_z = 0$，求 $t = 0$ 时，过 $(-1, -1)$ 点的流线和迹线。

解：(1)流线的微分方程是：

$$\frac{dx}{x+t} = \frac{dy}{-y+t}$$

式中，t 是参数，积分得

$$(x+t)(-y+t) = c$$

以 $t=0$ 时，$x = -1, y = -1$ 代入上式，可确定积分常数 $c = -1$，所以所求流线方程为

$$xy = 1$$

这是一条双曲线，根据题意所求流线应是第三象限的分支曲线(见图 4-4a)。

(2) 迹线应满足的方程是

$$\frac{dx}{dt} = x + t, \quad \frac{dy}{dt} = -y + t$$

这里 t 是自变量，以上两方程的解分别是

$$x = c_1 e^t - t - 1, \quad y = c_2 e^{-t} + t - 1$$

以 $t=0$ 时，$x = y = -1$ 代入得 $c_1 = c_2 = 0$，消去 t 后得

$$x + y = -2$$

这是一条直线(见图 4-4b)。

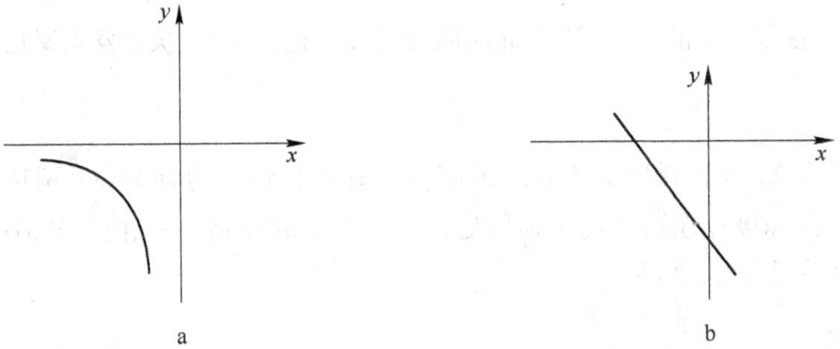

图 4-4　流线和迹线

4.4　流体微团运动分析

一般来说，流体微团在运动过程中其大小和形状都会发生改变。对于一个流体微团来说，如果它所有的点都具有相同的速度，即其速度梯度为零，这个流体微团只可能做平动；如果存在速度梯度，由于各个流体质点运动速度不相同，那么该微团在平动的同时还可能发生旋转和变形。如图 4-5 所示，一方形流体微团从 t_0 时刻的位置移动到 $t_0 + \delta t$ 时刻的新位置，在平动的同时，它

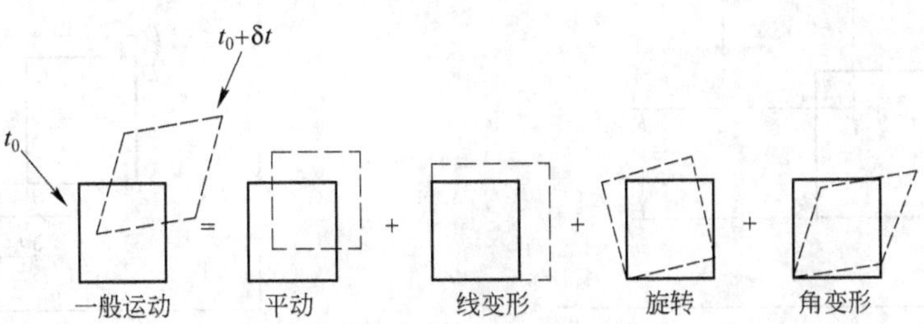

图 4-5　流体微团的运动和变形

的体积增大了(有线变形),发生了旋转,形状也改变了(有角变形)。整个运动和变形是同时发生的,可以把这一过程看作4个简单过程的复合:平动、线变形、旋转和角变形在平面上运动的液体微团,假定在某瞬时t,流体微团$ABCD$为矩形,如图4-6所示,$A(x,y)$点的速度为$\boldsymbol{v}=v_x\boldsymbol{i}+v_y\boldsymbol{j}+v_z\boldsymbol{k}$,与点$A$相距微小矢径$\delta\boldsymbol{r}$的点$C(x+\delta x,y+\delta y)$的速度,可利用泰勒级数展开,并略去高于一阶的无穷小量,得:

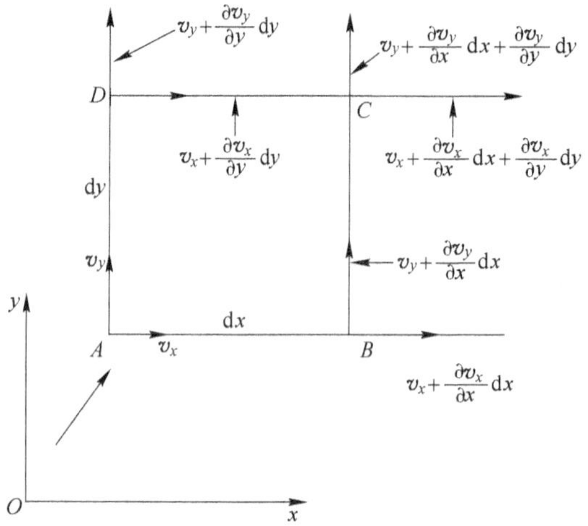

图4-6　流体微团平面运动的速度分布

$$v_{Cx}=v_x+\frac{\partial v_x}{\partial x}dx+\frac{\partial v_x}{\partial y}dy$$
$$v_{Cy}=v_y+\frac{\partial v_y}{\partial x}dx+\frac{\partial v_y}{\partial y}dy \tag{4-24}$$

同理,对于$B(x+\delta x,y)$点的速度:

$$v_{Bx}=v_x+\frac{\partial v_x}{\partial x}dx$$
$$v_{By}=v_y+\frac{\partial v_y}{\partial x}dx \tag{4-25}$$

对于$D(x,y+\delta y)$点的速度:

$$v_{Dx}=v_x+\frac{\partial v_x}{\partial y}dy$$
$$v_{Dy}=v_y+\frac{\partial v_y}{\partial y}dy \tag{4-26}$$

由于微团上各点速度的差异,经过dt时间后,微团的位置与形状会发生变化。

4.4.1　平动

从图4-7中可知,流体微团上A、B、C、D各点的速度分量中均有v_x和v_y两项,将此速度分离出来(即只有v_x、v_y速度存在),经过dt时间后,矩形微团$ABCD$将向右、向上分别移动$v_x dt$、$v_y dt$的距离,得其形状不变,此为平动。

4.4.2　线变形

如图4-8所示,点B在跟随点A作移动的同时,还以速度差$\frac{\partial v_x}{\partial x}dx$沿$x$方向对点$A$作相对运动,经d$t$时间,d$x$伸长了$\frac{\partial v_x}{\partial x}dxdt$。

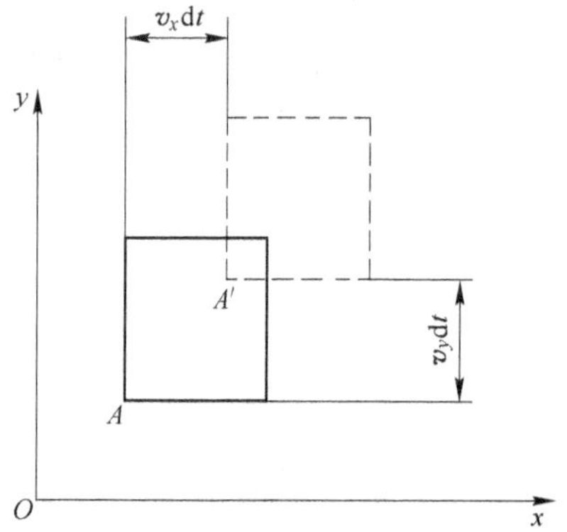

图4-7　平动

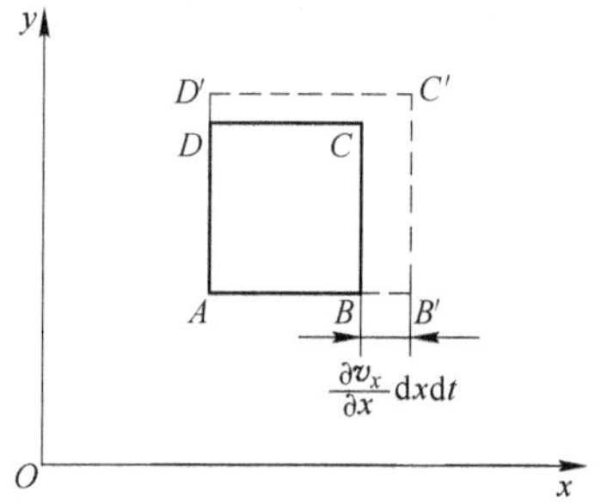

图4-8　线变形

4.4.2.1 线变形速率

定义:单位时间、单位长度的伸长(或缩短)量称为线变形速率。在 x、y、z 方向上的线变形速率分别用 ε_{xx}、ε_{yy}、ε_{zz}表示,则:

$$\varepsilon_{xx}=\frac{\frac{\partial v_x}{\partial x}\mathrm{d}x\mathrm{d}t}{\mathrm{d}x\mathrm{d}t}=\frac{\partial v_x}{\partial x} \tag{4-27}$$

同理

$$\varepsilon_{yy}=\frac{\frac{\partial v_y}{\partial y}\mathrm{d}y\mathrm{d}t}{\mathrm{d}y\mathrm{d}t}=\frac{\partial v_y}{\partial y} \tag{4-28}$$

$$\varepsilon_{zz}=\frac{\frac{\partial v_z}{\partial z}\mathrm{d}z\mathrm{d}t}{\mathrm{d}z\mathrm{d}t}=\frac{\partial v_z}{\partial z} \tag{4-29}$$

4.4.2.2 体积膨胀速率

定义:单位时间内流体微团单位体积的变化称为体积膨胀速率。若假定在 t 瞬时,流体微团的体积为 $\mathrm{d}x\mathrm{d}y\mathrm{d}z$,而在($t+\mathrm{d}t$)瞬时,由于线变形,该流体微团的体积为 $\left(\mathrm{d}x+\frac{\partial v_x}{\partial x}\mathrm{d}x\mathrm{d}t\right)\left(\mathrm{d}y+\frac{\partial v_y}{\partial y}\mathrm{d}y\mathrm{d}t\right)\left(\mathrm{d}z+\frac{\partial v_z}{\partial z}\mathrm{d}z\mathrm{d}t\right)$,当略去部分无穷小量时,则体积膨胀速率为

$$\frac{\left(\mathrm{d}x+\frac{\partial v_x}{\partial x}\mathrm{d}x\mathrm{d}t\right)\left(\mathrm{d}y+\frac{\partial v_y}{\partial y}\mathrm{d}y\mathrm{d}t\right)\left(\mathrm{d}z+\frac{\partial v_z}{\partial z}\mathrm{d}z\mathrm{d}t\right)-\mathrm{d}x\mathrm{d}y\mathrm{d}z}{\mathrm{d}x\mathrm{d}y\mathrm{d}z\mathrm{d}t}=\frac{\partial v_x}{\partial x}+\frac{\partial v_y}{\partial y}+\frac{\partial v_z}{\partial z}=\varepsilon_{xx}+\varepsilon_{yy}+\varepsilon_{zz}$$

可见,体积膨胀速率等于线变形速率之和,对于不可压缩流体,流体微团的体积不会发生变化,因此体积膨胀速率为零,即:

$$\varepsilon_{xx}+\varepsilon_{yy}+\varepsilon_{zz}=\frac{\partial v_x}{\partial x}+\frac{\partial v_y}{\partial y}+\frac{\partial v_z}{\partial z}=0 \tag{4-30}$$

$$\nabla\cdot\boldsymbol{v}=0$$

4.4.3 角变形

如图 4-9 所示,B 点与 A 点在 y 方向上的速度差为 $\frac{\partial v_y}{\partial x}\mathrm{d}x$,因此 $BB'=\frac{\partial v_y}{\partial x}\mathrm{d}x\mathrm{d}t$,由于 $\mathrm{d}x$ 很小,所以

$$\mathrm{d}\alpha\mathrm{d}x=\frac{\partial v_y}{\partial x}\mathrm{d}x\mathrm{d}t$$

$$\mathrm{d}\alpha=\frac{\frac{\partial v_y}{\partial x}\mathrm{d}x\mathrm{d}t}{\mathrm{d}x}=\frac{\partial v_y}{\partial x}\mathrm{d}t$$

同理

$$\mathrm{d}\beta=\frac{\frac{\partial v_x}{\partial y}\mathrm{d}y\mathrm{d}t}{\mathrm{d}y}=\frac{\partial v_x}{\partial y}\mathrm{d}t$$

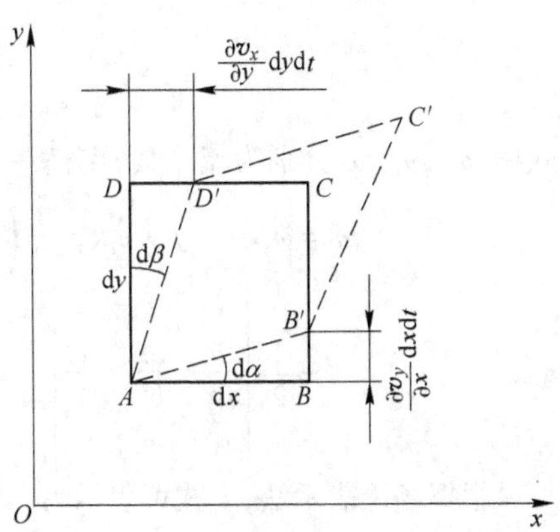

图 4-9 角变形

定义:两条正交流体边单位时间的角度变化称为角变形速率,两条正交流体边单位时间角度变化的平均值(即单边的角变形),称为剪切变形速率。xOy、yOz、zOx 平面上的剪切变形速率分别记为 ε_{xy}、ε_{yz}、ε_{zx}。

例　在 xOy 平面上：

角变化　$d\gamma = d\alpha + d\beta = \frac{\partial v_y}{\partial x}dt + \frac{\partial v_x}{\partial y}dt$

角变形速率　$\xi = \frac{d\gamma}{dt} = \frac{\partial v_y}{\partial x} + \frac{\partial v_x}{\partial y}$

剪切变形速率

$$\varepsilon_{xy} = \varepsilon_{yx} = \frac{1}{2}\left(\frac{\partial v_y}{\partial x} + \frac{\partial v_x}{\partial y}\right)$$

$$\varepsilon_{yz} = \varepsilon_{zy} = \frac{1}{2}\left(\frac{\partial v_z}{\partial y} + \frac{\partial v_y}{\partial z}\right)$$

$$\varepsilon_{zx} = \varepsilon_{xz} = \frac{1}{2}\left(\frac{\partial v_x}{\partial z} + \frac{\partial v_z}{\partial x}\right)$$

对于黏性流体而言，切应力会引起流体微团的剪切变形。

4.4.4　旋转

定义：在旋转运动中，两条互相正交的微元流体边单位时间绕同一转轴旋转角度的平均值（即单边平均旋转的角度）称为流体微团的旋转角速度，如图 4-10 所示，则：

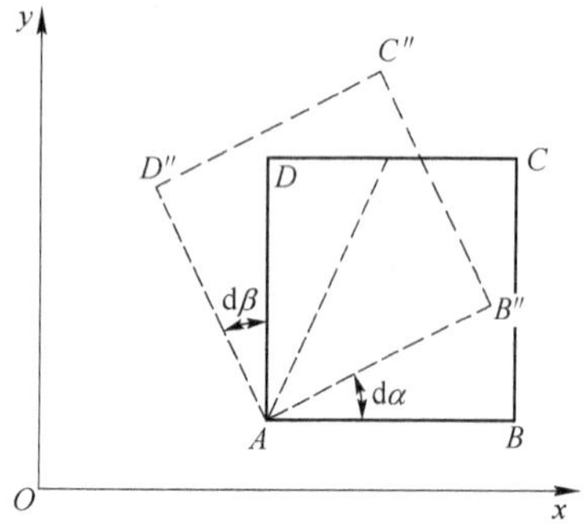

图 4-10　旋转

$$d\alpha = \frac{\partial v_y}{\partial x}dt$$

$$d\beta = -\frac{\partial v_x}{\partial y}dt$$

流体微团绕 z 轴的旋转角速度为：

$$\omega_z = \frac{1}{2}\left(\frac{d\alpha - d\beta}{dt}\right) = \frac{1}{2}\left(\frac{\partial v_y}{\partial x} - \frac{\partial v_x}{\partial y}\right) \tag{4-31}$$

若 $d\alpha = d\beta$，则流体微团只发生旋转；若 $d\alpha = -d\beta$，则流体微团只发生角变形，一般情况下 $|d\alpha| \neq |d\beta|$，则流体微团即会发生角变形又会发生旋转运动。

同理综上，流体微团绕 x 轴、y 轴、z 轴的旋转角速度为：

$$\begin{cases} \omega_x = \frac{1}{2}\left(\frac{\partial v_z}{\partial y} - \frac{\partial v_y}{\partial z}\right) \\ \omega_y = \frac{1}{2}\left(\frac{\partial v_x}{\partial z} - \frac{\partial v_z}{\partial x}\right) \\ \omega_z = \frac{1}{2}\left(\frac{\partial v_y}{\partial x} - \frac{\partial v_x}{\partial y}\right) \end{cases} \tag{4-32}$$

式中，ω_x、ω_y、ω_z 分别为流体微团绕某一瞬时轴旋转的角速度矢量 $\boldsymbol{\omega}$ 的三个分量。

$$\boldsymbol{\omega} = \omega_x \boldsymbol{i} + \omega_y \boldsymbol{j} + \omega_z \boldsymbol{k} = \frac{1}{2}\left(\frac{\partial v_z}{\partial y} - \frac{\partial v_y}{\partial z}\right)\boldsymbol{i} + \frac{1}{2}\left(\frac{\partial v_x}{\partial z} - \frac{\partial v_z}{\partial x}\right)\boldsymbol{j} + \frac{1}{2}\left(\frac{\partial v_y}{\partial x} - \frac{\partial v_x}{\partial y}\right)\boldsymbol{k}$$

$$= \frac{1}{2}\begin{vmatrix} \boldsymbol{i} & \boldsymbol{j} & \boldsymbol{k} \\ \frac{\partial}{\partial x} & \frac{\partial}{\partial y} & \frac{\partial}{\partial z} \\ v_x & v_y & v_z \end{vmatrix}$$

根据场论表示法，上式可表示为：

$$\boldsymbol{\omega} = \frac{1}{2}\mathrm{rot}\ \boldsymbol{v} = \frac{1}{2}\boldsymbol{\nabla} \times \boldsymbol{v} \tag{4-33}$$

4.5 有旋流动与无旋流动

4.5.1 涡量

4.5.1.1 涡量的定义

设有速度场 $\boldsymbol{v}$,令:

$$\boldsymbol{\Omega}=\nabla\times\boldsymbol{v}=\begin{vmatrix}\boldsymbol{i} & \boldsymbol{j} & \boldsymbol{k}\\ \dfrac{\partial}{\partial x} & \dfrac{\partial}{\partial y} & \dfrac{\partial}{\partial z}\\ v_x & v_y & v_z\end{vmatrix} \tag{4-34}$$

则称 $\boldsymbol{\Omega}$ 为涡量或旋度,与速度场 $\boldsymbol{v}$ 对应,$\boldsymbol{\Omega}$ 也构成一个场,称为涡量场。涡量在一个截面 S 上的面积分:$\int_S\boldsymbol{\Omega}\cdot\mathrm{d}\boldsymbol{S}=\int_S\boldsymbol{\Omega}\cdot\boldsymbol{n}\mathrm{d}s$,称为 $\boldsymbol{\Omega}$ 通过该截面的涡通量,式中 $\mathrm{d}\boldsymbol{S}=\boldsymbol{n}\mathrm{d}s=(\mathrm{d}s)_x\boldsymbol{i}+(\mathrm{d}s)_y\boldsymbol{j}+(\mathrm{d}s)_z\boldsymbol{k}$,$\boldsymbol{n}$ 是微元面 $\mathrm{d}\boldsymbol{S}$ 的法线单位矢量。

4.5.1.2 涡量与旋转角速度的关系

我们在研究流体微团运动分析中可知:

$$\boldsymbol{\omega}=\frac{1}{2}\nabla\times\boldsymbol{v} \tag{4-35}$$

因此有

$$\boldsymbol{\Omega}=2\boldsymbol{\omega}=\nabla\times\boldsymbol{v}=\mathrm{rot}\ \boldsymbol{v} \tag{4-36}$$

涡量同旋转角速度一样,也是点的坐标和时间的函数,在直角坐标系中 $\boldsymbol{v}=v_x\boldsymbol{i}+v_y\boldsymbol{j}+v_z\boldsymbol{k}$,则有:

$$\boldsymbol{\Omega}=\left(\frac{\partial v_z}{\partial y}-\frac{\partial v_y}{\partial z}\right)\boldsymbol{i}+\left(\frac{\partial v_x}{\partial z}-\frac{\partial v_z}{\partial x}\right)\boldsymbol{j}+\left(\frac{\partial v_y}{\partial x}-\frac{\partial v_x}{\partial y}\right)\boldsymbol{k}=\Omega_x\boldsymbol{i}+\Omega_y\boldsymbol{j}+\Omega_z\boldsymbol{k}$$

式中

$$\Omega_x=2\omega_x=\frac{\partial v_z}{\partial y}-\frac{\partial v_y}{\partial z} \tag{4-37}$$

$$\Omega_y=2\omega_y=\frac{\partial v_x}{\partial z}-\frac{\partial v_z}{\partial x} \tag{4-38}$$

$$\Omega_z=2\omega_z=\frac{\partial v_y}{\partial x}-\frac{\partial v_x}{\partial y} \tag{4-39}$$

4.5.1.3 涡线

涡线是在给定瞬时与涡量矢量相切的曲线,它是沿该线各流体微团的瞬时转动轴线,该曲线任一点的切线方向与流体在该点的涡量方向一致,如图 4-11 所示。

设 $\boldsymbol{r}$ 是流场空间中某点的矢径,$\boldsymbol{\Omega}$ 是流体在该点的涡量矢量。于是,类似于流线方程,根据涡线定义可以写出涡线方程的矢量表达式:

$$\boldsymbol{\Omega}\times\mathrm{d}\boldsymbol{r}=0 \tag{4-40}$$

式中,$\mathrm{d}\boldsymbol{r}$ 表示沿涡线切线的矢径增量,与该点的涡量矢量 $\boldsymbol{\Omega}$ 是平行的,所以两者矢量乘积为 0。

在直角坐标系中,将矢量式 $\boldsymbol{\Omega}\times\mathrm{d}\boldsymbol{r}=0$ 展开得到涡线微分方程:

$$\frac{\mathrm{d}x}{\Omega_x}=\frac{\mathrm{d}y}{\Omega_y}=\frac{\mathrm{d}z}{\Omega_z} \tag{4-41}$$

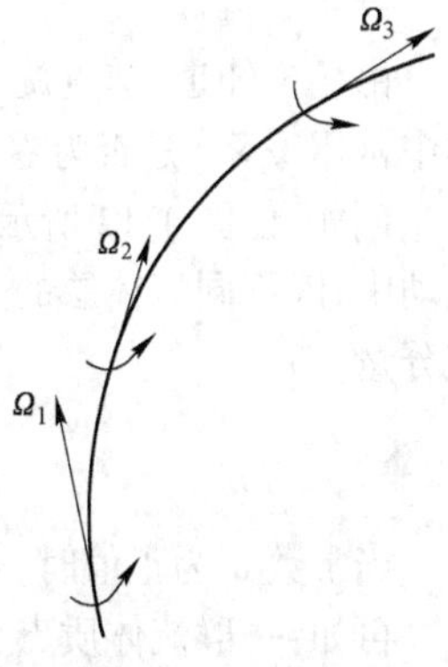

图 4-11 涡线

若流动非定常,涡线的形状和位置是随时间变化的,积分涡线微分方程时,t 作为参变量;若流动定常,涡线的形状和位置保持不变,涡线微分方程中则没有时间变量 t。

4.5.2 有旋流动与无旋流动分析

4.5.2.1 有旋流动

涡量是表明流体旋转运动的一个物理量。若流体流动中 $\boldsymbol{\Omega}\neq 0$,即 Ω_x、Ω_y、Ω_z三个分量中只要有一个不为零,则称该流动为有旋流动,又称为旋涡运动。

根据涡量的定义,分别对 Ω_x、Ω_y、Ω_z求偏导再相加, 必然有:

$$\frac{\partial \Omega_x}{\partial x}+\frac{\partial \Omega_y}{\partial y}+\frac{\partial \Omega_z}{\partial z}=0 \tag{4-42}$$

或

$$\nabla \cdot \boldsymbol{\Omega}=\nabla \cdot (\nabla \times \boldsymbol{v})=0 \tag{4-43}$$

上式称为涡量的连续性方程,它表明涡量的散度为 0,这和$\nabla \times \boldsymbol{v}=0$ 为不可压缩流体的速度连续性方程一样。

4.5.2.2 无旋流动

在任意时刻,若流场中速度旋度或涡量处处为 0,即

$$\nabla \times \boldsymbol{v}=0 \quad 或 \quad \Omega_x=\Omega_y=\Omega_z=0$$

则该流场称为无旋流场。

实际流场的某些区域在很多情况下都非常接近于无旋流动,因此可以被简化成无旋流动来处理。无旋流动速度有势,加速度有势。

4.5.2.3 有旋流动与无旋流动的特点

(1) 若流体流动中,有旋流动的流体质点具有绕其自身轴旋转的运动。无旋流动中,每个质点都不存在绕其自身轴旋转的运动,亦即它们的涡量分量 ω_x、ω_y 及 ω_z 都等于零。

(2) 从流体运动角度讲,一般来说,黏性流体的流动是有旋的,而理想流体的流动可能是无旋的,也可能是有旋的。流动是有旋还是无旋,是根据流体微团本身是否旋转来确定的,而不是根据流体质点的运动轨迹是否弯曲来判定的,如果流体质点只是共同绕某一轴旋转,而其本身不旋转的,则不叫涡。因此,有涡或有旋运动的必要和充分条件是,流体质点必须绕自身轴旋转。

在直角坐标系中,x-y 平面流场无旋的条件是整个流场都满足下列条件

$$\omega_z=\frac{1}{2}\left(\frac{\partial v_y}{\partial x}-\frac{\partial v_x}{\partial y}\right)=0$$

在 r-θ 极坐标系中,无旋流动的条件是在整个平面流场中有

$$\omega_z=\frac{1}{2}\left[\frac{1}{r}\frac{\partial}{\partial r}(r v_\theta)-\frac{1}{r}\frac{\partial v_r}{\partial \theta}\right]=0$$

由场论知道,速度旋度$\nabla \times \boldsymbol{v}=2\boldsymbol{\omega}$;对于平面流动,速度旋度则为$\nabla \times \boldsymbol{v}=2\omega_z \boldsymbol{k}$,所以在流体力学中常用 $\nabla \times \boldsymbol{v}$ 是否为零作为流动是否无旋的判据。

例如:如图 4-12 所示,质点沿 x 轴向运动,其速度分布为:$v_x=ay, v_y=0, v_z=0$。在这种直线流动中,因不同流体层的速度有差别,其运动是有旋的。这可由直线速度分布来计算绕 z 轴的涡旋分量,即

$$\omega_z=\frac{1}{2}\left(\frac{\partial v_y}{\partial x}-\frac{\partial v_x}{\partial y}\right)=\frac{1}{2}(0-a)=-\frac{a}{2}$$

当常数 a 为正值时,ω_z为负,对于右手螺旋法则,则表示质点沿顺时针方向旋转。

再如:一群流体质点,绕某瞬时轴像刚体一样旋转,这一群质点的运动规律与刚体转动规律相同。这群质点不但共同绕某一瞬时轴旋转,而且它们还绕自身轴旋转(即自转),如图 4-13 所

示,流场内速度分布按刚体转动规律,则为:$v=\omega r$。

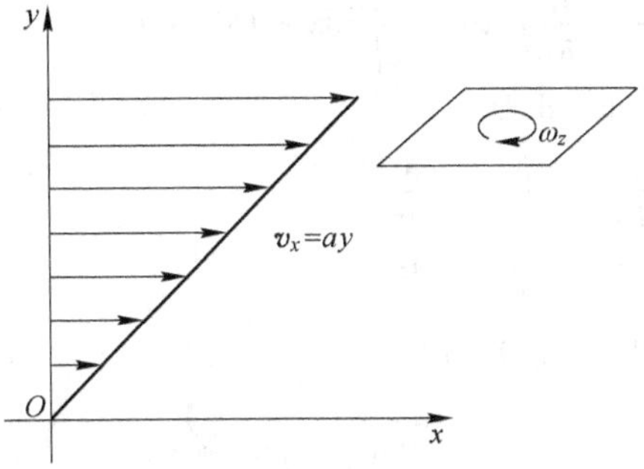

图4-12 直线流动的有旋流动

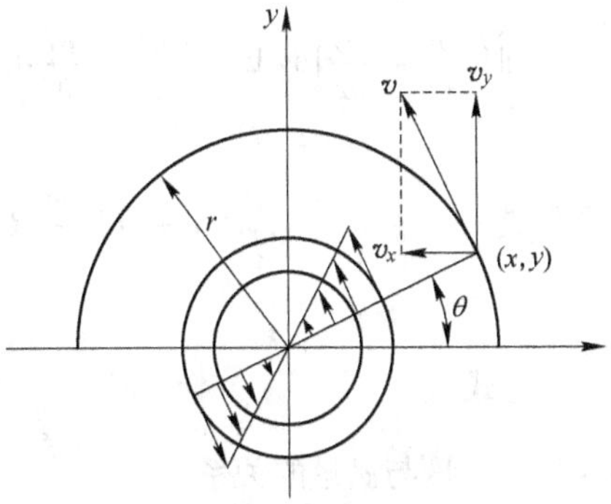

图4-13 旋转流动

由图4-13可知其分速度为:

$$v_x=-v\cdot\sin\theta=-\omega r\cdot\frac{y}{t}=-\omega y$$

$$v_y=u\cdot\cos\theta=\omega r\cdot\frac{x}{r}=\omega x$$

其涡旋分量为:

$$\omega_z=\frac{1}{2}\left(\frac{\partial v_y}{\partial x}-\frac{\partial v_x}{\partial y}\right)=\frac{1}{2}[\omega-(-\omega)]=\omega$$

可见,流场中各质点均有相同的自转角速度,且与公转的角速度 ω 相等。但其不绕自身轴旋转,所以不是涡。

4.5.3 速度环量 斯托克斯公式 高斯公式 汤姆孙定理

4.5.3.1 速度环量

A 环量概念

在有向曲线 $\boldsymbol{l}$ 上取一弧元素 $\mathrm{d}\boldsymbol{l}$,当质点运动经过 $\mathrm{d}\boldsymbol{l}$ 时,场力 $\boldsymbol{F}$ 所做的功(W)为:

$$\mathrm{d}\boldsymbol{W}=\boldsymbol{F}\cdot\mathrm{d}\boldsymbol{l} \tag{4-44}$$

沿封闭曲线运转一周所做的功:

$$\boldsymbol{W}=\oint_l\boldsymbol{F}\cdot\mathrm{d}\boldsymbol{l} \tag{4-45}$$

$\boldsymbol{W}$ 为力 $\boldsymbol{F}$ 的环量。

B 速度环量

在流场中任取封闭曲线 L,速度 $\boldsymbol{v}$ 沿该封闭曲线的线积分称为速度沿封闭曲线 L 的环量,简称速度环量。用 Γ 表示,即:

$$\Gamma=\oint_L\boldsymbol{v}\cdot\mathrm{d}\boldsymbol{l}=\oint_L v_x\mathrm{d}x+v_y\mathrm{d}y+v_z\mathrm{d}z \tag{4-46}$$

式中,$\mathrm{d}\boldsymbol{l}=\mathrm{d}x\boldsymbol{i}+\mathrm{d}y\boldsymbol{j}+\mathrm{d}z\boldsymbol{k}$ 为封闭曲线 L 上的微元弧长矢量;$\boldsymbol{v}$ 为 L 上的速度矢量。速度环量的正负不仅与流场的速度方向有关,而且与积分时的绕行方向有关。因此规定,逆时针方向为 L 的正方向,即封闭曲线所包围的区域总在前进方向的左侧,反之为负。

4.5.3.2 斯托克斯公式

设 Γ 为分段光滑的空间有向闭曲线,$\boldsymbol{\Sigma}$ 是以 Γ 为边界的分片光滑的有向曲面,Γ 的正向与 $\boldsymbol{\Sigma}$ 符合右手规则,函数 $P(x,y,z)$,$Q(x,y,z)$,$R(x,y,z)$,在包含曲面 $\boldsymbol{\Sigma}$ 在内的一个空间区域内具

有一阶连续偏导数,则有

$$\iint_{\Sigma}\left(\frac{\partial R}{\partial y}-\frac{\partial Q}{\partial z}\right)\mathrm{d}y\mathrm{d}z+\left(\frac{\partial P}{\partial z}-\frac{\partial R}{\partial x}\mathrm{d}z\mathrm{d}x\right)+\left(\frac{\partial Q}{\partial x}-\frac{\partial P}{\partial y}\right)\mathrm{d}x\mathrm{d}y=\oint_{\Gamma}P\mathrm{d}x+Q\mathrm{d}y+R\mathrm{d}z$$

或写成

$$\oint_{\Gamma}P\mathrm{d}x+Q\mathrm{d}y+R\mathrm{d}z=\iint_{\Sigma}\begin{vmatrix}\mathrm{d}y\mathrm{d}z & \mathrm{d}z\mathrm{d}x & \mathrm{d}x\mathrm{d}y\\ \dfrac{\partial}{\partial x} & \dfrac{\partial}{\partial y} & \dfrac{\partial}{\partial z}\\ P & Q & R\end{vmatrix}$$

或矢量式

$$\oint_{\Gamma}\boldsymbol{v}\cdot\mathrm{d}\boldsymbol{l}=\iint_{\Sigma}(\boldsymbol{\nabla}\times\boldsymbol{v})\cdot\mathrm{d}\boldsymbol{S}=\iint_{\Sigma}\boldsymbol{\Omega}\cdot\mathrm{d}\boldsymbol{S}\tag{4-47}$$

式(4-47)为环量与涡量的关系。

或矢量式

$$\oint_{\Gamma}\boldsymbol{v}\cdot\mathrm{d}\boldsymbol{l}=\iint_{\Sigma}\mathrm{rot}\ \boldsymbol{v}\cdot\boldsymbol{n}\mathrm{d}s\tag{4-48}$$

式(4-48)为环量与旋度的关系。

4.5.3.3　高斯公式

设空间闭区域 $\boldsymbol{\Omega}$ 是由分片光滑的闭曲面 $\boldsymbol{\Sigma}$ 所围成,函数 $P(x,y,z)$,$Q(x,y,z)$,$R(x,y,z)$,在 $\boldsymbol{\Omega}$ 上具有一阶连续导数,用 $\mathrm{d}V$ 表示微元体体积时,则

$$\oiint_{\Sigma}P\mathrm{d}y\mathrm{d}z+Q\mathrm{d}z\mathrm{d}x+R\mathrm{d}x\mathrm{d}y=\iiint_{\Omega}\left(\frac{\partial P}{\partial x}+\frac{\partial Q}{\partial y}+\frac{\partial R}{\partial z}\right)\mathrm{d}V$$

或矢量式

$$\oiint_{\Sigma}\boldsymbol{v}\cdot\mathrm{d}\boldsymbol{S}=\iiint_{\Omega}(\boldsymbol{\nabla}\cdot\boldsymbol{v})\mathrm{d}V\tag{4-49}$$

式(4-49)为通量与散度的关系。

4.5.3.4　汤姆孙定理

正压的理想流体在有势的质量力作用下,沿任何由流体质点组成的封闭周线(该线在运动过程中始终由同样的流体质点组成)的速度环量不随时间变化,即

$$\frac{\mathrm{d}\Gamma}{\mathrm{d}t}=0\quad 或\quad \Gamma=\mathrm{const}$$

由汤姆孙定理和斯托克斯公式可知,正压的理想流体在有势的质量力作用下,速度环量和旋涡不能自行产生,也不能自行消灭。这是由于理想流体无黏性,不存在切应力,不能传递旋转运动;既不能使不旋转的流体微团旋转,也不能使旋转的流体微团停止旋转。这样,流场中原来有旋涡和速度环量的,将保持有旋涡和速度环量,原来没有旋涡和速度环量的,就永远没有旋涡和速度环量。流场中也会出现没有速度环量但有旋涡的情况,此时旋涡是成对出现的,每对旋涡的强度相等而旋转方向相反。

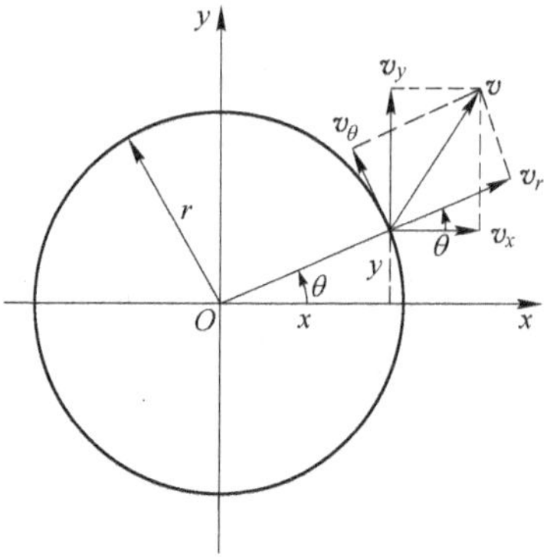

图 4-14　求速度环量用图

[例 4-3]　已知二维流场的速度分布为 $v_x=-6y$,$v_y=8x$,试求绕圆 $x^2+y^2=R^2$ 的速度环量。

解: 此题用极坐标求解比较方便,取坐标系如图 4-14 所示。坐标变换为 $x=r\cos\theta$,$y=r\sin\theta$,速度变换为 $v_r=v_x\cos\theta+v_y\sin\theta$,$v_\theta=v_y\cos\theta-v_x\sin\theta$,则 $v_\theta=8r\cos^2\theta+6r\sin^2\theta$。

$$\begin{aligned}\Gamma&=\int_0^{2\pi}(8r\cos^2\theta+6r\sin^2\theta)r\mathrm{d}\theta\\&=2r^2\int_0^{2\pi}(4\cos^2\theta+3\sin^2\theta)\mathrm{d}\zeta\\&=12\pi r^2+2r^2\int_0^{2\pi}\cos^2\theta\mathrm{d}\theta=14\pi r^2\end{aligned}$$

[例 4-4]　在二元涡量场中,已知圆心在坐标原点、半径 $r=0.2\ \mathrm{m}$ 的圆区域内流体的涡通量 $J=0.8\pi\ \mathrm{m^2/s}$。若流体微团在半径 r 处的速度分量 v_θ 为常量,它的值是多少?

解: 由斯托克斯定理得:

$$\int_0^{2\pi} v_\theta r\mathrm{d}\theta = 2\pi r v_\theta = J$$

$$v_\theta = \frac{J}{2\pi r} = \frac{0.8\pi}{2\pi\times 0.2} = 2\ \mathrm{m/s}$$

[例 4-5]　已知理想流体的速度分布为 $v_x = a\sqrt{y^2+z^2}$, $v_y = v_z = 0$,试求涡线方程以及沿封闭周线 $x^2+y^2=b^2(z=0)$ 的速度环量,其中 a、b 为常数。

解: 由已知条件可求得涡量的三个投影为:

$$\Omega_x = \frac{\partial v_z}{\partial y} - \frac{\partial v_y}{\partial z} = 0$$

$$\Omega_y = \frac{\partial v_x}{\partial z} - \frac{\partial v_z}{\partial x} = \frac{az}{(y^2+z^2)^{\frac{1}{2}}}$$

$$\Omega_z = \frac{\partial v_y}{\partial x} - \frac{\partial v_x}{\partial y} = \frac{-ay}{(y^2+z^2)^{\frac{1}{2}}}$$

代入涡线微分方程并整理得

$$\frac{\mathrm{d}x}{0} = \frac{\mathrm{d}y}{z} = -\frac{\mathrm{d}z}{y}$$

积分后得涡线方程为

$$\begin{cases} y^2+z^2 = C_1 \\ x = C_2 \end{cases}$$

由于封闭周线所在平面流体微团的涡量为: $\Omega_x = \Omega_y = 0$, $\Omega_z = -a$,故由斯托克斯定理得速度环量

$$\Gamma = \iint_A \boldsymbol{\Omega}\cdot\mathrm{d}\boldsymbol{A} = \iint_A \Omega_z \mathrm{d}A = \Omega_z A = -\pi a b^2$$

5 流体动力学

流体动力学是研究流体在外力作用下的运动规律,即研究作用在流体上的力与流体运动之间的关系。我们知道流体是有黏性的,在静止流体中可以不考虑黏性,但在运动流体中,由于流体间存在相对运动,因而必须考虑黏性的影响,也就是说,在研究流体动力学时,除了考虑质量力和压力的作用外,还要考虑黏性力的作用。有时为简化,忽略了黏性,而视流体为理想流体,并研究其基本运动规律。

5.1 输运公式

与研究流体质点运动的拉格朗日方法和欧拉方法相对应,在研究流体运动的宏观行为时,可在流场中选定部分流体即系统为对象,也可选择确定的流场空间即控制体为对象。

5.1.1 系统与控制体

5.1.1.1 系统

包含着确定物质的任何集合称为系统(s)。在流体力学中,系统指的是由确定的流体质点所组成的流体团。

系统的特点是:

(1) 系统是指从所研究的流体中取出确定质点的流体,系统始终由这些确定的流体质点组成。

(2) 系统与周围的流体没有质量交换,并且在运动过程中系统的质量不变,即$\frac{\mathrm{d}m}{\mathrm{d}t}=0$,$m$为系统的质量。

(3) 系统的体积和形状可以随时间改变。

(4) 系统和外界可以有动量或能量交换。

5.1.1.2 控制体

从流场中取出一固定的空间体积,该体积称为控制体(c),控制体的边界称为控制面。由于大多数情况下,研究流体系统运动的全过程是复杂和困难的,而欧拉法的着眼点是研究流场中的固定空间或固定点,所以使用控制体更为方便。

控制体的特点是:

(1) 控制体的形状可根据研究的需要而任意选定,一旦选定,则其相对于选定的坐标系其形状位置均不变。

(2) 在控制面上可以存在流体的质量以及能量交换。

5.1.2 输运公式

基于“系统”的基本原理,要转换成适用于“控制体”的表达形式,就要考虑控制体的质量是变化的。因此,将基于“系统”的物理量(质量、动量和能量)守恒原理表达成适用于“控制体”的形式,就需要建立系统的物理量随时间的变化率即($\mathrm{d}m/\mathrm{d}t$)、($\mathrm{d}mv/\mathrm{d}t$)和($\mathrm{d}E/\mathrm{d}t$)与控制体内这种物理量随时间的变化率及其经过控制面的净通量之间的关系,称为输运公式(方程)。

在图5-1中,阴影部分为固定于流场中的控制体,现将控制体所包括的流体取为所要考察的系统,统称为控制体系统。在起始时刻 t,系统的边界与控制体表面相重合,系统所占据的空间(区域Ⅰ和区域Ⅱ)与控制体空间相重合。随着流体的流动,在经过 Δt 的时间间隔后,系统的边界移动到一个新的位置,所占据的空间变为区域Ⅱ和区域Ⅲ,但控制体空间是固定不动的,仍然是区域Ⅰ和区域Ⅱ。系统边界不变,但是一个新的系统接近于前一个系统。

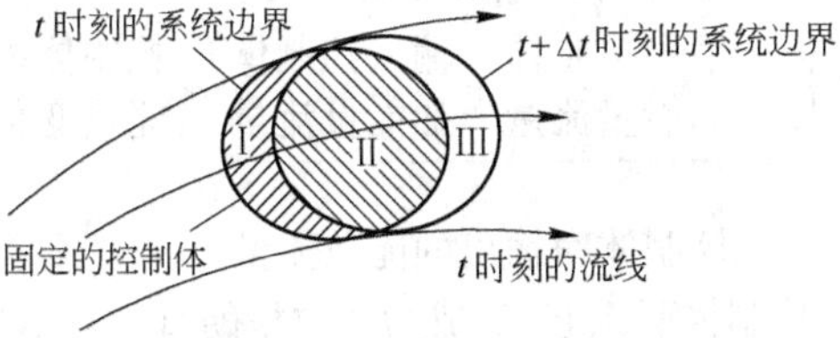

图5-1 控制体与系统

于是,在起始时刻 t,系统的质量 $m|_t$ 将等于该时刻区域Ⅰ和区域Ⅱ的流体质量之和,即 $m|_t = m_{\text{Ⅰ}}|_t + m_{\text{Ⅱ}}|_t$。

在 $t+\Delta t$ 时刻,系统的质量 $m|_{t+\Delta t}$ 则等于该时刻区域变化率为区域Ⅱ和区域Ⅲ的质量之和,即:

$$m|_{t+\Delta t} = m_{\text{Ⅱ}}|_{t+\Delta t} + m_{\text{Ⅲ}}|_{t+\Delta t}$$

根据上式及导数的定义,系统的质量变化率为:

$$\left(\frac{\mathrm{d}m}{\mathrm{d}t}\right)_s = \lim_{\Delta t\to 0}\frac{m|_{t+\Delta t} - m|_t}{\Delta t}$$
$$= \lim_{\Delta t\to 0}\frac{m_{\text{Ⅱ}}|_{t+\Delta t} + m_{\text{Ⅲ}}|_{t+\Delta t} - m_{\text{Ⅰ}}|_t - m_{\text{Ⅱ}}|_t}{\Delta t} \tag{5-1a}$$

现引入 $t+\Delta t$ 时刻区域Ⅰ的质量 $m_{\text{Ⅰ}}|_{t+\Delta t}$。于是,在式(5-1a)中同时加减 $m_{\text{Ⅰ}}|_{t+\Delta t}$ 后可得:

$$\left(\frac{\mathrm{d}m}{\mathrm{d}t}\right)_s = \lim_{\Delta t\to 0}\frac{m_{\text{Ⅱ}}|_{t+\Delta t} + m_{\text{Ⅲ}}|_{t+\Delta t} - m_{\text{Ⅰ}}|_t - m_{\text{Ⅱ}}|_t + m_{\text{Ⅰ}}|_{t+\Delta t} - m_{\text{Ⅰ}}|_{t+\Delta t}}{\Delta t}$$
$$= \left(\lim_{\Delta t\to 0}\frac{m_{\text{Ⅲ}}|_{t+\Delta t}}{\Delta t} - \lim_{\Delta t\to 0}\frac{m_{\text{Ⅰ}}|_{t+\Delta t}}{\Delta t}\right) + \lim_{\Delta t\to 0}\frac{(m_{\text{Ⅱ}}+m_{\text{Ⅰ}})|_{t+\Delta t} - (m_{\text{Ⅱ}}+m_{\text{Ⅰ}})|_t}{\Delta t} \tag{5-1b}$$

可以看出各极限项物理定义:

$$\left(\frac{\mathrm{d}m}{\mathrm{d}t}\right)_s = \underbrace{\begin{matrix}\text{输出控制体}\\\text{的质量流量}\end{matrix} - \begin{matrix}\text{输入控制体}\\\text{的质量流量}\end{matrix}}_{\text{控制体净输出的质量流量}} + \begin{matrix}\text{控制体内的}\\\text{质量变化率}\end{matrix} \tag{5-2a}$$

(1) 区域Ⅰ和区域Ⅱ与确定的控制体空间重合,所以 $m_{\text{Ⅱ}} + m_{\text{Ⅰ}}$ 就代表控制体空间内的流体质量 m_{CV},故第一项极限的意义是:

$$\lim_{\Delta t\to 0}\frac{(m_{\text{Ⅱ}}+m_{\text{Ⅰ}})|_{t+\Delta t} - (m_{\text{Ⅱ}}+m_{\text{Ⅰ}})|_t}{\Delta t} = \frac{\partial m_{\text{CV}}}{\partial t} = \begin{matrix}\text{控制体内的}\\\text{质量变化率}\end{matrix}$$

(2) 由于 $t+\Delta t$ 时刻区域Ⅲ的质量 $m_{\text{Ⅲ}}|_{t+\Delta t}$ 表示的是 Δt 时间内通过控制面输出控制体的流体质量,而区域Ⅰ的质量 $m_{\text{Ⅰ}}|_{t+\Delta t}$ 表示的是 Δt 时间内通过控制面输入控制体的流体质量,所以第二、三项极限的意义是:

$$\lim_{\Delta t\to 0}\frac{m_{\mathrm{III}}\big|_{t+\Delta t}}{\Delta t}-\lim_{\Delta t\to 0}\frac{m_{\mathrm{I}}\big|_{t+\Delta t}}{\Delta t}=\begin{matrix}\text{输出控制体}\\\text{的动量流量}\end{matrix}+\begin{matrix}\text{输入控制体}\\\text{的质量流量}\end{matrix}=\begin{matrix}\text{控制体净输出}\\\text{的质量流量}\end{matrix}$$

类似地，针对控制体，系统动量 mv 和能量 E 的变化率可表述为：

$$\left(\frac{\mathrm{d}mv}{\mathrm{d}t}\right)_{\mathrm{s}}=\underbrace{\begin{matrix}\text{输出控制体}\\\text{的动量流量}\end{matrix}-\begin{matrix}\text{输入控制体}\\\text{的动量流量}\end{matrix}}_{\text{控制体净输出的动量流量}}+\begin{matrix}\text{控制体内的}\\\text{动量变化率}\end{matrix}\tag{5-2b}$$

$$\left(\frac{\mathrm{d}E}{\mathrm{d}t}\right)_{\mathrm{s}}=\underbrace{\begin{matrix}\text{输出控制体}\\\text{的能量流量}\end{matrix}-\begin{matrix}\text{输入控制体}\\\text{的能量流量}\end{matrix}}_{\text{控制体净输出的能量流量}}+\begin{matrix}\text{控制体内的}\\\text{能量变化率}\end{matrix}\tag{5-2c}$$

输运公式不仅将系统与控制体联系起来，成为由拉格朗日观点的“系统”过渡到欧拉观点的“控制体”的桥梁，而且从概念上阐明以控制体为研究对象时，系统物理量的变化来自于两个方面：(1) 流体输出输入控制体所引起的物理量变化；(2) 控制体内物理量随时间的变化。

5.2　面向控制体的流体动力学积分方程

5.2.1　质量连续方程

对于系统而言，以系统为研究对象，其质量守恒方程为：

$$\left(\frac{\mathrm{d}m}{\mathrm{d}t}\right)_{\mathrm{s}}=0\tag{5-3}$$

对于控制体而言，以控制体为研究对象，由输运公式得到质量守恒方程为：

$$\underbrace{\begin{matrix}\text{输出控制体}\\\text{的质量流量}\end{matrix}-\begin{matrix}\text{输入控制体}\\\text{的质量流量}\end{matrix}}_{\text{控制体净输出的质量流量}}+\begin{matrix}\text{控制体内的}\\\text{质量变化率}\end{matrix}=0\tag{5-4}$$

5.2.1.1　质量通量与质量流量

如图 5-2 所示，考虑位于流场中的任意控制体，设在控制面任意微元面积 $\mathrm{d}A$ 上，流体密度为 ρ，液体速度矢量 $\boldsymbol{v}$ 与微元面外法线单位矢量 $\boldsymbol{n}$ 的夹角为 θ。若以 v 表示 $\boldsymbol{v}$ 的模，则微元面上流体的法向速度为 $v\cos\theta=(\boldsymbol{v}\cdot\boldsymbol{n})$，其中$(\boldsymbol{v}\cdot\boldsymbol{n})$表示矢量 $\boldsymbol{v}$ 和 $\boldsymbol{n}$ 的点积。

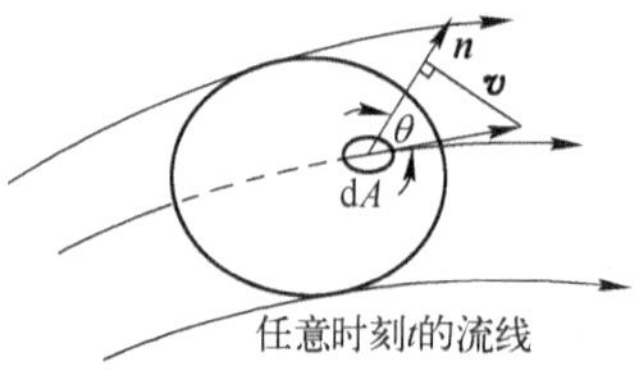

图 5-2　位于流场中的控制体

质量通量：单位时间内流体流过管道单位截面积的质量，$\rho v\cos\theta=\rho(\boldsymbol{v}\cdot\boldsymbol{n})$ 为流体流过 $\mathrm{d}A$ 单位面积的质量通量，其单位为 $\mathrm{kg/(m^2\cdot s)}$。

质量流量：单位时间内流过管道任一截面的流体量称为流量，流体通过微元面 $\mathrm{d}A$ 的质量流量可表达为：$\rho(\boldsymbol{v}\cdot\boldsymbol{n})\mathrm{d}A$。

5.2.1.2　控制体净输出的质量流量

质量流量 $\rho(\boldsymbol{v}\cdot\boldsymbol{n})\mathrm{d}A$ 可正可负。如果流体通过控制面输出控制体，则 $\boldsymbol{v}$ 与 $\boldsymbol{n}$ 的夹角 θ 必然小于 90°，即 $\rho(\boldsymbol{v}\cdot\boldsymbol{n})\mathrm{d}A=\rho v\cos\theta\mathrm{d}A>0$；如果流体通过控制面输入控制体，则 $\boldsymbol{v}$ 与 $\boldsymbol{n}$ 的夹角 θ 必然大于 90°，即 $\rho(\boldsymbol{v}\cdot\boldsymbol{n})\mathrm{d}A=\rho v\cos\theta\mathrm{d}A<0$。由于通常情况下控制面上总有流体输入面和输出面两个部分，所以将 $\rho(\boldsymbol{v}\cdot\boldsymbol{n})\mathrm{d}A$ 沿整个控制面 CS(control surface) 积分，得到的则是输出控制体的质量流量与输入控制体的质量流量之差，即：

$$控制体净输出的质量流量 = \iint_{CS} \rho(\boldsymbol{v} \cdot \boldsymbol{n})\mathrm{d}A$$

若上述积分为正，说明输出控制体的质量流量大于输入流量；若上述积分为负，说明输出控制体的流量小于输入流量；若上述积分为零，则意味着输出和输入控制体的流量相等。

5.2.1.3 控制体内的质量变化率

对于控制体内密度为 ρ 的任意微元体积 $\mathrm{d}V$，其质量为 $\rho\mathrm{d}V$。将 $\rho\mathrm{d}V$ 在整个控制体 CV(control volume)积分可得控制体内的瞬时总质量，然后再对时间求导可得：

$$控制体内的质量变化率 = \frac{\partial}{\partial t}\iiint_{CV} \rho\mathrm{d}V$$

5.2.1.4 质量连续方程

将上述控制体净输出的质量流量表达式和质量变化率表达式代入式(5-4)，可得到控制体系统的质量守恒方程为：

$$\iint_{CS} \rho(\boldsymbol{v} \cdot \boldsymbol{n})\mathrm{d}A + \frac{\partial}{\partial t}\iiint_{CV} \rho\mathrm{d}V = 0 \tag{5-5}$$

此式为质量连续方程。

5.2.1.5 质量连续方程的简化

设 A_1、A_2 分别为控制面上流体的输入面和输出面。由输入面 A_1 上 $\rho(\boldsymbol{v} \cdot \boldsymbol{n})\mathrm{d}A<0$，输出面 A_2 上 $\rho(\boldsymbol{v} \cdot \boldsymbol{n})\mathrm{d}A>0$，所以，若 q_{m1}、q_{m2}分别表示流体输入、输出控制体的质量流量，又可将控制体净输出的质量流量表达为

$$\iint_{CS} \rho(\boldsymbol{v} \cdot \boldsymbol{n})\mathrm{d}A = \iint_{A_2} \rho(\boldsymbol{v} \cdot \boldsymbol{n})\mathrm{d}A - \iint_{A_1}[-\rho(\boldsymbol{v} \cdot \boldsymbol{n})]\mathrm{d}A = q_{m2} - q_{m1}$$

如果再用 m_{CV} 表示控制体内的瞬时总质量，则质量守恒方程(5-5)可写成如下形式

$$q_{m2} - q_{m1} + \frac{\partial m_{CV}}{\partial t} = 0 \tag{5-6}$$

它表明：若输出的质量流量 q_{m2} 大于输入的质量流量 q_{m1}，则控制体内的总质量必然减小，即 $\partial m_{CV}/\partial t<0$；反之亦然。

对于稳态流动系统的质量守恒方程，当为稳态流动时，流体参数均与时间无关，即 $\partial m_{CV}/\partial t=0$，因此质量守恒方程简化为：

$$q_{m1} = q_{m2} \tag{5-7a}$$

或

$$\rho_1 v_1 A_1 = \rho_2 v_2 A_2 \tag{5-7b}$$

即，对于稳态流动系统，流体输入与输出控制体的质量流量必然相等，其中，ρ_1、v_1 为进入控制面的流体的平均密度和速度，ρ_2、v_2 为输出控制面的流体的平均密度和速度。

对于不可压缩液体的稳态流动，因 $\rho=\text{const}$，其质量守恒方程进一步简化为：

$$v_1 A_1 = v_2 A_2 \tag{5-8}$$

即，对于不可压缩液体的稳态流动，输入与输出控制的体积流量相等。

[例 5-1] 圆管层流的最大速度

不可压缩流体在半径为 R 的圆管内做层流流动。已知进口截面 1—1 上的速度 v_1 均匀分布，截面 2—2 上的速度 v_2 的分布为：

$$v_2 = v_{\max}\left(1 - \frac{r^2}{R^2}\right)$$

v_{max}为截面 2—2 上的最大速度。试确定 v_{max}与 v_1 之间的关系。

解：取 1—1、2—2 截面之间的管段空间为控制体。在 1—1 截面上，流动方向与截面外法线之间的夹角 $\theta=180°$，所以 $\rho(\boldsymbol{v}\cdot\boldsymbol{n})\mathrm{d}A=-\rho v_1\mathrm{d}A$；2—2 截面上 $\theta=0°$，所以 $\rho(\boldsymbol{v}\cdot\boldsymbol{n})\mathrm{d}A=\rho v_2\mathrm{d}A$，于是：

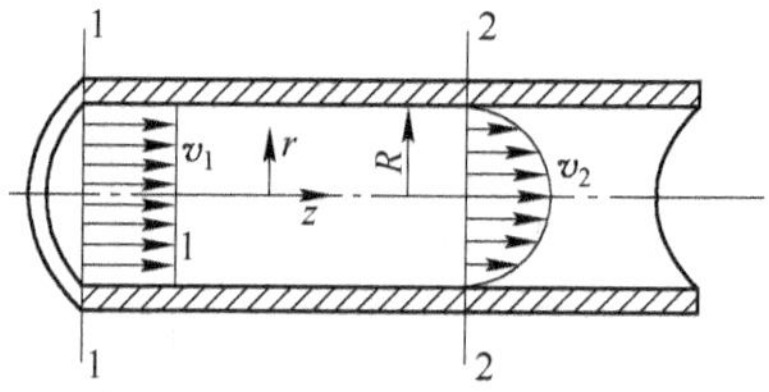

图 5-3　圆管层流速度

$$\iint_{CS}\rho(\boldsymbol{v}\cdot\boldsymbol{n})\mathrm{d}A=\iint_{A_2}\rho(\boldsymbol{v}\cdot\boldsymbol{n})\mathrm{d}A-\iint_{A_1}[-\rho(\boldsymbol{v}\cdot\boldsymbol{n})]\mathrm{d}A$$

$$=\iint_{A_2}\rho v_2\mathrm{d}A-\iint_{A_1}\rho v_1\mathrm{d}A$$

$$=\rho v_{max}2\pi\int_0^R\left(1-\frac{r^2}{R^2}\right)r\mathrm{d}r-\rho v_1\pi R^2=\frac{\rho v_{max}}{2}\pi R^2-\rho v_1\pi R^2$$

又因为控制体内充满不可压缩流体，其总质量不随时间变化，即：

$$\frac{\partial}{\partial t}\iiint_{CV}\rho\mathrm{d}V=0$$

将上述两式代入方程(5-5)得：

$$\frac{\rho v_{max}}{2}\pi R^2-\rho v_1\pi R^2=0$$

故有

$$v_{max}=2v_1$$

5.2.2　动量方程

在动力学方面，流体流动遵循的基本规律是牛顿第二运动定律，即动量守恒定律。该定律阐明了流体运动的变化与所受外力之间的关系，是研究流体流动、建立流体运动方程(或称动量方程)所依据的最基本的理论。

对于系统而言，以系统为研究对象，根据牛顿第二运动定律，对于质量为 m，速度为 $\boldsymbol{v}$ 的运动系统，其动量 $m\boldsymbol{v}$ 随时间的变化率就等于作用于该系统的诸力之矢量和。其矢量方程为：

$$\sum\boldsymbol{F}=\left(\frac{\mathrm{d}m\boldsymbol{v}}{\mathrm{d}t}\right)_{系统}\tag{5-9}$$

对于控制体而言，以控制体为对象研究动量守恒时，可根据输运公式(5-2b)将动量守恒方程(5-9)表述为：

作用于控制体系统诸力之矢量和 = 输出控制体的动量流量 − 输入控制体的动量流量 + 控制体内的动量变化率　　(5-10)

（其中"输出控制体的动量流量 − 输入控制体的动量流量"↓ 控制体净输出的质量流量）

5.2.2.1　*动量流量*

已知：动量 = 速度 × 质量，类似地则有：动量流量 = 速度 × 质量流量。动量流量是研究流体流动过程所提出的概念，当流体源源不断地经过控制面时，其输入或输出控制体的动量只能以单位时间的动量即动量流量来计算。

如图 5-4 所示，设在控制体表面的任意微元面积 $\mathrm{d}A$ 上，流体密度为 ρ，流体速度矢量 $\boldsymbol{v}$ 与微元面外法线单位矢量 $\boldsymbol{n}$ 的夹角为 θ。通过微元面积 $\mathrm{d}A$ 的质量流量为 $\rho(\boldsymbol{v}\cdot\boldsymbol{n})\mathrm{d}A$，所以

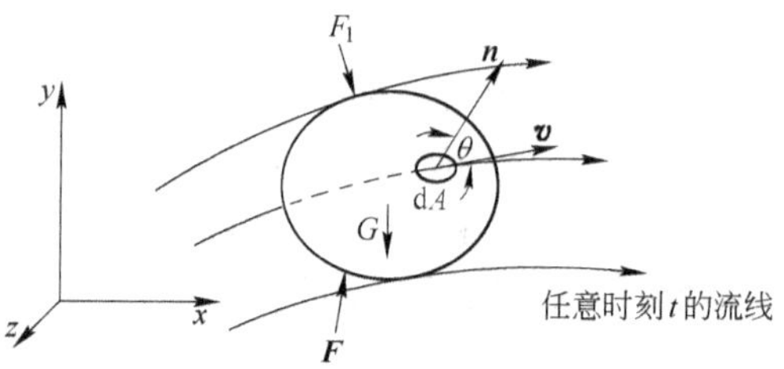

图 5-4　通过控制体的流动

根据定义,流体通过微元面积 dA 的动量流量为 $\boldsymbol{v}\rho(\boldsymbol{v}\cdot\boldsymbol{n})\mathrm{d}A$。

动量流量的单位为 kg · m/s^2。动量流量 $\boldsymbol{v}\rho(\boldsymbol{v}\cdot\boldsymbol{n})\mathrm{d}A$ 是矢量,其方向与速度矢量 $\boldsymbol{v}$ 的方向相同。若将速度矢量表示为 $\boldsymbol{v}=v_x\boldsymbol{i}+v_y\boldsymbol{j}+v_z\boldsymbol{k}$,则 $v_x\rho(\boldsymbol{v}\cdot\boldsymbol{n})\mathrm{d}A$、$v_y\rho(\boldsymbol{v}\cdot\boldsymbol{n})\mathrm{d}A$、$v_z\rho(\boldsymbol{v}\cdot\boldsymbol{n})\mathrm{d}A$ 就分别为单位时间内流体通过 dA 所输入或输出的 x、y、z 方向的动量。

动量流量 $\boldsymbol{v}\rho(\boldsymbol{v}\cdot\boldsymbol{n})\mathrm{d}A$ 的输出输入性质由质量流量 $\rho(\boldsymbol{v}\cdot\boldsymbol{n})\mathrm{d}A$ 的正负所决定的,若 $\rho(\boldsymbol{v}\cdot\boldsymbol{n})\mathrm{d}A>0$,则 $\boldsymbol{v}\rho(\boldsymbol{v}\cdot\boldsymbol{n})\mathrm{d}A$ 表示的是输出控制体的动量流量;若 $\rho(\boldsymbol{v}\cdot\boldsymbol{n})\mathrm{d}A<0$,则 $\boldsymbol{v}\rho(\boldsymbol{v}\cdot\boldsymbol{n})\mathrm{d}A$ 表示的是输入控制体的动量流量。

5.2.2.2 控制体净输出的动量流量

由于通常情况下控制面上总有流体的输出与输入,所以将动量流量 $\boldsymbol{v}\rho(\boldsymbol{v}\cdot\boldsymbol{n})\mathrm{d}A$ 沿整个控制面 CS 积分,则得到的是输出控制体的动量流量与输入控制体的动量流量之差,即:

$$\text{控制体净输出的动量流量} = \iint_{\mathrm{CS}} \boldsymbol{v}\rho(\boldsymbol{v}\cdot\boldsymbol{n})\mathrm{d}A$$

5.2.2.3 控制体的动量变化率

对于控制体内密度为 ρ、速度为 $\boldsymbol{v}$ 的任意微元体积 dV,其动量为 $\boldsymbol{v}\rho\mathrm{d}V$。将 $\boldsymbol{v}\rho\mathrm{d}V$ 沿整个控制体 CV 积分可得控制体内流体的瞬时动量,然后再对时间求导可得:

$$\text{控制体内的动量变化率} = \frac{\partial}{\partial t}\iiint_{\mathrm{CV}} \boldsymbol{v}\rho\mathrm{d}V$$

5.2.2.4 动量方程

将上述控制体净输出的动量流量表达式和动量变化率表达式代入式(5-10),可得控制体系统的动量守恒方程

$$\sum \boldsymbol{F} = \iint_{\mathrm{CS}} \boldsymbol{v}\rho(\boldsymbol{v}\cdot\boldsymbol{n})\mathrm{d}A + \frac{\partial}{\partial t}\iiint_{\mathrm{CV}} \boldsymbol{v}\rho\mathrm{d}V \tag{5-11}$$

式(5-11)是矢量形式的动量守恒积分方程,即动量方程。

对于 x、y、z 直角坐标系统,若用 F_x、F_y、F_z 和 v_x、v_y、v_z 分别表示力矢量 $\boldsymbol{F}$ 和速度矢量 $\boldsymbol{v}$ 在 x、y、z 方向的分量,则方程(5-11)在 x、y、z 方向的分量式分别为:

$$\begin{cases} \sum F_x = \iint_{\mathrm{CS}} v_x\rho(\boldsymbol{v}\cdot\boldsymbol{n})\mathrm{d}A + \dfrac{\partial}{\partial t}\iiint_{\mathrm{CV}} v_x\rho\mathrm{d}V \\ \sum F_y = \iint_{\mathrm{CS}} v_y\rho(\boldsymbol{v}\cdot\boldsymbol{n})\mathrm{d}A + \dfrac{\partial}{\partial t}\iiint_{\mathrm{CV}} v_y\rho\mathrm{d}V \\ \sum F_z = \iint_{\mathrm{CS}} v_z\rho(\boldsymbol{v}\cdot\boldsymbol{n})\mathrm{d}A + \dfrac{\partial}{\partial t}\iiint_{\mathrm{CV}} v_z\rho\mathrm{d}V \end{cases} \tag{5-12}$$

其中,在 x 方向的动量守恒方程中:

$\sum F_x$ ——作用于控制体系统诸力在 x 方向的分力之和;

$v_x\rho(\boldsymbol{v}\cdot\boldsymbol{n})\mathrm{d}A$——速度为 $\boldsymbol{v}$ 的流体通过微元面 dA 时其 x 方向动量的输出或输入流量;

$v_x\rho\mathrm{d}V$——速度为 $\boldsymbol{v}$、质量为 $\rho\mathrm{d}V$ 的微元流体所具有的 x 方向的动量。

对于 y 方向和 z 方向的动量守恒方程,亦可作类似说明。

5.2.2.5 动量方程的应用

A 以平均速度表示的动量方程

在动量方程的工程应用中,很多情况下不要求特别考虑液体速度在控制体进出口截面上的分布,而采用平均速度来计算进出口截面上流体的动量。设控制体进出口截面上流体的平均速度分别为 v_1 和 v_2,其 x、y、z 方向的分速度分别为 v_{1x}、v_{1y}、v_{1z} 和 v_{2x}、v_{2y}、v_{2z},并用 q_{m1}、q_{m2} 表示进、出口

截面的质量流量，则 x 方向动量的净输出流量可表示为

$$\iint_{CS} v_x \rho(\boldsymbol{v}\cdot\boldsymbol{n})\mathrm{d}A = v_{2x}\iint_{A_2}\rho(\boldsymbol{v}\cdot\boldsymbol{n})\mathrm{d}A - v_{1x}\iint_{A_1}[-\rho(\boldsymbol{v}\cdot\boldsymbol{n})]\mathrm{d}A$$
$$= v_{2x}q_{m2} - v_{1x}q_{m1}$$

于是，对 y、z 方向动量的净输出流量作类似表达后代入方程(5-12)，可得以平均速度表示的动量守恒方程为：

$$\begin{cases}\sum F_x = v_{2x}q_{m2} - v_{1x}q_{m1} + \dfrac{\partial}{\partial t}\iiint_{CV} v_x\rho\mathrm{d}V \\ \sum F_y = v_{2y}q_{m2} - v_{1y}q_{m1} + \dfrac{\partial}{\partial t}\iiint_{CV} v_y\rho\mathrm{d}V \\ \sum F_z = v_{2z}q_{m2} - v_{1z}q_{m1} + \dfrac{\partial}{\partial t}\iiint_{CV} v_z\rho\mathrm{d}V\end{cases} \tag{5-13}$$

B　稳态流动系统的动量方程

稳态流动时，流体参数均与时间无关，控制体动量随时间的变化率为零，所以，动量守恒方程简化为：

$$\begin{cases}\sum F_x = v_{2x}q_{m2} - v_{1x}q_{m1} \\ \sum F_y = v_{2y}q_{m2} - v_{1y}q_{m1} \\ \sum F_z = v_{2z}q_{m2} - v_{1z}q_{m1}\end{cases} \tag{5-14}$$

由式(5-13)和式(5-14)可见，以平均速度表示的动量守恒方程不仅在形式上变得直观简明，应用上也更方便。

［例 5-2］　管道弯头的受力分析

流体稳态流动，经过位于 x-y 平面的弯头，如图 5-5 所示。弯头进口面面积为 A_1，流体速度 v_1 与 x 轴平行；出口截面面积为 A_2，速度 v_2 与 x 轴夹角为 β。试确定流体对弯头的作用力。

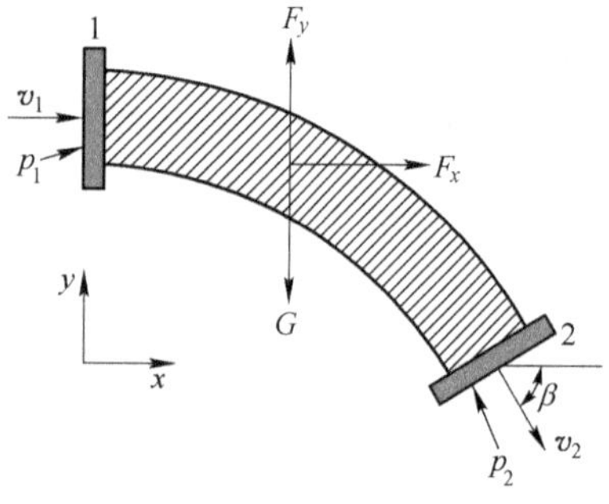

图 5-5　管道弯头的受力分析

解： 取 1、2 截面之间的管道空间为控制体，首先分析流体受力。如图 5-5 所示，流体受力分为三个部分：(1) 进出口压力 p_1 和 p_2；(2) 重力 G；(3) 弯头内壁面对流体作用力的合力 F，该力是未知的。现假设壁面对流体的作用力在 x、y 方向的分量分别为 F_x 和 F_y（F_x 和 F_y 的反力就是流体对弯头的作用力），于是作用于流体上的力在 x、y 方向的合力分别为：

$$\sum F_x = p_1A_1 + F_x - p_2A_2\cos\beta$$
$$\sum F_y = F_y - G + p_2A_2\sin\beta$$

另一方面，x、y 方向的动量在出口面上的输出流量与进口面上的输入流量之差分别为：

$$v_{2x}q_{m2} - v_{1x}q_{m1} = (v_2\cos\beta)\rho_2v_2A_2 + v_1(-\rho_1v_1A_1)$$
$$v_{2y}q_{m2} - v_{1y}q_{m1} = (-v_2\sin\beta)\rho_2v_2A_2 + 0(-\rho_1v_1A_1)$$

由于流动是稳态的，所以根据方程(5-14)得 x、y 方向的动量守恒方程分别为

$$p_1A_1 + F_x - p_2A_2\cos\beta = \rho_2v_2^2A_2\cos\beta - \rho_1v_1^2A_1$$
$$F_y - G + p_2A_2\sin\beta = -\rho_2v_2^2A_2\sin\beta$$

求解上述方程得弯头对流体作用力的 x、y 分量为：

$$F_x = \rho_2 v_2^2 A_2 \cos\beta - \rho_1 v_1^2 A_1 + p_2 A_2 \cos\beta - p_1 A_1$$

$$F_y = -\rho_2 v_2^2 A_2 \sin\beta + G - p_2 A_2 \sin\beta$$

于是,流体在 x、y 方向作用于弯头的力分别为 $-F_x$ 和 $-F_y$。

5.2.3 动量矩方程

动量守恒方程阐明了流体运动的变化与所受外力之间的关系。但是,当系统还受到力矩的作用从而产生转折运动或旋转运动时,要研究流体系统动力学关系,需要用到动量矩方程。

5.2.3.1 动量矩定律

A 动量矩

为了说明动量矩的概念,考察图5-6所示的在 x-y 平面上运动的质点。选择坐标原点 O 为参照点,质点位置矢径为 $\boldsymbol{r}$,质点动量 $m\boldsymbol{v}$ 和所受合力 $\boldsymbol{F}$ 与 $\boldsymbol{r}$ 方向延线的夹角分别为 α 和 β。已知力矢量 $\boldsymbol{F}$ 对原点的矩为 $\boldsymbol{M}=\boldsymbol{r}\times\boldsymbol{F}$,其大小为 $|\boldsymbol{r}||\boldsymbol{F}|\sin\beta$。与力矩类似,所谓动量矩,就是动量矢量 $m\boldsymbol{v}$ 对参照点的矩,即 $\boldsymbol{r}\times m\boldsymbol{v}$,其大小为 $|\boldsymbol{r}||m\boldsymbol{v}|\sin\alpha$;图中,$m\boldsymbol{v}$、$\boldsymbol{F}$、$\boldsymbol{r}$ 均位于 x-y 平面内,按右手法则,力矩矢量 $\boldsymbol{M}$ 和动量矩矢量($\boldsymbol{r}\times m\boldsymbol{v}$)均指向 z 轴正方向。

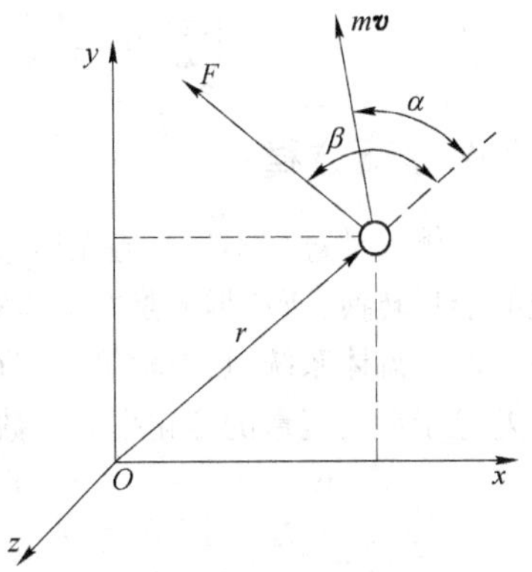

图5-6 质点及矢径 $\boldsymbol{r}$

B 动量矩定律

为确定力矩和动量矩之间的关系,将动量方程两边同时叉乘位置矢径 $\boldsymbol{r}$ 可得:

$$\boldsymbol{r}\times\sum\boldsymbol{F} = \left(\boldsymbol{r}\times\frac{\mathrm{d}m\boldsymbol{v}}{\mathrm{d}t}\right)_{系统}$$

其中,方程左边项:$\boldsymbol{r}\times\sum\boldsymbol{F} = \sum(\boldsymbol{r}\times\boldsymbol{F}) = \sum\boldsymbol{M}$,是系统所受的力矩之和;而方程右边可按矢量微分法则展开得:

$$\frac{\mathrm{d}(\boldsymbol{r}\times m\boldsymbol{v})}{\mathrm{d}t} = \boldsymbol{r}\times\frac{\mathrm{d}m\boldsymbol{v}}{\mathrm{d}t} + \frac{\mathrm{d}\boldsymbol{r}}{\mathrm{d}t}\times m\boldsymbol{v}$$

所以

$$\boldsymbol{r}\times\frac{\mathrm{d}m\boldsymbol{v}}{\mathrm{d}t} = \frac{\mathrm{d}(\boldsymbol{r}\times m\boldsymbol{v})}{\mathrm{d}t} - \frac{\mathrm{d}\boldsymbol{r}}{\mathrm{d}t}\times m\boldsymbol{v}$$

又由于 $\frac{\mathrm{d}\boldsymbol{r}}{\mathrm{d}t}=\boldsymbol{v}$,$\boldsymbol{v}$ 与 $m\boldsymbol{v}$ 平行,夹角为零,所以 $\frac{\mathrm{d}\boldsymbol{r}}{\mathrm{d}t}\times m\boldsymbol{v}=0$,因此有 $\boldsymbol{r}\times\frac{\mathrm{d}m\boldsymbol{v}}{\mathrm{d}t}=\frac{\mathrm{d}(\boldsymbol{r}\times m\boldsymbol{v})}{\mathrm{d}t}$。

于是可得系统动量矩方程

$$\sum\boldsymbol{M} = \left[\frac{\mathrm{d}(\boldsymbol{r}\times m\boldsymbol{v})}{\mathrm{d}t}\right]_{系统} \tag{5-15}$$

上式表明,相对于同一参照点,系统所受力矩等于系统动量矩随时间的变化率,这就是动量矩定律。

5.2.3.2 控制体系统的动量矩方程

由于 $(\boldsymbol{r}\times m\boldsymbol{v}) = m(\boldsymbol{r}\times\boldsymbol{v})$,因此如果将速度矩矢量 $(\boldsymbol{r}\times\boldsymbol{v})$ 暂时用符号 H 表示,则动量矩方程可表示为:

$$\sum\boldsymbol{M} = \left(\frac{\mathrm{d}mH}{\mathrm{d}t}\right)_{系统}$$

按动量方程推导的方式可得到控制体系统的动量矩守恒方程为

$$\sum \boldsymbol{M} = \iint_{CS} (\boldsymbol{r} \times \boldsymbol{v}) \rho (\boldsymbol{v} \cdot \boldsymbol{n}) \mathrm{d}A + \frac{\partial}{\partial t} \iiint_{CV} (\boldsymbol{r} \times \boldsymbol{v}) \rho \mathrm{d}V \tag{5-16}$$

该方程的意义是：

$$\frac{\text{作用于控制体}}{\text{系统的总力矩}} = \frac{\text{控制体净输出}}{\text{的动量矩流量}} + \frac{\text{控制体内动量}}{\text{矩的变化率}}$$

若用 M_x、M_y、M_z 和 $(\boldsymbol{r} \times \boldsymbol{v})_x$、$(\boldsymbol{r} \times \boldsymbol{v})_y$、$(\boldsymbol{r} \times \boldsymbol{v})_z$ 分别表示力矩矢量 $\boldsymbol{M}$ 和速度矩矢量 $(\boldsymbol{r} \times \boldsymbol{v})$ 在 x、y、z 方向的分量，则动量矩方程在 x、y、z 方向的分量式分别为：

$$\begin{cases} \sum M_x = \iint_{CS} (\boldsymbol{r} \times \boldsymbol{v})_x \rho (\boldsymbol{v} \cdot \boldsymbol{n}) \mathrm{d}A + \dfrac{\partial}{\partial t} \iiint_{CV} (\boldsymbol{r} \times \boldsymbol{v})_x \rho \mathrm{d}V \\ \sum M_y = \iint_{CS} (\boldsymbol{r} \times \boldsymbol{v})_y \rho (\boldsymbol{v} \cdot \boldsymbol{n}) \mathrm{d}A + \dfrac{\partial}{\partial t} \iiint_{CV} (\boldsymbol{r} \times \boldsymbol{v})_y \rho \mathrm{d}V \\ \sum M_z = \iint_{CS} (\boldsymbol{r} \times \boldsymbol{v})_z \rho (\boldsymbol{v} \cdot \boldsymbol{n}) \mathrm{d}A + \dfrac{\partial}{\partial t} \iiint_{CV} (\boldsymbol{r} \times \boldsymbol{v})_z \rho \mathrm{d}V \end{cases} \tag{5-17}$$

5.2.4　能量方程

流体流动过程不仅要遵循质量守恒和动量守恒原理，亦要遵循能量守恒原理。分析流动系统的能量转换，所依据的是热力学第一定律，即能量守恒定律。

对于流体系统，热力学第一定律可表述为：系统从外界吸热的速率与系统对外界做功的速率之差等于系统能量的变化率。其数学表达式为

$$Q - W = \left(\frac{\mathrm{d}E}{\mathrm{d}t} \right)_{\text{系统}} \tag{5-18}$$

式中，Q 为单位时间内控制体系统由外界吸入的热量（吸热速率），单位为 J/s 或 W，并规定系统从外界吸热时 Q 为正，向外界放热时 Q 为负；W 为单位时间内控制体系统对外界所做的功（做功功率），单位为 W，并规定系统对外做功时 W 为正，外界对系统做功时 W 为负；E 为控制体系统的瞬时能量，单位为 J。

关于控制体系统能量守恒方程的表述，根据方程和控制体系统的输运公式，可将控制体系统的能量守恒方程表述为

$$\begin{matrix}\text{控制体系统} \\ \text{由外界吸热} \\ \text{的速率}\end{matrix} - \begin{matrix}\text{控制体系统} \\ \text{对外界做功} \\ \text{的速率}\end{matrix} = \underbrace{\begin{matrix}\text{输出控制体} \\ \text{的能量流量}\end{matrix} - \begin{matrix}\text{输入控制体} \\ \text{的能量流量}\end{matrix}}_{\text{控制体净输出的能量流量}} + \frac{\text{控制体内的能}}{\text{量变化率}} \tag{5-19}$$

5.2.4.1　能量流量

如图 5-7 所示的控制体系统，$\rho(\boldsymbol{v} \cdot \boldsymbol{n})\mathrm{d}A$ 表示通过微元面积 $\mathrm{d}A$ 的质量流量。所以，如果用 e 表示单位质量流体所具有的能量，则流体通过微元面积 $\mathrm{d}A$ 时的能量流量为 $e\rho(\boldsymbol{v} \cdot \boldsymbol{n})\mathrm{d}A$。

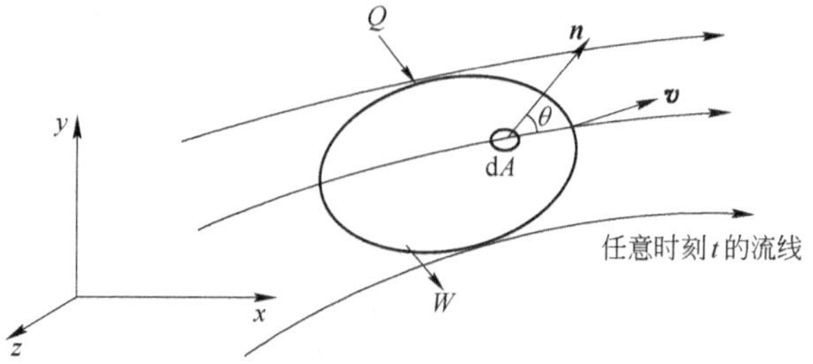

图 5-7　有能量交换的控制体系统

5.2.4.2 控制体净输出的能量流量

在有流体输出的控制面上,能量流量 $e\rho(\boldsymbol{v}\cdot\boldsymbol{n})\mathrm{d}A>0$,而在有流体输入的控制面上,能量流量 $e\rho(\boldsymbol{v}\cdot\boldsymbol{n})\mathrm{d}A<0$。所以将 $e\rho(\boldsymbol{v}\cdot\boldsymbol{n})\mathrm{d}A$ 沿整个控制面 CS 积分,则得到输出控制体的能量流量与输入控制体的能量流量之差,即

$$\text{控制体净输出的能量流量} = \iint_{\mathrm{CS}} e\rho(\boldsymbol{v}\cdot\boldsymbol{n})\mathrm{d}A$$

5.2.4.3 控制体内的能量变化率

对于控制体内密度为 ρ 的任意微元体积 $\mathrm{d}V$,其能量为 $e\rho\mathrm{d}V$,将 $e\rho\mathrm{d}V$ 在整个控制体 CV 内积分可得控制体内流体的瞬时能量,然后再对时间求导可得:

$$\text{控制体内的能量变化率} = \frac{\partial}{\partial t}\iiint_{\mathrm{CV}} e\rho\mathrm{d}V$$

5.2.4.4 能量方程

将上述控制体净输出的能量流量表达式和能量变化率表达式代入式(5-19),可得控制体系统的能量守恒方程为:

$$Q - W = \iint_{\mathrm{CS}} e\rho(\boldsymbol{v}\cdot\boldsymbol{n})\mathrm{d}A + \frac{\partial}{\partial t}\iiint_{\mathrm{CV}} e\rho\mathrm{d}V \tag{5-20}$$

此式是流动系统中通用的能量守恒积分方程,即能量方程,各项均表示单位时间的能量,即能量流量,其单位为 J/s。为便于通用能量守恒方程的实际应用,有必要对方程中涉及的做功功率 W 和单位质量流体所具有的能量 e 作进一步说明。

5.2.4.5 系统做功功率 W

通常,系统做功功率 W 可分为三个部分,即

$$W = W_s + W_\mu + W_p \tag{5-21}$$

(1) W_s 是轴功率,即流体系统对机械设备(如透平机)做功的功率(正)或机械设备(如泵)对流体做功的功率(负)。

(2) W_μ 是流体系统克服控制面上的黏性力(如剪切力)做功的功率,称为黏性功率。比如,流体在平板上流动并使平板移动时所做的功,就属于黏性功。对于理想流体,即黏度 $\mu=0$ 的流体,$W_\mu=0$。

(3) W_p 是流体系统克服控制面上的压力 p 做功的功率,称为流动功功率。在微元面 $\mathrm{d}A$ 上,压力的作用力为 $p\mathrm{d}A$,单位时间内流体在作用力方向(n 方向)移动的距离为 $v\cos\theta$,所以单位时间内流体所做的流动功为 $p\mathrm{d}Av\cos\theta = p(\boldsymbol{v}\cdot\boldsymbol{n})\mathrm{d}A$。其中,在有流体输出的控制面上,流动功率 $p(\boldsymbol{v}\cdot\boldsymbol{n})\mathrm{d}A>0$,表示系统流体推动外界流体流动,系统对外做功;在有流体输入的控制面上,流动功功率 $p(\boldsymbol{v}\cdot\boldsymbol{n})\mathrm{d}A<0$,表示外界液体推动系统流体流动,系统获得流动功。因此,将 $p(\boldsymbol{v}\cdot\boldsymbol{n})\mathrm{d}A$ 沿整个控制面 CS 积分,则得到控制体系统净输出的流动功功率,即

$$W_p = \iint_{\mathrm{CS}} p(\boldsymbol{v}\cdot\boldsymbol{n})\mathrm{d}A \tag{5-22}$$

5.2.4.6 能量方程的其他表达方式

在对做功方式进行分类后,能量守恒方程(5-22)可另表达为:

$$Q - W_s = \iint_{\mathrm{CS}}\left(e + \frac{p}{\rho}\right)\rho(\boldsymbol{v}\cdot\boldsymbol{n})\mathrm{d}A + \frac{\partial}{\partial}\iiint_{\mathrm{CV}} e\rho\mathrm{d}V + W_\mu \tag{5-23}$$

其次,对于一般工程问题,单位质量流体所具有的能量 e 通常涉及的是内能 u、动能 $v^2/2$ 和位能 gz,故 e 可表示为:

$$e=u+\frac{v^2}{2}+gz \tag{5-24}$$

于是,能量守恒方程可进一步表达为:

$$Q-W_s=\iint_{CS}\left(u+\frac{v^2}{2}+gz+\frac{p}{\rho}\right)\rho(\boldsymbol{v}\cdot\boldsymbol{n})\mathrm{d}A+\frac{\partial}{\partial t}\iiint\left(u+\frac{v^2}{2}+gz\right)\rho\mathrm{d}V+W_\mu \tag{5-25}$$

再引入焓的定义式:$h=u+p/\rho$,可得能量守恒方程为:

$$Q-W_s=\iint_{CS}\left(h+\frac{v^2}{2}+gz\right)\rho(\boldsymbol{v}\cdot\boldsymbol{n})\mathrm{d}A+\frac{\partial}{\partial t}\iiint_{CV}\left(u+\frac{v^2}{2}+gz\right)\rho\mathrm{d}V+W_\mu \tag{5-26}$$

[例 5-3]　滑动轴承的散热率

一滑动轴承,尺寸如图 5-8 所示。轴以匀角速度 ω 转动,轴表面上受到的切应力为 τ。轴承在轴线方向的宽度为 W。设润滑油无外漏,试确定保持油温恒定所需要的散热速率为多少?

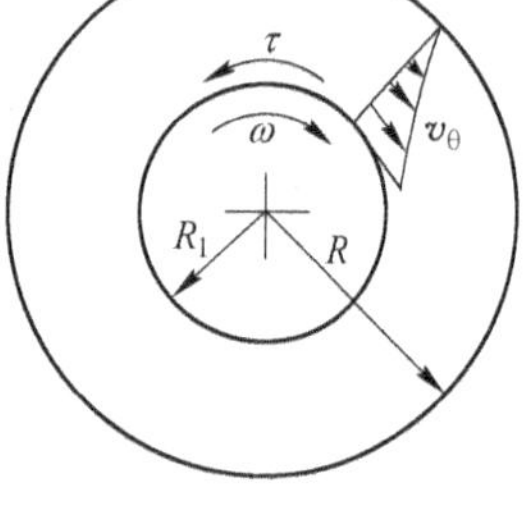

图 5-8　滑动轴承的散热示意图

解: 这是一个稳态散热问题。取 R_1 与 R 之间的润滑油空间为控制体。由于控制体无流体进出,润滑油本身也不存在轴功的输入或输出,所以根据能量方程式(5-23)

$$Q-W_s=\iint_{CS}\left(e+\frac{p}{\rho}\right)\rho(\boldsymbol{v}\cdot\boldsymbol{n})\mathrm{d}A+\frac{\partial}{\partial t}\iiint_{CV}e\rho\mathrm{d}V+W_\mu$$

由本题条件简化得:

$$Q=W_\mu$$

因为流体对轴所做的摩擦功 = 流体对轴的切应力 × 轴的表面积 × 轴表面的线速度,且由于流体轴表面的切应力与轴表面的线速度相反,所以:

$$W_\mu=-\tau(2\pi R_1W)(R_1\omega)=-2\pi R_1^2W\tau\omega$$

于是有

$$Q=W_\mu=-\tau(2\pi R_1W)(R_1\omega)=-2\pi R_1^2W\tau\omega$$

式中,$W_\mu<0$ 表明实际上是轴转动时通过摩擦对流体做功。摩擦功转化为热量本应该使流体温度升高,但只要采取措施使流体散热($Q<0$)且散热速率大小为 $2\pi R_1^2W\tau\omega$,则流体温度将保持不变,从而维持稳定状态。

5.2.5　伯努利方程及其应用

5.2.5.1　伯努利方程的导出

A　由能量守恒导出伯努利方程

根据能量方程

$$Q-W_s=\iint_{CS}\left(h+\frac{v^2}{2}+gz\right)\rho(\boldsymbol{v}\cdot\boldsymbol{n})\mathrm{d}A+\frac{\partial}{\partial t}\iiint_{CV}\left(u+\frac{v^2}{2}+gz\right)\rho\mathrm{d}V+W_\mu$$

当:(1) 无热量传递,即 $Q=0$;

(2) 无轴功输出,即 $W_s=0$;

(3) 流体不可压缩,即 $\rho=\mathrm{const}$;

(4) 稳态流动,即 $\partial E_{CV}/\partial t=0$;

(5) 理想流体($\mu=0$),即 $W_\mu=0$ 时,

则能量方程简化为

$$\iint_{CS}(h+v^2/2+gz)\rho(\boldsymbol{v}\cdot\boldsymbol{n})\mathrm{d}A=0 \tag{5-27}$$

考虑到 $h=u+p/\rho$,且进口截面 A_1 上 $(\boldsymbol{v}\cdot\boldsymbol{n})=-v$,出口截面 A_2 上 $(\boldsymbol{v}\cdot\boldsymbol{n})=v$,则上式可写成

$$\iint_{A_2}\left(u+\frac{p}{\rho}+\frac{v^2}{2}+gz\right)\rho v\mathrm{d}A-\iint_{A_1}\left(u+\frac{p}{\rho}+\frac{v^2}{2}+gz\right)\rho v\mathrm{d}A=0 \tag{5-28}$$

讨论:(1) 对于理想不可压缩流体的稳态流动,只要进出口截面积 A_1 和 A_2 相等(等直径管段),根据稳态流动下 $\rho vA=\mathrm{const}$,则 $v_1=v_2$,说明 $\boldsymbol{v}$ 只和进出口的面积有关,而与过程截面无关,因此动能 $v^2/2$ 也与截面无关,同时各点的总位能亦相同。p 为单位面积的压力,也与面积大小无关。

(2) 由于理想流体黏度 $\mu=0$,流动过程中无黏性耗散,即不会使流体因摩擦所导致的机械能损耗,转化为热能使流体温度升高,同时流体流动过程中又无热量传递。因此流动过程必然是等温过程,流体内能只是温度的函数,因此,内能 $u=\mathrm{const}$。

综上所述,方程中被积函数与积分截面无关,可将被积函数作为常数从积分符号内提出,使方程进一步简化为

$$\left(u+\frac{p_1}{\rho}+\frac{v_1^2}{2}+gz_1\right)\rho v_1A_1=\left(u+\frac{p_2}{\rho}+\frac{v_2^2}{2}+gz_2\right)\rho v_2A_2 \tag{5-29}$$

由于是稳态流动:$\rho v_1A_1=\rho v_2A_2$。所以有

$$z_1+\frac{p_1}{\rho g}+\frac{v_1^2}{2g}=z_2+\frac{p_2}{\rho g}+\frac{v_2^2}{2g} \tag{5-30}$$

或写成

$$\Delta z+\frac{\Delta p}{\rho g}+\frac{\Delta v^2}{2g}=0 \tag{5-31}$$

此式即为流体力学中著名的伯努利方程,是由瑞士科学家伯努利(Daiel Bernouli)于1738年首先提出的。

B 由理想流体运动微分方程积分式导出伯努利方程

a 兰姆运动微分方程简化式

(1) 流动是定常的,即:

$$\frac{\partial v_x}{\partial t}=\frac{\partial v_y}{\partial t}=\frac{\partial v_z}{\partial t}=0$$

(2) 质量力的势,并具有力的势函数 $-\pi(x,y,z)$,即 $\boldsymbol{f}=-\nabla\pi$,则有

$$f_x=-\frac{\partial\pi}{\partial x},f_y=-\frac{\partial\pi}{\partial y},f_z=-\frac{\partial\pi}{\partial z}$$

(3) 流体是正压性的,即流体的密度只与压强有关,$\rho=\rho(p)$。说明正压流场中等压面与等密度面重合,这是正压流场的一个重要性质。这时积分 $\int\frac{\mathrm{d}p}{\rho}=p_{\mathrm{f}}(p)$ 只是 p 的函数,因此称 p_{f} 为压强函数。则:

$$\frac{\partial p_{\mathrm{f}}}{\partial x}=\frac{1}{\rho}\frac{\partial p}{\partial x},\frac{\partial p_{\mathrm{f}}}{\partial y}=\frac{1}{\rho}\frac{\partial p}{\partial y},\frac{\partial p_{\mathrm{f}}}{\partial z}=\frac{1}{\rho}\frac{\partial p}{\partial z}$$

如果是不可压缩流体,ρ 为常数,则压强函数 $p_{\mathrm{f}}=\frac{1}{\rho}\int\mathrm{d}p=\frac{p}{\rho}$。因此 p_{f} 为单位质量流体的

压强势能。等温过程的流场是一种正压流场，因为等温过程中$\frac{p}{\rho}=\text{const}$

在上述前提条件下，兰姆运动微分方程式可简化为：

$$\begin{cases}\frac{\partial}{\partial x}\left(\pi+\frac{v^2}{2}+p_f\right)=-2(v_z\omega_y-v_y\omega_z)\\ \frac{\partial}{\partial y}\left(\pi+\frac{v^2}{2}+p_f\right)=-2(v_x\omega_z-v_z\omega_x)\\ \frac{\partial}{\partial z}\left(\pi+\frac{v^2}{2}+p_f\right)=-2(v_y\omega_x-v_x\omega_y)\end{cases}\tag{5-32}$$

b　欧拉积分

如果是无旋流动，$\omega_x=\omega_y=\omega_z=0$，则兰姆式可进一步简化为：

$$\begin{cases}\frac{\partial}{\partial x}\left(\pi+\frac{v^2}{2}+p_f\right)=0\\ \frac{\partial}{\partial y}\left(\pi+\frac{v^2}{2}+p_f\right)=0\\ \frac{\partial}{\partial z}\left(\pi+\frac{v^2}{2}+p_f\right)=0\end{cases}\tag{5-33}$$

将上式分别乘以流场中任一微元线段 $\mathrm{d}\boldsymbol{S}$ 在三个坐标轴方向的投影 $\mathrm{d}x$、$\mathrm{d}y$、$\mathrm{d}z$，然后再相加，则：

$$\mathrm{d}\left(\pi+\frac{v^2}{2}+p_f\right)=0\tag{5-34}$$

积分上式得

$$\pi+\frac{v^2}{2}+p_f=C\tag{5-35}$$

此式称为欧拉积分式。

c　伯努利积分

如果是有旋流动，积分时必须再加上一个限制条件，即沿流线（或涡线）积分。

对于定常流动，流线与迹线是重合的，所以沿流线下列关系式成立，即

$$\mathrm{d}x=v_x\mathrm{d}t,\mathrm{d}y=v_y\mathrm{d}t,\mathrm{d}z=v_z\mathrm{d}t\tag{5-36}$$

式中，$\mathrm{d}x$、$\mathrm{d}y$、$\mathrm{d}z$ 分别为同一流线上经相邻两点之间的微元线段 $\mathrm{d}\boldsymbol{S}$ 在三个坐标轴方向的投影，即 $\mathrm{d}\boldsymbol{S}=\mathrm{d}x\boldsymbol{i}+\mathrm{d}y\boldsymbol{j}+\mathrm{d}z\boldsymbol{k}$。$\mathrm{d}t$ 为流体质点在流线上移动 $\mathrm{d}\boldsymbol{S}$ 这段距离所需要的时间。将欧拉式的左边分别乘以 $\mathrm{d}x$、$\mathrm{d}y$、$\mathrm{d}z$，右边分别乘以 $v_x\mathrm{d}t$，$v_y\mathrm{d}t$，$v_z\mathrm{d}t$，然后相加，则

$$\frac{\partial}{\partial x}\left(\pi+\frac{v^2}{2}+p_f\right)\mathrm{d}x+\frac{\partial}{\partial y}\left(\pi+\frac{v^2}{2}+p_f\right)\mathrm{d}y+\frac{\partial}{\partial z}\left(\pi+\frac{v^2}{2}+p_f\right)\mathrm{d}z=0$$

即是一个全微分形式：　$\mathrm{d}\left(\pi+\frac{v^2}{2}+p_f\right)=0$

积分上式得

$$\pi+\frac{v^2}{2}+p_f=C(\mathrm{s})\tag{5-37}$$

式中，$C(\mathrm{s})$为积分常数。

式（5-37）称为伯努利积分式。

欧拉积分式和伯努利积分式表明：正压性的理想流体在有势的质量力作用下作定常有旋流

动时,沿同一条流线上各点单位质量流体的位势能 π、压强势能 p_f 和动能 $v^2/2$ 之和保持不变,但这三种机械能之间可以互相转换。由于积分时加了限制条件,即沿同一条流线积分,因此在不同的流线上,积分常数 $C(s)$ 一般不等。

d 伯努利方程

如果作用在流体上的质量力只有重力,且取 z 轴垂直向上,则 $\pi = gz$;对于不可压缩均质流体,ρ 为常数,则 $p_f = \dfrac{p}{\rho}$。将 π 和 p_f 代入伯努利积分式或欧拉积分式,均可以得到

$$z + \frac{p}{\rho g} + \frac{v^2}{2g} = 常数 \tag{5-38}$$

或

$$z_1 + \frac{p_1}{\rho g} + \frac{v_1^2}{2g} = z_2 + \frac{p_2}{\rho g} + \frac{v_2^2}{2g} \tag{5-39}$$

式(5-39)为伯努利方程。

5.2.5.2 伯努利方程的意义

A 几何意义

由伯努利方程各项可知,它们都具有长度量纲,即

z ——位置高度或位置水头;

$\dfrac{p}{\rho g}$ ——压力高度或压力水头;

$\dfrac{v^2}{2g}$ ——速度高度或速度水头。

B 物理意义

从能量角度分析伯努利方程各项,它们都具有能量意义,即

z ——单位重量流体的势能;

$\dfrac{p}{\rho g}$ ——单位重量流体的压力能;

$\dfrac{v^2}{2g}$ ——单位重量流体的动能。

C 伯努利方程的应用条件

(1) 流体是理想流体;

(2) 流动是定常的;

(3) 流体是不可压缩的;

(4) 只有重力作用;

(5) 在选定的两截面处,流动必须是“渐变流”。

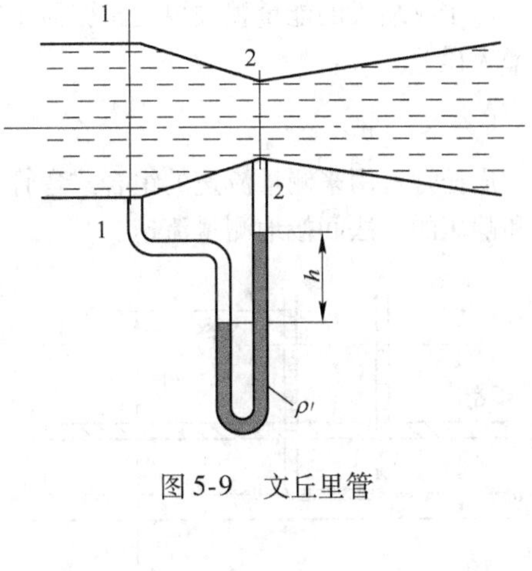

图 5-9 文丘里管

5.2.5.3 伯努利方程的应用

伯努利方程在工程中的应用极其广泛,以下介绍的是几个典型的例子。

A 文丘里管

文丘里管一般用来测量流体通过管道时的流量。它是由截面逐渐收缩,然后再逐渐扩大的一段短管组成的,最小截面处称为喉部,如图 5-9 所示。

在文丘里管收缩段前的直管段截面 1 和喉部截面 2 处测量静压差,根据静压差和两个截面

的面积即可计算通过管道的流量。截面 1 和截面 2 上的流速和截面积分别为 v_1、A_1 和 v_2、A_2，在这两个截面上列伯努利方程，则

$$\frac{p_1}{\rho g}+\frac{v_1^2}{2g}=\frac{p_2}{\rho g}+\frac{v_2^2}{2g} \tag{5-40}$$

根据连续性方程：

$$v_1A_1=v_2A_2$$

则

$$v_2=\sqrt{\frac{2(p_1-p_2)}{\rho\left[1-\left(\frac{A_2}{A_1}\right)^2\right]}} \tag{5-41}$$

由流体静力学可知，$p_1-p_2=(\rho'-\rho)gh$，代入上式可得：

$$v_2=\sqrt{\frac{2g(\rho'-\rho)h}{\rho\left[1-\left(\frac{A_2}{A_1}\right)^2\right]}} \tag{5-42}$$

则通过文丘里管的体积流量为：

$$q_V=v_2A_2=A_2\sqrt{\frac{2g(\rho'-\rho)h}{\rho\left[1-\left(\frac{A_2}{A_1}\right)^2\right]}} \tag{5-43}$$

由于实际流体具有黏性，在流动过程中有能量损失，而且管道截面上的速度分布也不均匀，故引入修正系数 β，则：

$$q_V=\beta A_2\sqrt{\frac{2g(\rho'-\rho)h}{\rho\left[1-\left(\frac{A_2}{A_1}\right)^2\right]}} \tag{5-44}$$

式中，β 称为文丘里管的流量系数，是由实验确定的。

由于收缩段的能量损失要比扩张段小得多，所以不能用扩张段的压强改变量来计算流量，以免增大误差。

B　皮托管

皮托管是用来测量流速的组合式弯管，它将流体的动能转化为压强势能，然后再通过测量总压和静压的办法间接地测量流速。

皮托管测流速的原理如图 5-10 所示。在液体管道的某一截面处装有一个测压管和一根两端开口弯成直角的玻璃管（皮托管），皮托管的一端正对着来流方向，另一端垂直向上，这时皮托管内上升的液柱比测压管内的液柱高 h。这是因为当流体流到皮托管入口前的 A 点处受到阻滞，速度降为零，流体的动能转化为压强势能，因此在皮托管入口处形成一个驻点 A，驻点 A 处的压强称为总压或全压，用 p_0 表示。在管道内未放置皮托管时，A 点处的压强即为测压管测得的压强，称为静压，用 p 表示。管道内放入皮托管后，测压管测得的压强仍可视为 A 点的静压。根据伯努利方程的能量守恒思想，有：

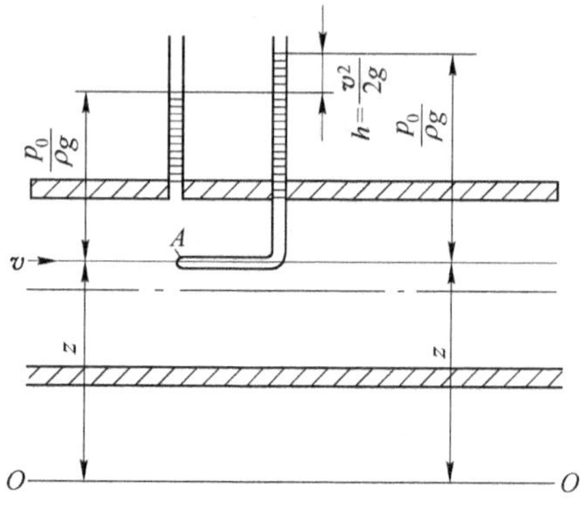

图 5-10　皮托管与静压管测量流速

$$z+\frac{p}{\rho g}+\frac{v^2}{2g}=z+\frac{p_0}{\rho g}+0 \tag{5-45}$$

则 A 的流速为：

$$v=\sqrt{\frac{2(p_0-p)}{\rho}}=\sqrt{2gh} \tag{5-46}$$

工程实际中使用的皮托管多与静压管组合成一体，称为皮托-静压管。

实际上，由于皮托-静压管的头部和小孔等因素的影响，测得的压差有一定偏差，故引入修正系数 K，则：

$$v=\sqrt{\frac{2K(p_0-p)}{\rho}} \tag{5-47}$$

式中，K 称为皮托-静压管的校正系数，是通过校正求得的，大约在 0.98～1.05 之间。

C 孔板流量计

孔板流量计是截流式流量计的一种，它的主要部件是一块中间带有圆孔的圆形不锈钢板，装在需要测量流量的管道上，孔板前后有取压孔分别与差压计的两端相连接，如图 5-11 所示。

由于孔板的截流作用，流束在孔板前开始收缩，而在孔板后某一距离处才达到最小截面（缩颈），然后又逐渐扩大到整个管道截面。由于流通截面积的减小，使得流速增大，静压强下降；同时伴随有能量损失，而且这种能量损失将随着流速的增大而增大。因此，只要测出孔板前后的静压差，即可根据伯努利方程计算出通过管道的流量。

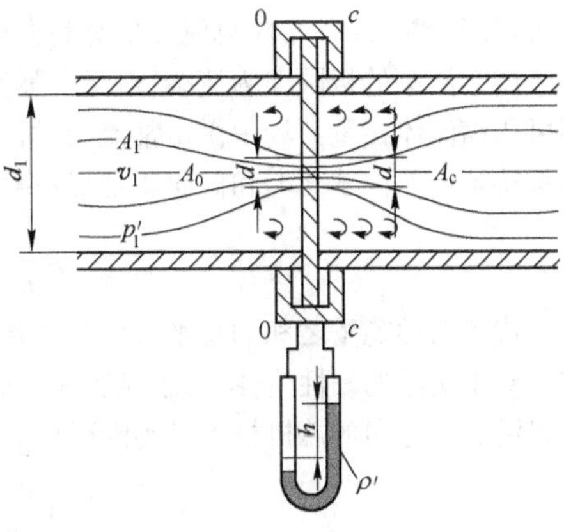

图 5-11 孔板流量计

如图 5-11 所示，可以把截面 A_1 与 A_c 处流体的流动视为与管道中心线相平行的平直流动，假设不可压缩流体在管道中作定常流动，暂不考虑流动损失，则根据连续性方程和伯努利方程有：

$$v_1A_1=v_cA_c \tag{5-48}$$

$$\frac{p_1'}{\rho g}+\frac{v_1^2}{2g}=\frac{p_c}{\rho g}+\frac{v_c^2}{2g} \tag{5-49}$$

流速的最小截面积 A_c 与孔板的圆孔面积 A_0 的关系可以表示为：

$$A_c=C_cA_0 \tag{5-50}$$

式中，C_c 为流体的收缩系数。

又令

$$m=\frac{A_0}{A_1} \tag{5-51}$$

将式(5-48)、式(5-50)、式(5-51)代入式(5-49)，整理后可得：

$$v_c=\sqrt{\frac{1}{1-C_c^2m^2}}\sqrt{\frac{2}{\rho}(p_1'-p_c)} \tag{5-52}$$

当用实际测得的 p_1 和 p_2 去代替上式中的 p_1' 和 p_c 时，应加修正系数 ζ，即 $p_1-p_2=\zeta^2(p_1'-p_c)$

$$v_c=\frac{\zeta}{\sqrt{1-C_c^2m^2}}\sqrt{\frac{2(p_1-p_2)}{\rho}}=\frac{\zeta}{\sqrt{1-C_c^2m^2}}\sqrt{\frac{2g(\rho'-\rho)h}{\rho}} \tag{5-53}$$

加修正系数 ζ 的原因：(1) 实际上孔板流量计的取压位置并不在截面 A_1 与 A_c 处，而是在靠近孔板的两侧，而且流体流过孔板时有能量损失，因此实际测得的压强 p_1 和 p_2 与截面 A_1 和 A_c 处的压强 p_1' 和 p_c 有所不同。(2) 考虑到管壁粗糙与孔板圆孔边缘不尖锐度等因素的影响，

则
$$q_V = v_c A_c = \frac{C_c \zeta}{\sqrt{1 - C_c^2 m^2}} A_0 \sqrt{\frac{2g(\rho' - \rho)h}{\rho}}$$

令
$$\alpha = \frac{C_c \zeta}{\sqrt{1 - C_c^2 m^2}}$$

则体积流量
$$q_V = \alpha A_0 \sqrt{\frac{2g(\rho' - \rho)h}{\rho}} \tag{5-54}$$

式中，α 称为孔板的流量系数，可由实验测出，标准孔板的流量系数 α 可查表。

5.2.5.4　实际流体的伯努利方程

实际流体都是有黏性的，因此在流动过程中会产生阻力，为了克服阻力维持流动，流体必然要消耗掉部分机械能，转化成热能耗散，造成不可逆损失。因此在黏性流体的流动过程中，其总机械能沿流动方向是逐渐减少的。从工程应用的角度，有必要对理想流体沿流线的伯努利方程进行扩展，建立黏性流体总流的伯努利方程。

微元流束的极限即为流线，对于实际流体沿微元流束的伯努利方程，根据式(5-39)，当理想不可压缩流体在重力场中做定常流动时，沿微元流束单位重力流体的位势能、压强势能和动能之和保持不变。设截面 1 和截面 2 是某一微元流束的两个有效截面，则：

$$z_1 + \frac{p_1}{\rho g} + \frac{v_1^2}{2g} = z_2 + \frac{p_2}{\rho g} + \frac{v_2^2}{2g} \tag{5-55}$$

代表三种能量之和的总水头线是一条水平直线，如图 5-9 中的虚线所示。

对于实际的黏性流体，为了克服黏性造成的阻力，流体在流动过程中将消耗掉部分机械能，所以沿流动方向的总机械能是逐渐减少的，总水头线呈下降趋势，如图 5-10 所示。则：

$$z_1 + \frac{p_1}{\rho g} + \frac{v_1^2}{2g} > z_2 + \frac{p_2}{\rho g} + \frac{v_2^2}{2g} \tag{5-56}$$

或
$$z_1 + \frac{p_1}{\rho g} + \frac{v_1^2}{2g} = z_2 + \frac{p_2}{\rho g} + \frac{v_2^2}{2g} + h_w' \tag{5-57}$$

式中，h_w 为单位重力体沿微元流束从截面 1 流至截面 2 所消耗的总机械能，又称水头损失。

式(5-57)即为黏性流体沿微元流线的伯努利方程。

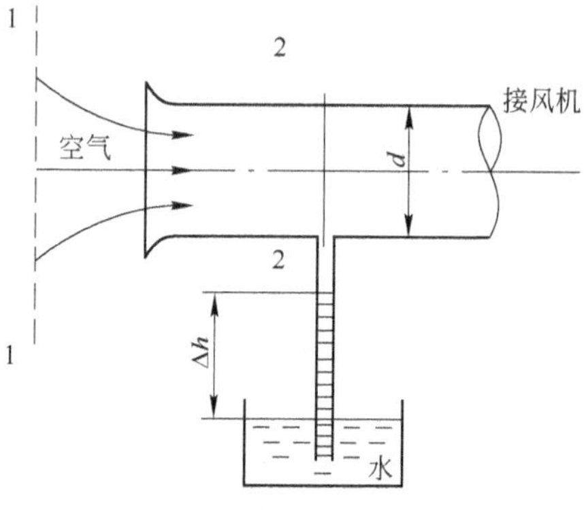

图 5-12　离心风机采用集流器测流量

[例 5-4]　离心风机可采用集流器测量流量，如图 5-12 所示，已知风机吸入侧管道直径 $d = 350$ mm，插入水槽中的玻璃管内水的上升高度 $\Delta h = 100$ mm，空气的密度 $\rho_a = 1.2$ kg/m^3，水的密度 $\rho_w = 1000$ kg/m^3，不计流动损失，求离心风机吸入的空气流量。

解：选取 1、2 两个截面列伯努利方程，其中截面 1 距集流器足够远，则

$$z_1 + \frac{p_1}{\rho_a g} + \frac{v_1^2}{2g} = z_2 + \frac{p_2}{\rho_a g} + \frac{v_2^2}{2g} \tag{a}$$

由于截面 1 的面积远远大于截面 2 的面

积，故 $v_1 \approx 0$，并且 $p_1 = p_a$，截面 2 的压强可由测压管求出，由于 $\rho_a \ll \rho_w$，故可忽略水柱的高度，则

$$p_2 = p_a - \rho_w g \Delta h$$

将上述已知条件代入式(a)，则：

$$\frac{p_a}{\rho_a g} = \frac{p_a - \rho_w g \Delta h}{\rho_a g} + \frac{v_2^2}{2g}$$

$$v_2 = \sqrt{2g\Delta h \frac{\rho_w}{\rho_a}} = \sqrt{2 \times 9.81 \times 0.1 \times \frac{1000}{1.2}} = 40.44\ (\mathrm{m/s})$$

风机的空气流量为：

$$q_V = \frac{1}{4}\pi d^2 v_2 = \frac{1}{4} \times 3.14 \times 0.35^2 \times 40.44 = 3.89\ (\mathrm{m^3/s})$$

5.3 流体动力学微分方程

用控制体方法所建立的积分方程，主要描述的是流体运动的宏观特性，即流体流动过程中总质量、总动量和总能量的总体变化，并未涉及控制体内部点的流动状况。要描述流场参数如速度、压力、切应力等的详细分布，必须着眼于流场中的点(微元体)所建立的流体流动微分方程。微分方程所给出的流场分布信息，不仅能提示宏观流动现象的内在机理，也是确定最大速度、流动阻力、壁面应力等工程实用参数所必需的。积分方程在于反映流动过程中流体总质量、总动量和总能量的变化；流动微分方程，目的在于获得流场分布的详细信息以揭示宏观流动现象的内在规律。

5.3.1 连续方程

连续方程是基于质量守恒原理，是流动流体质量守恒的数学描述，它与基于控制体建立的质量守恒积分方程相对应，是基于流场中的点(微元体)所建立的质量守恒微分方程。

5.3.1.1 基于欧拉法推导的连续方程

在流场内取一个固定不动的平行六面体微元控制体，其边长分别为 dx、dy、dz。设六面体形心坐标为 $M(x,y,z)$，并假定流体在 M 点的密度为 ρ，速度为 $\boldsymbol{v}$，并且 x,y,z 轴的分量分别为 v_x、v_y、v_z。由于流体是连续不断地流进流出控制体，并且流体作为连续介质充满流动空间。控制体的体积固定不变，故根据质量守恒原理应有：

$$\begin{matrix}\text{单位时间内流出}\\ \text{控制体的流体质量}\end{matrix} - \begin{matrix}\text{单位时间内流入}\\ \text{控制体的流体质量}\end{matrix} = \begin{matrix}\text{单位时间内控制体}\\ \text{内流体质量的变化}\end{matrix}$$

如图 5-13 所示，先考虑 x 方向的问题，在六面体中心通过垂直于 x 轴方向的单位面积的质量流量为 ρv_x，运用泰勒级数展开并略高阶无穷小量，则通过微元控制体左、右两表面的相应值分别为 $\rho v_x - \frac{\partial(\rho v_x)}{\partial x}\frac{\mathrm{d}x}{2}$ 和 $\rho v_x + \frac{\partial(\rho v_x)}{\partial x}\frac{\mathrm{d}x}{2}$。

在 x 轴方向上，单位时间内流入控制体的流体质量为 $\left[\rho v_x - \frac{\partial(\rho v_x)}{\partial x}\frac{\mathrm{d}x}{2}\right]\mathrm{d}y\mathrm{d}z$，单位时间内流出控制体的流体质量为 $\left[\rho v_x + \frac{\partial(\rho v_x)}{\partial x}\frac{\mathrm{d}x}{2}\right]\mathrm{d}y\mathrm{d}z$，两者差为 $\frac{\partial}{\partial x}(\rho v_x)\mathrm{d}x\mathrm{d}y\mathrm{d}z$。

同时，在 y 轴方向，z 轴方向流出与流入流体质量差分别为 $\frac{\partial}{\partial y}(\rho v_y)\mathrm{d}x\mathrm{d}y\mathrm{d}z$ 和 $\frac{\partial}{\partial z}(\rho v_z)\mathrm{d}x\mathrm{d}y\mathrm{d}z$。

则单位时间内，流出与流入控制体的流体总质量之差为：$\left[\frac{\partial(\rho v_x)}{\partial x} + \frac{\partial(\rho v_y)}{\partial y} + \frac{\partial(\rho v_z)}{\partial z}\right]\mathrm{d}x\mathrm{d}y\mathrm{d}z$。

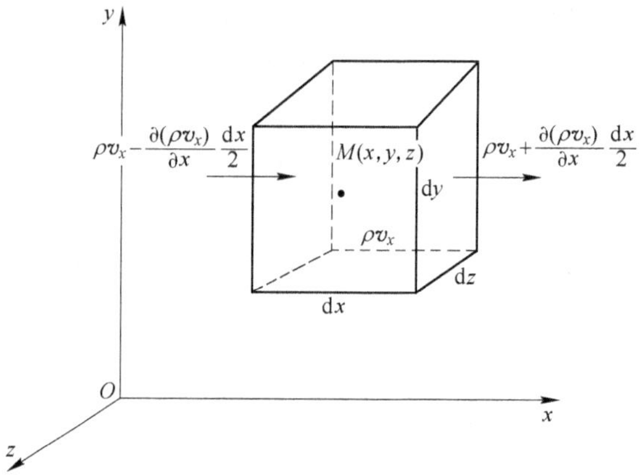

图 5-13　推导连续性方程用图

再者，由于流体是作为连续介质充满整个控制体内的，而控制体的体积又是固定不变的，所以流出与流入控制体的质量之差只可能引起控制体内流体密度的变化，从而引起控制体内流体的质量发生变化。单位时间内由于控制体内流体的密度变化而引起的质量变化为$\frac{\partial\rho}{\partial t}\mathrm{d}x\mathrm{d}y\mathrm{d}z$。

根据质量守恒原理，必有：

$$\left[\frac{\partial(\rho v_x)}{\partial x}+\frac{\partial(\rho v_y)}{\partial y}+\frac{\partial(\rho v_z)}{\partial z}\right]\mathrm{d}x\mathrm{d}y\mathrm{d}z=-\frac{\partial\rho}{\partial t}\mathrm{d}x\mathrm{d}y\mathrm{d}z$$

等式右边负号说明：当流出控制体的流体质量多于流入的流体质量时，控制体内流体的密度降低，$\frac{\partial\rho}{\partial t}$为负，反之为正。

整理简化得：

$$\frac{\partial\rho}{\partial t}+\frac{\partial(\rho v_x)}{\partial x}+\frac{\partial(\rho v_y)}{\partial y}+\frac{\partial(\rho v_z)}{\partial z}=0 \tag{5-58}$$

式(5-58)即为流体流动微分形式的连续性方程，简称连续方程。

5.3.1.2　基于拉格朗日法推导的连续方程

从流场中任取一流体微团，它由一些相同流体质点所组成，质量为 δm，体积为 δV，该流体微团的空间位置、大小和形状随时间不断改变，但它的质量 δm 保持不变，即：

$$\frac{\mathrm{d}}{\mathrm{d}t}\delta m=0$$

又因为

$$\delta m=\rho\delta V$$

所以

$$\frac{\mathrm{d}}{\mathrm{d}t}(\rho\delta V)=0$$

展开

$$\delta V\frac{\mathrm{d}\rho}{\mathrm{d}t}+\rho\frac{\mathrm{d}(\delta V)}{\mathrm{d}t}=0$$

$$\frac{1}{\rho}\frac{\mathrm{d}\rho}{\mathrm{d}t}+\frac{1}{\delta V}\frac{\mathrm{d}(\delta V)}{\mathrm{d}t}=0$$

式中，$\frac{1}{\delta V}\frac{\mathrm{d}(\delta V)}{\mathrm{d}t}$表示单位体积流体微团的膨胀(收缩)率，由流体微团运动和变形可得

$$\frac{1}{\delta V}\frac{\mathrm{d}(\delta V)}{\mathrm{d}t}=\frac{\partial v_x}{\partial x}+\frac{\partial v_y}{\partial y}+\frac{\partial v_z}{\partial z}$$

所以得连续方程

$$\frac{1}{\rho}\frac{\mathrm{d}\rho}{\mathrm{d}t}+\frac{\partial v_x}{\partial x}+\frac{\partial v_y}{\partial y}+\frac{\partial v_z}{\partial z}=0 \tag{5-59}$$

5.3.1.3 连续方程的矢量形式

$$\frac{\partial\rho}{\partial t}+\nabla\cdot(\rho\boldsymbol{v})=0 \tag{5-60}$$

即

$$\frac{\partial\rho}{\partial t}+\rho\nabla\cdot\boldsymbol{v}=0 \tag{5-61}$$

式中，$\rho\boldsymbol{v}=\rho v_x\boldsymbol{i}+\rho v_y\boldsymbol{j}+\rho v_z\boldsymbol{k}$ 可看作流过单位面积的质量流量，它的散度 $\nabla\cdot(\rho\boldsymbol{v})=\frac{\partial(\rho v_x)}{\partial x}+\frac{\partial(\rho v_y)}{\partial y}+\frac{\partial(\rho v_z)}{\partial z}$ 表示单位体积控制体的质量流量。$\boldsymbol{v}$ 可看作流过单位面积的体积流量。速度散度 $\nabla\cdot\boldsymbol{v}$ 则表示单位体积的流体在单位时间内的体积增量，通常称为体变形率。

5.3.1.4 连续方程性质

(1) 连续方程实质上是质量守恒定律在流体力学中的应用。所以，任何不满足连续方程的流动是不可能存在的。

(2) 在推导过程中不涉及流体的受力情况，故连续方程是一个运动方程。

(3) 连续方程是流体力学的基本方程之一，它适用于可压缩和不可压缩流体，也适用于定常流动和非定常流动，还适用于理想流体和黏性流体。

5.3.1.5 几种简化形式

A 定常流动

$\frac{\partial\rho}{\partial t}=0$，则简化为：

$$\frac{\partial(\rho v_x)}{\partial x}+\frac{\partial(\rho v_y)}{\partial y}+\frac{\partial(\rho v_z)}{\partial z}=0 \tag{5-62}$$

B 不可压缩均质流体

$\rho=\mathrm{const}$，则简化为：

$$\frac{\partial(v_x)}{\partial x}+\frac{\partial(v_y)}{\partial y}+\frac{\partial(v_z)}{\partial z}=0 \tag{5-63}$$

或 $\nabla\cdot\boldsymbol{v}=0$

对于二维不可压缩流体则有：

$$\frac{\partial v_x}{\partial x}+\frac{\partial v_y}{\partial y}=0 \tag{5-64}$$

5.3.1.6 圆柱坐标中的连续方程

对于以 r 为径向坐标、θ 为周向坐标、z 为轴向坐标的柱坐标体系，见图 5-14，其连续性方程为：

$$\frac{\partial\rho}{\partial t}+\frac{1}{r}\frac{\partial}{\partial r}(\rho r v_r)+\frac{1}{r}\frac{\partial}{\partial\theta}(\rho v_\theta)+\frac{\partial}{\partial z}(\rho v_z)=0 \tag{5-65}$$

式中，v_r、v_θ、v_z 分别为 r、θ、z 坐标方向的速度分量。特别地，对于不可压缩流体，柱坐标系下的连续性方程可简化为：

$$\frac{1}{r}\frac{\partial(r v_r)}{\partial r}+\frac{1}{r}\frac{\partial v_\theta}{\partial\theta}+\frac{\partial v_z}{\partial z}=0$$

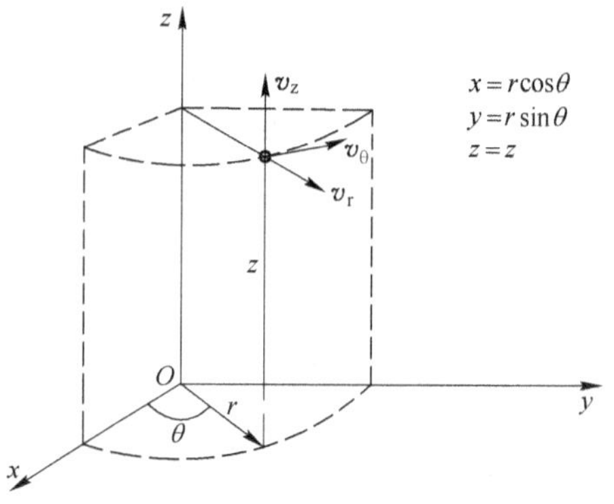

图 5-14　圆柱坐标

［例 5-5］　假定有一定常三维不可压缩场，其速度分布为 $v_x = x, v_y = 2y, v_z = z$，问该流动是否存在。

解：将已知的速度分布代入连续性方程式(5-63)，则有

$$\frac{\partial v_x}{\partial x} + \frac{\partial v_y}{\partial y} + \frac{\partial v_z}{\partial z} = 1 + 2 + 1 = 4 \neq 0$$

由此可见，该速度分布不满足连续性方程，即该流动不满足质量守恒规律，因此该流动不可能存在。

［例 5-6］　假定有一二维定常不可压流场，其速度分布为 $v_x = -\frac{ky}{x^2 + y^2}, v_y = \frac{kx}{x^2 + y^2}$。问该流动是否存在。

解：已知速度分布，代入连续性方程式(5-64)，则有

$$\frac{\partial v_x}{\partial x} + \frac{\partial v_y}{\partial y} = \frac{2kxy}{(x^2 + y^2)^2} - \frac{2kxy}{(x^2 + y^2)^2} = 0$$

由此可见，该流动满足连续性方程，流动存在。

5.3.2　运动方程

运动方程是基于动量守恒原理，是流动流体动量守恒的数学描述，它与基于控制体建立的动量守恒积分方程相对应，运动方程是基于流场中的点（微元体）所建立的动量守恒微分方程，称为微分形式的动量方程或称运动方程。

5.3.2.1　以应力表示的黏性流体的运动方程

所谓以应力表示的运动方程就是直接根据动量守恒定律，得到的含流体应力的微分方程。

以空间微元体作为控制体为研究对象，微元体是在确定的空间点来考察流体流动时所取的一个体积为 dxdydz 的流场空间，针对微元体的动量守恒，可写出表达式为：

$$\begin{matrix}\text{作用于微元体}\\\text{诸力之矢量和}\end{matrix} = \begin{matrix}\text{输出微元体}\\\text{的动量流量}\end{matrix} - \begin{matrix}\text{输入微元体}\\\text{的动量流量}\end{matrix} + \begin{matrix}\text{微元体内的}\\\text{动量变化率}\end{matrix}$$

即 $\delta F = \frac{d}{dt}(\delta m\boldsymbol{v})$。当 δm 为常数时 $\delta F = \delta m \frac{d\boldsymbol{v}}{dt}$

A　作用于微元体上的力

微元体上的力分为体积力和表面力，如图 5-15 所示。

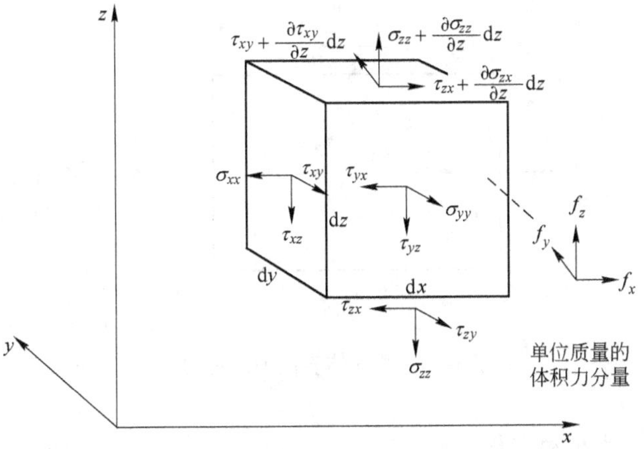

图 5-15 微元体上的表面力和体积力

a 体积力

设单位质量上的质量力在 x、y、z 方向上的分量分别为 f_x、f_y、f_z。则微元体在 x、y、z 方向上受到的体积力(微元体总体质量上的力)分别为 $f_x\rho dxdydz$、$f_y\rho dxdydz$、$f_z\rho dxdydz$。

特例:当流体只受重力场作用时,则 $f_x=0$,$f_y=0$,$f_z=-g$。

b 表面力

表面力是作用于流体表面的总力,由外压力引起的。微元体表面是与外界联系的界面,其单位面积上的表面力分为正应力和切应力。

作用于与 x 轴垂直方向微元面上的力有:σ_{xx},τ_{xy},τ_{xz}

作用于与 y 轴垂直方向微元面上的力有:σ_{yy},τ_{yx},τ_{yz}

作用于与 z 轴垂直方向微元面上的力有:σ_{zz},τ_{zx},τ_{zy}

(1) 第一个下标表示应力作用面的法线方向,第二个下标表示应力的作用方向,如:τ_{yx} 表示在垂直于 y 轴的表面上沿 x 方向作用的切应力。

(2) 应力正负规定,“拉为正,压为负”。

作用于每一微元面上三个应力,其中一个正应力 σ,两个切应力 τ,微元共有 6 个正应力,12 个切应力,但由切应力互等定理知:

$$\begin{cases}\tau_{xy}=\tau_{yx}\\ \tau_{xz}=\tau_{zx}\\ \tau_{yz}=\tau_{zy}\end{cases}$$

因此,流场中任一点的 18 个应力分量中,只有 12 个是独立分量。

微元体表面力的总力分量。

如图 5-16 所示,以 x 方向为例,则微元体在 x 方向上的表面力为:

$$\left(\sigma_{xx}+\frac{\partial\sigma_{xx}}{\partial x}dx-\sigma_{xx}\right)dydz+\left(\tau_{zx}+\frac{\partial\tau_{zx}}{\partial z}dz-\tau_{zx}\right)dxdy+\left(\tau_{yx}+\frac{\partial\tau_{yx}}{\partial y}dy-\tau_{yx}\right)dzdx$$

$$=\left(\frac{\partial\sigma_{xx}}{\partial x}+\frac{\partial\tau_{yx}}{\partial y}+\frac{\partial\tau_{zx}}{\partial z}\right)dxdydz$$

同理,微元体在 y、z 方向的表面力分别为 $\left(\frac{\partial\tau_{xy}}{\partial x}+\frac{\partial\sigma_{yy}}{\partial y}+\frac{\partial\tau_{zy}}{\partial z}\right)dxdydz$ 和 $\left(\frac{\partial\tau_{xz}}{\partial x}+\frac{\partial\tau_{yz}}{\partial y}+\frac{\partial\sigma_{zz}}{\partial z}\right)dxdydz$。

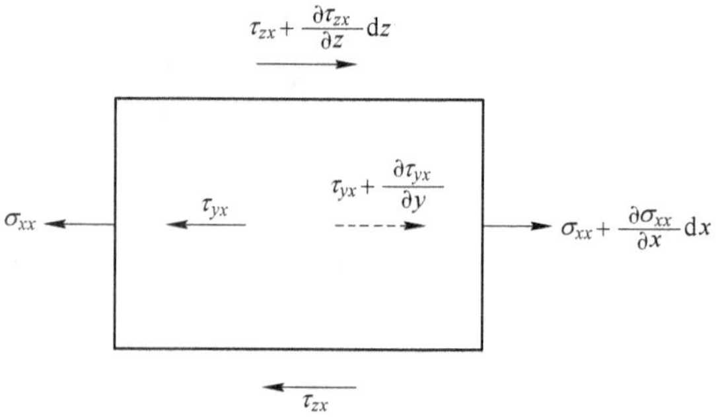

图 5-16　微元体表面力的总力分量

B　以应力表示的运动方程

根据牛顿第二定律，在 x 方向的运动微分方程为

$$f_x\rho dxdydz+\left(\frac{\partial\sigma_{xx}}{\partial x}+\frac{\partial\tau_{yx}}{\partial y}+\frac{\partial\tau_{zx}}{\partial z}\right)dxdydz=\rho dxdydz\frac{dv_x}{dt}$$

简化并同理可得到：

$$\begin{cases}f_x+\dfrac{1}{\rho}\dfrac{\partial\sigma_{xx}}{\partial x}+\dfrac{1}{\rho}\left(\dfrac{\partial\tau_{yx}}{\partial y}+\dfrac{\partial\tau_{zx}}{\partial z}\right)=\dfrac{dv_x}{dt}\\ f_y+\dfrac{1}{\rho}\dfrac{\partial\sigma_{yy}}{\partial y}+\dfrac{1}{\rho}\left(\dfrac{\partial\tau_{zy}}{\partial z}+\dfrac{\partial\tau_{xy}}{\partial x}\right)=\dfrac{dv_y}{dt}\\ f_z+\dfrac{1}{\rho}\dfrac{\partial\sigma_{zz}}{\partial z}+\dfrac{1}{\rho}\left(\dfrac{\partial\tau_{xz}}{\partial x}+\dfrac{\partial\tau_{yz}}{\partial y}\right)=\dfrac{dv_z}{dt}\end{cases}\tag{5-66}$$

根据随体导数定义

$$\frac{d\boldsymbol{v}}{dt}=\frac{\partial\boldsymbol{v}}{\partial t}+v_x\frac{\partial\boldsymbol{v}}{\partial x}+v_y\frac{\partial\boldsymbol{v}}{\partial y}+v_z\frac{\partial\boldsymbol{v}}{\partial z}$$

则

$$\begin{cases}\dfrac{dv_x}{dt}=\dfrac{\partial v_x}{\partial t}+v_x\dfrac{\partial v_x}{\partial x}+v_y\dfrac{\partial v_x}{\partial y}+v_z\dfrac{\partial v_x}{\partial z}\\ \dfrac{dv_y}{dt}=\dfrac{\partial v_y}{\partial t}+v_x\dfrac{\partial v_y}{\partial x}+v_y\dfrac{\partial v_y}{\partial y}+v_z\dfrac{\partial v_y}{\partial z}\\ \dfrac{dv_z}{dt}=\dfrac{\partial v_z}{\partial t}+v_x\dfrac{\partial v_z}{\partial x}+v_y\dfrac{\partial v_z}{\partial y}+v_z\dfrac{\partial v_z}{\partial z}\end{cases}\tag{5-67}$$

得

$$\begin{cases}\rho\left(\dfrac{\partial v_x}{\partial t}+v_x\dfrac{\partial v_x}{\partial x}+v_y\dfrac{\partial v_x}{\partial y}+v_z\dfrac{\partial v_x}{\partial z}\right)=f_x\rho+\dfrac{\partial\sigma_{xx}}{\partial x}+\dfrac{\partial\tau_{yx}}{\partial y}+\dfrac{\partial\tau_{zx}}{\partial z}\\ \rho\left(\dfrac{\partial v_y}{\partial t}+v_x\dfrac{\partial v_y}{\partial x}+v_y\dfrac{\partial v_x}{\partial y}+v_z\dfrac{\partial v_y}{\partial z}\right)=f_y\rho+\dfrac{\partial\tau_{xy}}{\partial x}+\dfrac{\partial\sigma_{yy}}{\partial y}+\dfrac{\partial\tau_{zy}}{\partial z}\\ \rho\left(\dfrac{\partial v_z}{\partial t}+v_x\dfrac{\partial v_z}{\partial x}+v_y\dfrac{\partial v_z}{\partial y}+v_z\dfrac{\partial v_z}{\partial z}\right)=f_z\rho+\dfrac{\partial\tau_{xz}}{\partial x}+\dfrac{\partial\tau_{yz}}{\partial y}+\dfrac{\partial\sigma_{zz}}{\partial z}\end{cases}\tag{5-68}$$

式(5-68)为以应力表示的黏性流体的运动方程。

注 1：从方程(5-68)可以看出，该方程具有下列关系，以 x 方向单位质量为例，加速度 $\left[\frac{dv_x}{dt}\right]$ = 体积力 $[f_x]$ + 表面力 $\left[\frac{1}{\rho}\left(\frac{\partial\sigma_{xx}}{\partial y}+\frac{\partial\tau_{yx}}{\partial y}+\frac{\partial\tau_{zx}}{\partial z}\right)\right]$

注 2：方程(5-68)适用于牛顿流体和非牛顿流体，层流流动和湍流流动。

5.3.2.2　以速度和压力表示的黏性流体运动微分方程(N-S 方程)

从以应力表示的黏性流体的运动方程中可知,方程中有 12 个未知量,即 3 个速度分量,6 个独立的应力分量,密度 ρ 及 3 个质量力分量。当 f_x、f_y、f_z 已知,对于不可压缩流体 ρ 也是已知常数,仍有 9 个未知量,而且只是已知 3 个运动方程和 1 个连续方程,因此需要寻找补充方程。

广义的牛顿剪切定律给出了应力与应变之间的关系。又根据流体微团运动和变形可知,应变与变形速度有关。因此,正压力和切应力与变形速率相关,即引入了牛顿流体本构方程。再将应力从运动方程中消去,得到由速度分量和压力表示的黏性流体运动微分方程,即耐维-斯托克斯(Navier-Stokes)方程,简称 N-S 方程。

A　斯托克斯基本假设

对于以应力表示的运动方程,要建立补充方程就要首先寻找流体应力与速度变化之间的内在联系。流体应力不是与应变的大小有关,而是与应变的速度直接相关,应变速率即单位时间的应变,包括线变形率如 $\partial v_x/\partial x$;角变形率如 $\frac{\partial v_x/\partial y+\partial v_y/\partial x}{2}$ 和体变形率 $\nabla\cdot\boldsymbol{v}=\frac{\partial v_x}{\partial x}+\frac{\partial v_y}{\partial y}+\frac{\partial v_z}{\partial z}$ 等。

其基本假设是:

(1) 流体是各向同性的,即应力与变形速率的关系在任一点的各个方向都是相同的。

(2) 应力分量与变形速率成线性关系。

(3) 当变形速度为零时,切应力为零,法向应力为理想流体的压强,即 $\sigma_{xx}=\sigma_{yy}=\sigma_{zz}=-p$,说明流体运动的极限状态是静止,静止时静压力为 p,流体运动只是在静止基础上附加运动产生的力,即 p + 运动产生的力。

B　应变张量

如图 5-17 所示,M_0 为流体微团中的一点,其速度为 V_0,M 为点 M_0 所在的流体微团邻域上的任一点,其速度为 V,那么 V 可表示为:

$$V=V_0+\omega\times \mathrm{d}r+\varepsilon \mathrm{d}r$$

式中,ε 为应变率张量,ω 为微团旋转角速度。式中第二项为流体微团像刚体一样旋转时所造成的相邻点的速度增量;第三项是因流体微团的变形而造成的相邻点的速度增量。假设流场是连续的,且速度的各阶导数存在,那么 M 点的速度可用 Taylor 级数展开,略去高阶无穷小,则在直角坐标系中(x,y,z)表示为:

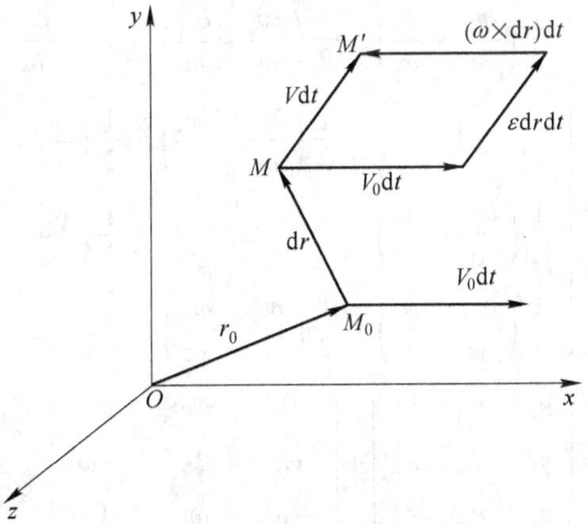

图 5-17　应变张力

$$\boldsymbol{v} = \boldsymbol{v}_0 + \mathrm{d}x \frac{\partial \boldsymbol{v}}{\partial x} + \mathrm{d}y \frac{\partial \boldsymbol{v}}{\partial y} + \mathrm{d}z \frac{\partial \boldsymbol{v}}{\partial z} \tag{5-69}$$

或

$$\mathrm{d}\boldsymbol{v} = \boldsymbol{v} - \boldsymbol{v}_0 = \mathrm{d}x \frac{\partial \boldsymbol{v}}{\partial x} + \mathrm{d}y \frac{\partial \boldsymbol{v}}{\partial y} + \mathrm{d}z \frac{\partial \boldsymbol{v}}{\partial z} \tag{5-70}$$

则

$$\begin{cases} \mathrm{d}v_x = \dfrac{\partial v_x}{\partial x}\mathrm{d}x + \dfrac{\partial v_x}{\partial y}\mathrm{d}y + \dfrac{\partial v_x}{\partial z}\mathrm{d}z = \mathrm{d}r \cdot \boldsymbol{\nabla} v_x \\ \mathrm{d}v_y = \dfrac{\partial v_y}{\partial x}\mathrm{d}x + \dfrac{\partial v_y}{\partial y}\mathrm{d}y + \dfrac{\partial v_y}{\partial z}\mathrm{d}z = \mathrm{d}r \cdot \boldsymbol{\nabla} v_y \\ \mathrm{d}v_z = \dfrac{\partial v_z}{\partial x}\mathrm{d}x + \dfrac{\partial v_z}{\partial y}\mathrm{d}y + \dfrac{\partial v_z}{\partial z}\mathrm{d}z = \mathrm{d}r \cdot \boldsymbol{\nabla} v_z \end{cases} \tag{5-71}$$

矩阵表示为：

$$\begin{bmatrix} \mathrm{d}v_x \\ \mathrm{d}v_y \\ \mathrm{d}v_z \end{bmatrix} = \begin{bmatrix} \dfrac{\partial v_x}{\partial x} & \dfrac{\partial v_x}{\partial y} & \dfrac{\partial v_x}{\partial z} \\ \dfrac{\partial v_y}{\partial x} & \dfrac{\partial v_y}{\partial y} & \dfrac{\partial v_y}{\partial z} \\ \dfrac{\partial v_z}{\partial x} & \dfrac{\partial v_z}{\partial y} & \dfrac{\partial v_z}{\partial z} \end{bmatrix} \cdot \begin{bmatrix} \mathrm{d}x \\ \mathrm{d}y \\ \mathrm{d}z \end{bmatrix} \tag{5-72}$$

矢量表示为：

$$\mathrm{d}\boldsymbol{v} = \left[\frac{\partial \boldsymbol{v}_i}{\partial x_j}\right] \cdot \mathrm{d}\boldsymbol{r} \tag{5-73}$$

式中，i、j 为 x、y、z；$\left[\dfrac{\partial \boldsymbol{v}_i}{\partial x_j}\right]$为变形矩阵，可以把变形矩阵分解成一个对称矩阵和一个反对称矩阵：

$$\left[\frac{\partial \boldsymbol{v}_i}{\partial x_j}\right] = \begin{bmatrix} \dfrac{\partial v_x}{\partial x} & \dfrac{1}{2}\left(\dfrac{\partial v_x}{\partial y} + \dfrac{\partial v_y}{\partial x}\right) & \dfrac{1}{2}\left(\dfrac{\partial v_x}{\partial z} + \dfrac{\partial v_z}{\partial x}\right) \\ \dfrac{1}{2}\left(\dfrac{\partial v_y}{\partial x} + \dfrac{\partial v_x}{\partial y}\right) & \dfrac{\partial v_y}{\partial y} & \dfrac{1}{2}\left(\dfrac{\partial v_y}{\partial z} + \dfrac{\partial v_z}{\partial y}\right) \\ \dfrac{1}{2}\left(\dfrac{\partial v_z}{\partial x} + \dfrac{\partial v_x}{\partial z}\right) & \dfrac{1}{2}\left(\dfrac{\partial v_z}{\partial y} + \dfrac{\partial v_y}{\partial z}\right) & \dfrac{\partial v_z}{\partial z} \end{bmatrix} +$$

$$\begin{bmatrix} 0 & \dfrac{1}{2}\left(\dfrac{\partial v_x}{\partial y} - \dfrac{\partial v_y}{\partial x}\right) & \dfrac{1}{2}\left(\dfrac{\partial v_x}{\partial z} - \dfrac{\partial v_z}{\partial x}\right) \\ \dfrac{1}{2}\left(\dfrac{\partial v_y}{\partial x} - \dfrac{\partial v_x}{\partial y}\right) & 0 & \dfrac{1}{2}\left(\dfrac{\partial v_y}{\partial z} - \dfrac{\partial v_z}{\partial x}\right) \\ \dfrac{1}{2}\left(\dfrac{\partial v_z}{\partial x} - \dfrac{\partial v_x}{\partial z}\right) & \dfrac{1}{2}\left(\dfrac{\partial v_z}{\partial y} - \dfrac{\partial v_y}{\partial z}\right) & 0 \end{bmatrix}$$

$$= \begin{bmatrix} \varepsilon_{xx} & \varepsilon_{xy} & \varepsilon_{xz} \\ \varepsilon_{yx} & \varepsilon_{yy} & \varepsilon_{yz} \\ \varepsilon_{zx} & \varepsilon_{zy} & \varepsilon_{zz} \end{bmatrix} + \begin{bmatrix} 0 & -\omega_z & \omega_y \\ \omega_z & 0 & -\omega_x \\ -\omega_y & \omega_x & 0 \end{bmatrix}$$

$$\varepsilon_{xx} = \frac{\partial v_x}{\partial x}, \varepsilon_{yy} = \frac{\partial v_y}{\partial y}, \varepsilon_{zz} = \frac{\partial v_z}{\partial z}$$

$$\varepsilon_{xy}=\frac{1}{2}\left(\frac{\partial v_x}{\partial y}+\frac{\partial v_y}{\partial x}\right)\qquad \varepsilon_{yx}=\frac{1}{2}\left(\frac{\partial v_y}{\partial x}+\frac{\partial v_x}{\partial y}\right)\qquad \varepsilon_{xz}=\frac{1}{2}\left(\frac{\partial v_x}{\partial z}+\frac{\partial v_z}{\partial x}\right)$$

$$\varepsilon_{zx}=\frac{1}{2}\left(\frac{\partial v_z}{\partial x}+\frac{\partial v_x}{\partial z}\right)\qquad \varepsilon_{yz}=\frac{1}{2}\left(\frac{\partial v_y}{\partial z}+\frac{\partial v_z}{\partial y}\right)\qquad \varepsilon_{zy}=\frac{1}{2}\left(\frac{\partial v_z}{\partial y}+\frac{\partial v_y}{\partial z}\right)$$

或写为：

$$\varepsilon_{ij}=\frac{1}{2}\left(\frac{\partial v_i}{\partial x_j}+\frac{\partial v_j}{\partial x_i}\right) \tag{5-74}$$

式中，ε_{ij}表示所在方向的线变形率，$\varepsilon_{ij}(i\neq j)$为角变形率。

$$\omega_x=\frac{1}{2}\left(\frac{\partial v_z}{\partial y}-\frac{\partial v_y}{\partial z}\right)\qquad \omega_z=\frac{1}{2}\left(\frac{\partial v_y}{\partial x}-\frac{\partial v_x}{\partial y}\right)\qquad \omega_y=\frac{1}{2}\left(\frac{\partial v_x}{\partial z}-\frac{\partial v_z}{\partial x}\right)$$

或写为：

$$\omega_k=\frac{1}{2}\left(\frac{\partial v_j}{\partial x_i}-\frac{\partial v_i}{\partial x_j}\right) \tag{5-75}$$

式中，ω_x、ω_y、ω_z为流体微团的旋转角速度。

C 应力张量

a 应力特点

对于静止的流体，一个点处的面力与作用面外法线方向平行，但方向相反，且单位面积上作用力的大小与作用面法线方向无关，即为压强p。

对于理想流体，不论流体是静止还是流动，理想流体中的面力只有压力，且一个点的压强与作用面法线的方向无关。

对于黏性流体，除了正应力以外，还有由于黏性引起的切应力。因此一个表面上的总应力一般不垂直此表面，而且在不同的方向上的应力也不相等。

b 应力张量

在运动的黏性流体中任一点A处取一垂直于Z轴的平面，则作用在该平面上A点的表面应力p_A并非沿法线方向，而是倾斜方向的。由此可知，任一点在三个相互垂直的作用面上的应力共有9个分量，其中三个正应力σ_{xx}、σ_{yy}、σ_{zz}和六个切应力τ_{xy}、τ_{xz}、τ_{yx}、τ_{yz}、τ_{zx}、τ_{zy}。

写成矩阵形式 $\begin{bmatrix}\sigma_{xx} & \tau_{xy} & \tau_{xz}\\ \tau_{yx} & \sigma_{yy} & \tau_{yz}\\ \tau_{zx} & \tau_{zy} & \sigma_{zz}\end{bmatrix}$

则用统一符号σ_{ij}表示的形式：

$$\sigma_{ij}=\begin{bmatrix}\sigma_{xx} & \sigma_{xy} & \sigma_{xz}\\ \sigma_{yx} & \sigma_{yy} & \sigma_{yz}\\ \sigma_{zx} & \sigma_{zy} & \sigma_{zz}\end{bmatrix} \tag{5-76}$$

称为应力张量，它是二阶张量，而且是个对称张量。

D 切向应力与角变形速率的关系

a 剪应力互等定理

取一正六面体流体微团在受力情况下对xy平面的投影，根据达朗伯原理，作用在微元正六面体上的各力对通过六面体质心M且与Z轴平行的轴的力矩之和应等于零。为此先做如下假设：

（1）所有法向应力的合力都与取矩的中心轴线相交，因此力矩为零；

（2）在切向应力中，第一个角标为 z 的那些力也与取矩的中心轴线相交，所以它们的力矩为零。第二个角标为 z 的那些力，由于力的作用方向与取矩的中心轴线平行，它们的力矩也为零；

（3）质量力作用在微元正六面体的质心 M，因此力矩为零；

（4）对于转动惯性力矩，因为它与转动惯量成正比，显然是四阶的小量，可以忽略。如图 5-18 所示。

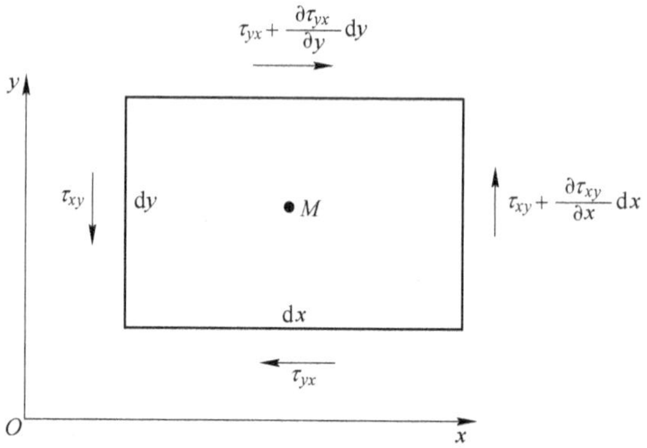

图 5-18　切应力之间的关系

这样，作用在微元正六面体上所有各力对过质心 M 且与 z 轴平行的轴的力矩之和为

$$\tau_{xy}\mathrm{d}y\mathrm{d}z\frac{\mathrm{d}x}{2}+\left(\tau_{xy}+\frac{\partial \tau_{xy}}{\partial x}\mathrm{d}x\right)\mathrm{d}y\mathrm{d}z\frac{\mathrm{d}x}{2}-\tau_{yz}\mathrm{d}x\mathrm{d}z\frac{\mathrm{d}y}{2}-\left(\tau_{yx}+\frac{\partial \tau_{yx}}{\partial y}\mathrm{d}y\right)\mathrm{d}x\mathrm{d}z\frac{\mathrm{d}y}{2}=0$$

略去四阶小量，并注意到 $\mathrm{d}x\mathrm{d}y\mathrm{d}z\neq 0$，则

$$\begin{cases}\tau_{xy}=\tau_{yx}\\ \tau_{yz}=\tau_{zy}\\ \tau_{zx}=\tau_{xz}\end{cases}$$

因此，在黏性流体内的任一点只存在三个独立的切向应力。

b　广义牛顿内摩擦定律

根据牛顿内摩擦定律，平面平行流中两层流体之间的摩擦切应力为：

$$\tau=\mu\frac{\mathrm{d}v_x}{\mathrm{d}y} \tag{5-77}$$

式中的速度梯度 $\frac{\mathrm{d}v_x}{\mathrm{d}y}$ 又等于流体微团的角变形速度，即：

$$\frac{\mathrm{d}v_x}{\mathrm{d}y}=\frac{\mathrm{d}\varphi}{\mathrm{d}t}$$

式中，$\mathrm{d}\varphi$ 为变形角。

所以

$$\tau=\mu\frac{\mathrm{d}\varphi}{\mathrm{d}t} \tag{5-78}$$

对于一般的 xOy 平面内的流动，流体微团运动时的角变形速度为：

$$\frac{\mathrm{d}\varphi_{xy}}{\mathrm{d}t}=\left(\frac{\partial v_y}{\partial x}+\frac{\partial v_x}{\partial y}\right)=2\varepsilon_{xy}=2\varepsilon_{yx} \tag{5-79}$$

假如流体的黏度是各向同性的（即流体的黏度在各个方向上都相同），则根据牛顿内摩擦定律可得：

$$\tau_{xy}=\tau_{yx}=\mu\frac{\mathrm{d}\varphi_{xy}}{\mathrm{d}t}=\mu\left(\frac{\partial v_y}{\partial x}+\frac{\partial v_x}{\partial y}\right)=2\mu\varepsilon_{xy}=2\mu\varepsilon_{yx} \tag{5-80}$$

将上述结论推广到三维流动，有：

$$\begin{cases}\tau_{xy}=\tau_{yx}=\mu\left(\dfrac{\partial v_y}{\partial x}+\dfrac{\partial v_x}{\partial y}\right)=2\mu\varepsilon_{xy}=2\mu\varepsilon_{yx}\\ \tau_{xy}=\tau_{zy}=\mu\left(\dfrac{\partial v_z}{\partial y}+\dfrac{\partial v_y}{\partial z}\right)=2\mu\varepsilon_{yz}=2\mu\varepsilon_{yz}\\ \tau_{zx}=\tau_{xz}=\mu\left(\dfrac{\partial v_x}{\partial z}+\dfrac{\partial v_z}{\partial x}\right)=2\mu\varepsilon_{zx}=2\mu\varepsilon_{xz}\end{cases} \tag{5-81}$$

式中，ε_{xy}、ε_{yz}、ε_{zx}为垂直于各相应轴的平面上的剪切变形速率，此式称为广义牛顿内摩擦定律。

E　法向应力与线变形速率关系

在黏性流体中，由于黏性的影响，流体微团除发生角变形产生切向应力外，同时也将发生线变形，即在流体微团的法线方向有相应的线变形速率$\frac{\partial v_x}{\partial x}$、$\frac{\partial v_y}{\partial y}$和$\frac{\partial v_z}{\partial z}$，从而使法向应力（正应力）的大小有所改变，产生附加的法向应力。

a　流体正应力

流体正应力由两部分构成，一是流体压力 p，二是流体变形速率所产生的附加黏性正应力，以 σ_{xx}为例，$\Delta\sigma_{xx}$表示其附加黏性正应力，则：

$$\sigma_{xx}=-p+\Delta\sigma_{xx} \tag{5-82}$$

式中，$\Delta\sigma_{xx}$也由两部分构成，即

$$\Delta\sigma_{xx}=2\mu\frac{\partial v_x}{\partial x}-\frac{2}{3}\mu(\boldsymbol{\nabla}\cdot\boldsymbol{v}) \tag{5-83}$$

b　不可压缩流体正应力与线变形之间的关系

对于不可压缩流体，通过流体中某点的三个互相垂直的法向应力可表示为：

$$\begin{cases}\sigma_{xx}=p-2\mu\dfrac{\partial v_x}{\partial x}\\ \sigma_{yy}=p-2\mu\dfrac{\partial v_y}{\partial y}\\ \sigma_{zz}=p-2\mu\dfrac{\partial v_z}{\partial z}\end{cases} \tag{5-84}$$

式中的附加法向应力之所以取负号是因为伸长的线变形运动将使法向应力随膨胀变形而减小，缩短的线变形运动将使法向应力随压缩变形而增大。

$\mu\frac{\partial v_x}{\partial x}$是由线变形引起的正应力，$\mu(\boldsymbol{\nabla}\cdot\boldsymbol{v})$是由体变形引起的正应力。

$\Delta\sigma_{xx}$的意义

假设 $v_y=v_z=0$　　$\boldsymbol{\nabla}\cdot\boldsymbol{v}=\partial v_x/\partial x$ 所以

$$\Delta\sigma_{xx}=\frac{4}{3}\mu\frac{\partial v_x}{\partial x} \tag{5-85}$$

可见,附加黏性正应力的产生是速度沿流动方向的变化所导致的,加速时 $\partial v_x/\partial x>0$,所以 $\Delta\sigma_{xx}>0$,减速时 $\partial v_x/\partial x<0$,所以 $\Delta\sigma_{xx}<0$。因为加速时同方向一前一后两流体质点产生相对运动,将处于分离趋势,流体线的变形为拉伸变形,故由此产生的附加黏性正应力为拉应力;反之,减速时同方向一前一后两流体质点将处于挤压趋势,流体线的变形为压缩变形,故由此产生的附加黏性正应力为压应力。

正应力与压力的关系

将方程(5-84)中三个正应力关系式相加取算术平均值,则可得

$$\frac{1}{3}(\sigma_{xx}+\sigma_{yy}+\sigma_{zz})=p-\frac{2}{3}\mu\left(\frac{\partial v_x}{\partial x}+\frac{\partial v_y}{\partial y}+\frac{\partial v_z}{\partial z}\right) \tag{5-86}$$

如果是不可压缩流体,则

$$\frac{1}{3}(\sigma_{xx}+\sigma_{yy}+\sigma_{zz})=p \tag{5-87}$$

式(5-87)说明,对于不可压缩流体,虽然流动流体的三个正应力在数值上一般不等于压力值,但它们的平均值与压力大小是相等的,p 为理想流体的压强(即静压力)。

对于不可压缩流体的一维流动,设流动方向为 x,则 $v_y=0,v_z=0$,据连续方程有 $\frac{\partial v_x}{\partial x}=0$,所以 $\sigma_{xx}=\sigma_{yy}=\sigma_{zz}=-p$,证明不可压缩流体作一维流动时,正应力与压力的关系与流体静止时的情况相同,即流体中三个方向正应力的大小分别都与压力相等。

F　牛顿流体本构方程

广义牛顿剪切定律即牛顿流体本构方程是反映流体应力与变形速率之间的关系。

$$\begin{aligned}
\sigma_{xx}&=-p+2\mu\frac{\partial v_x}{\partial x}-\frac{2}{3}\mu\left(\frac{\partial v_x}{\partial x}+\frac{\partial v_y}{\partial y}+\frac{\partial v_z}{\partial z}\right)\\
\sigma_{yy}&=-p+2\mu\frac{\partial v_y}{\partial y}-\frac{2}{3}\mu\left(\frac{\partial v_x}{\partial x}+\frac{\partial v_y}{\partial y}+\frac{\partial v_z}{\partial z}\right)\\
\sigma_{zz}&=-p+2\mu\frac{\partial v_z}{\partial z}-\frac{2}{3}\mu\left(\frac{\partial v_x}{\partial x}+\frac{\partial v_y}{\partial y}+\frac{\partial v_z}{\partial z}\right)\\
\tau_{xy}&=\tau_{yx}=\mu\left(\frac{\partial v_x}{\partial y}+\frac{\partial v_y}{\partial x}\right)\\
\tau_{yz}&=\tau_{zy}=\mu\left(\frac{\partial v_y}{\partial z}+\frac{\partial v_z}{\partial y}\right)\\
\tau_{zx}&=\tau_{xz}=\mu\left(\frac{\partial v_z}{\partial x}+\frac{\partial v_x}{\partial z}\right)
\end{aligned} \tag{5-88}$$

G　N-S 方程

a　N-S 方程的直角坐标表示

根据以应力表示的黏性流体运动方程、连续方程、牛顿流体本构方程,代入整理得由速度分量和压力表示的黏性流体运动微分方程,即耐维-斯托克斯方程(Navier-Stokes equations),简称 N-S 方程

$$\begin{aligned}
\rho\frac{\mathrm{d}v_x}{\mathrm{d}t}=\rho f_x-\frac{\partial p}{\partial x}-\frac{2}{3}\frac{\partial}{\partial x}(\mu\boldsymbol{\nabla}\cdot v)+2\frac{\partial}{\partial x}\left(\mu\frac{\partial v_x}{\partial x}\right)+\\
\frac{\partial}{\partial y}\left[\mu\left(\frac{\partial v_x}{\partial y}+\frac{\partial v_y}{\partial x}\right)\right]+\frac{\partial}{\partial z}\left[\mu\left(\frac{\partial v_x}{\partial z}+\frac{\partial v_z}{\partial x}\right)\right]
\end{aligned}$$

$$\rho \frac{dv_y}{dt} = \rho f_y - \frac{\partial p}{\partial y} - \frac{2}{3}\frac{\partial}{\partial y}(\mu \nabla \cdot v) + \frac{\partial}{\partial x}\left[\mu\left(\frac{\partial v_x}{\partial y} + \frac{\partial v_y}{\partial x}\right)\right] + 2\frac{\partial}{\partial y}\left(\mu \frac{\partial v_y}{\partial y}\right) + \frac{\partial}{\partial z}\left[\mu\left(\frac{\partial v_y}{\partial z} + \frac{\partial v_z}{\partial y}\right)\right] \tag{5-89}$$

$$\rho \frac{dv_z}{dt} = \rho f_z - \frac{\partial p}{\partial z} - \frac{2}{3}\frac{\partial}{\partial z}(\mu \nabla \cdot v) + \frac{\partial}{\partial x}\left[\mu\left(\frac{\partial v_x}{\partial z} + \frac{\partial v_z}{\partial x}\right)\right] + \frac{\partial}{\partial y}\left[\mu\left(\frac{\partial v_y}{\partial z} + \frac{\partial v_z}{\partial y}\right)\right] + 2\frac{\partial}{\partial z}\left(\mu \frac{\partial v_z}{\partial z}\right)$$

(1) N-S 方程是现代流体力学的主干方程，是研究流体力学问题的基础。

(2) N-S 方程的物理定义：相当于以单位体积的流体质量为基准的牛顿第二定律，即 $F = ma$，其内容与惯性力、质量力、表面力、由黏性引起的正向切应力、内摩擦力等有关。

(3) N-S 方程对流体的密度、黏度，可压缩性未作限制，但由于引入了牛顿流体本构方程，故只适用于牛顿流体，对非牛顿流体，可采用以应力表示的运动方程。又由于本构方程是以层流条件为背景的，所以 N-S 方程原则上适用于层流流动，对于湍流一般认为非稳态的 N-S 方程对湍流的瞬时运动仍然适用。

(4) N-S 方程与连续方程构成微分方程组，共有 4 个方程，涉及 4 个流动参数，即 v_x、v_y、v_z和压力 p，因此方程是封闭的，但当 ρ、μ 变化时，需寻找物性变化关系的补充方程。

(5) N-S 方程求解是很困难的，一般都利用特殊性使方程简化，并提出相关的初始条件和边界条件。

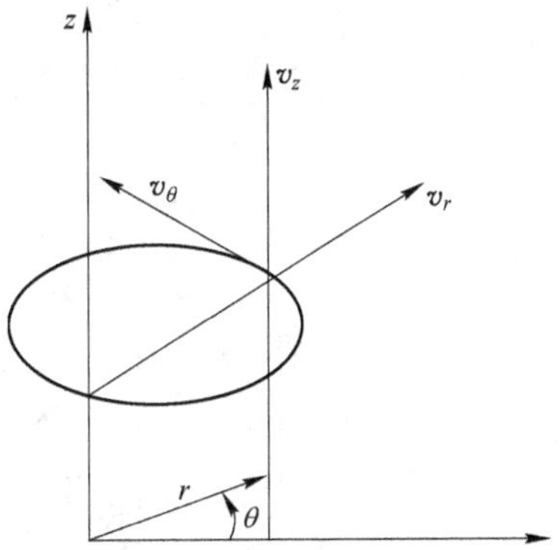

图 5-19　圆柱坐标系

b　N-S 方程的柱坐标表示

对于以 r 为径向坐标，θ 为周向坐标，z 为轴向坐标的柱坐标体系。如图 5-19 所示，其黏性流体运动微分方程在 r、θ、z 方向的分量式为：

$$\begin{cases} r\text{ 方向}\quad \rho\left(\frac{\partial v_r}{\partial t} + v_r\frac{\partial v_r}{\partial r} + \frac{v_\theta}{r}\frac{\partial v_r}{\partial \theta} - \frac{v_\theta^2}{r} + v_z\frac{\partial v_r}{\partial z}\right) \\ \quad = \rho f_r - \frac{\partial p}{\partial r} + \mu\left[\frac{\partial}{\partial r}\left(\frac{1}{r}\frac{\partial}{\partial r}(rv_r)\right) + \frac{1}{r^2}\frac{\partial^2 v_r}{\partial \theta^2} - \frac{2}{r^2}\frac{\partial v_\theta}{\partial \theta} + \frac{\partial^2 v_r}{\partial z^2}\right] \\ \theta\text{ 方向}\quad \rho\left(\frac{\partial v_\theta}{\partial t} + v_r\frac{\partial v_\theta}{\partial r} + \frac{v_\theta}{r}\frac{\partial v_\theta}{\partial \theta} - \frac{v_r v_\theta}{r} + v_z\frac{\partial v_\theta}{\partial z}\right) \\ \quad = \rho f_\theta - \frac{1}{r}\frac{\partial p}{\partial \theta} + \mu\left[\frac{\partial}{\partial r}\left(\frac{1}{r}\frac{\partial}{\partial r}(rv_\theta)\right) + \frac{1}{r^2}\frac{\partial^2 v_\theta}{\partial \theta^2} + \frac{2}{r^2}\frac{\partial v_r}{\partial \theta} + \frac{\partial^2 v_\theta}{\partial z^2}\right] \\ z\text{ 方向}\quad \rho\left(\frac{\partial v_z}{\partial t} + v_r\frac{\partial v_z}{\partial r} + \frac{v_\theta}{r}\frac{\partial v_z}{\partial \theta} + v_z\frac{\partial v_z}{\partial z}\right) \\ \quad = \rho f_z - \frac{\partial p}{\partial z} + \mu\left[\frac{1}{r}\frac{\partial}{\partial r}\left(r\frac{\partial v_z}{\partial r}\right) + \frac{1}{r^2}\frac{\partial^2 v_z}{\partial \theta^2} + \frac{\partial^2 v_z}{\partial z^2}\right] \end{cases} \tag{5-90}$$

式中，$\rho = \text{const}$，$\mu = \text{const}$；v_r、v_θ、v_z 分别为 r、θ、z 坐标方向的速度分量。此外，r 方向分量式中的 $-v_\theta^2/r$ 和 θ 方向分量式中的 $v_r v_\theta/r$ 分别是单位质量的流体受到的离心力和哥氏力(Coriolis force)。这两个力是由直角坐标转换到柱坐标时自动产生的，在分析流体所受的体积力时不要再人为地加上该力。

c　N-S 方程的矢量表示

$$\rho\frac{\mathrm{d}\boldsymbol{v}}{\mathrm{d}t}=\rho f-\boldsymbol{\nabla}p+\frac{\mu}{3}\boldsymbol{\nabla}(\boldsymbol{\nabla}\cdot\boldsymbol{v})+\mu\boldsymbol{\nabla}^2 v \tag{5-91}$$

式中，压强梯度$\boldsymbol{\nabla}p=\frac{\partial p}{\partial x}\boldsymbol{i}+\frac{\partial p}{\partial y}\boldsymbol{j}+\frac{\partial p}{\partial z}\boldsymbol{k}$

［**例 5-7**］　不可压缩黏性流体在倾斜放置的两块无限大平行平板间由上向下做定常稳定层流流动，如图 5-20 所示，试用纳维-斯托克斯方程求解以下两种情况下该层流运动的流速分布规律：

（1）上下板均固定不动；

（2）下板固定不动，上板以匀速 U 沿流动方向做平行运动。

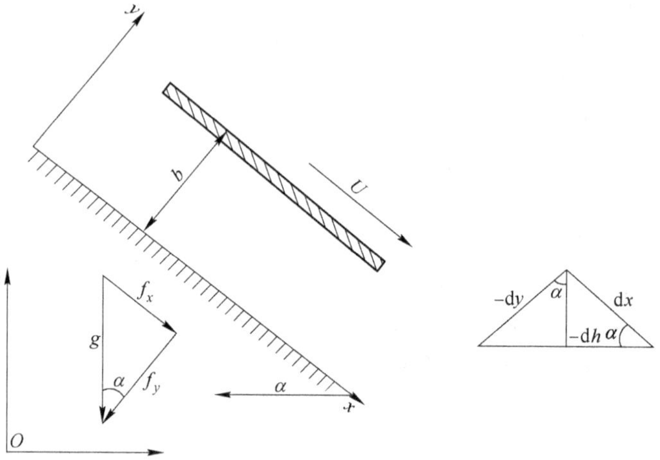

图 5-20　黏性流体的定常层流流动

解：建立直角坐标系，如图 5-20 所示。根据题意，该流动有如下特征：由于是定常流动，$\frac{\partial}{\partial t}=0$；由于流体沿 x 轴方向流动，y 轴垂直于平板，z 轴水平，则 $v_y=v_z=0$，$\frac{\partial}{\partial z}=0$；由于是不可压缩定常等截面流动，由连续性方程可得$\frac{\partial v_x}{\partial x}=0$，即 $v_x=v_x(y)$。于是，直角坐标系下的 N-S 方程可简化为

$$\begin{cases}f_x-\dfrac{1}{\rho}\dfrac{\partial p}{\partial x}+\gamma\dfrac{\partial^2 v_x}{\partial y^2}=0\\ f_y-\dfrac{1}{\rho}\dfrac{\partial p}{\partial y}=0\end{cases} \tag{a}$$

因为作用在流体上的质量力只有重力，则式(a)中 $f_x=g\sin\alpha=-g\frac{\partial h}{\partial x}$，$f_y=-g\cos\alpha=-g\frac{\partial h}{\partial y}$，代入式(a)可整理得：

$$\begin{cases}\mu\dfrac{\partial^2 v_x}{\partial y^2}=\dfrac{\partial}{\partial x}(p+\rho gh)\\ \dfrac{\partial}{\partial y}(p+\rho gh)=0\qquad(\text{与 } y \text{ 无关})\end{cases} \tag{b}$$

由此可知 $p+\rho gh$ 只是 y 的函数，于是得

$$\mu \frac{\mathrm{d}^2 v_x}{\mathrm{d}y^2}=\frac{\mathrm{d}}{\mathrm{d}x}(p+\rho g h) \tag{c}$$

将式(c)对 y 积分两次,得

$$v_x=\frac{1}{2\mu}\left[\frac{\mathrm{d}}{\mathrm{d}x}(p+\rho g h)\right]y^2+C_1 y+C_2 \tag{d}$$

(1) 若上下板均固定不动,边界条件为 $y=0, v_x=0; y=b, v_x=0$。代入式(d)可确定积分常数 C_1 和 C_2,分别为:

$$C_1=-\frac{b}{2\mu}\frac{\mathrm{d}}{\mathrm{d}x}(p+\rho g h), C_2=0$$

于是得速度分布

$$v_x=-\frac{1}{2\mu}\frac{\mathrm{d}}{\mathrm{d}x}(p+\rho g h)(b-y)y \tag{e}$$

即其速度是抛物线分布的。

(2) 若下板不动,上板以等速 U 沿流动方向作平行运动,其边界条件为 $y=0, v_x=0; y=b, v_x=U$。代入式(d),得

$$C_1=\frac{U}{b}-\frac{b}{2\mu}\frac{\mathrm{d}}{\mathrm{d}x}(p+\rho g h), C_2=0$$

于是得速度分布为:

$$v_x=\frac{U}{b}y-\frac{1}{2\mu}\frac{\mathrm{d}}{\mathrm{d}x}(p+\rho g h)(b-y)y \tag{f}$$

H N-S 方程的简化

a 理想流体运动方程

对于理想流体,由于不考虑流体的黏性,$\mu=0$,则 N-S 方程可以简化为:

$$\begin{cases} f_x-\dfrac{1}{\rho}\dfrac{\partial p}{\partial x}=\dfrac{\mathrm{d}v_x}{\mathrm{d}t}=\dfrac{\partial v_x}{\partial t}+v_x\dfrac{\partial v_x}{\partial x}+v_y\dfrac{\partial v_x}{\partial y}+v_z\dfrac{\partial v_x}{\partial z} \\ f_y-\dfrac{1}{\rho}\dfrac{\partial p}{\partial y}=\dfrac{\mathrm{d}v_y}{\mathrm{d}t}=\dfrac{\partial v_y}{\partial t}+v_x\dfrac{\partial v_y}{\partial x}+v_x\dfrac{\partial v_y}{\partial y}+v_z\dfrac{\partial v_y}{\partial z} \\ f_z-\dfrac{1}{\rho}\dfrac{\partial p}{\partial z}=\dfrac{\mathrm{d}v_z}{\mathrm{d}t}=\dfrac{\partial v_z}{\partial t}+v_x\dfrac{\partial v_z}{\partial x}+v_z\dfrac{\partial v_z}{\partial y}+v_z\dfrac{\partial v_z}{\partial z} \end{cases} \tag{5-92}$$

此式为理想流体的运动微分方程,又称欧拉运动微分方程。该方程对于可压缩流体和不可压缩流体的运动都是适用的,这是因为,在推导 N-S 方程时应用了不可压缩流体的连续性方程 $\dfrac{\partial v_x}{\partial x}+\dfrac{\partial v_y}{\partial y}+\dfrac{\partial v_z}{\partial z}=0$,从而将推导过程中出现的 $\dfrac{\mu}{\rho}\dfrac{\partial}{\partial x}\left(\dfrac{\partial v_x}{\partial x}+\dfrac{\partial v_y}{\partial y}+\dfrac{\partial v_z}{\partial z}\right)$ 项消去。对于理想流体来说,由于 $\mu=0$,该项自然被消去,而不必应用不可压缩流体的条件。

欧拉运动微分方程的矢量形式为

$$f-\frac{1}{\rho}\nabla p=\frac{\mathrm{d}\boldsymbol{v}}{\mathrm{d}t}=\frac{\partial \boldsymbol{v}}{\partial t}+(\boldsymbol{v}\cdot\nabla)\boldsymbol{v} \tag{5-93}$$

欧拉方程柱坐标系中的表达式

$$\begin{aligned} &\frac{\partial v_r}{\partial t}+v_r\frac{\partial v_r}{\partial r}+v_\theta\frac{\partial v_r}{r\,\partial\theta}+v_z\frac{\partial v_r}{\partial z}-\frac{v_\theta^2}{r}=f_r-\frac{1}{\rho}\frac{\partial p}{\partial r} \\ &\frac{\partial v_\theta}{\partial t}+v_r\frac{\partial v_\theta}{\partial r}+\frac{v_\theta}{r}\frac{\partial v_\theta}{\partial\theta}+v_z\frac{\partial v_\theta}{\partial z}+\frac{v_r v_\theta}{r}=f_\theta-\frac{1}{\rho}\frac{\partial p}{r\,\partial\theta} \end{aligned} \tag{5-94}$$

$$\frac{\partial v_z}{\partial t}+v_r\frac{\partial v_z}{\partial r}+\frac{v_\theta}{r}\frac{\partial v_z}{\partial \theta}+v_z\frac{\partial v_z}{\partial z}=f_z-\frac{1}{\rho}\frac{\partial p}{\partial z}$$

对于不可压缩均质流体,ρ 是常数,欧拉运动微分方程式与不可压缩流体的连续性方程 $\frac{\partial v_x}{\partial x}+\frac{\partial v_y}{\partial y}+\frac{\partial v_z}{\partial z}=0$ 联立,共有四个未知数 v_x、v_y、v_z、p,再加上确定的初始条件和边界条件,则该方程组理论上可以求解。对于可压缩流体,ρ 是变量,欧拉运动微分方程式与可压缩流体的连续性方程 $\frac{\partial \rho}{\partial t}+\frac{\partial(\rho v_x)}{\partial x}+\frac{\partial(\rho v_y)}{\partial y}+\frac{\partial(\rho v_z)}{\partial z}=0$ 联立则有五个未知数,因此必须根据具体问题补充一个方程,才能使方程组封闭。

b　流体静力学方程

如果在 N-S 方程中令所有速度项为零,或当流体处于相对平衡或静止状态时,即 $\frac{\mathrm{d}\boldsymbol{v}}{\mathrm{d}t}=0$ 或 $\boldsymbol{v}=0$,则欧拉运动微分方程可进一步简化为:

$$\begin{cases} f_x-\dfrac{1}{\rho}\dfrac{\partial p}{\partial x}=0 \\ f_y-\dfrac{1}{\rho}\dfrac{\partial p}{\partial y}=0 \\ f_z-\dfrac{1}{\rho}\dfrac{\partial p}{\partial z}=0 \end{cases} \tag{5-95}$$

此为欧拉平衡微分方程。

c　常黏度条件下的 N-S 方程

对于等温或温度变化较小的流动,可将黏度视为常数,即 $\mu=\text{const}$,相应的 N-S 方程为:

$$\begin{cases} \dfrac{\mathrm{d}v_x}{\mathrm{d}t}=f_x-\dfrac{1}{\rho}\dfrac{\partial p}{\partial x}+\gamma\left(\dfrac{\partial^2 v_x}{\partial x^2}+\dfrac{\partial^2 v_x}{\partial y^2}+\dfrac{\partial^2 v_x}{\partial z^2}\right)+\dfrac{1}{3}\gamma\dfrac{\partial(\boldsymbol{\nabla}\cdot\boldsymbol{v})}{\partial x} \\ \dfrac{\mathrm{d}v_y}{\mathrm{d}t}=f_y-\dfrac{1}{\rho}\dfrac{\partial p}{\partial y}+\gamma\left(\dfrac{\partial^2 v_y}{\partial x^2}+\dfrac{\partial^2 v_y}{\partial y^2}+\dfrac{\partial^2 v_y}{\partial z^2}\right)+\dfrac{1}{3}\gamma\dfrac{\partial(\boldsymbol{\nabla}\cdot\boldsymbol{v})}{\partial y} \\ \dfrac{\mathrm{d}v_z}{\mathrm{d}t}=f_z-\dfrac{1}{\rho}\dfrac{\partial p}{\partial z}+\gamma\left(\dfrac{\partial^2 v_z}{\partial x^2}+\dfrac{\partial^2 v_z}{\partial y^2}+\dfrac{\partial^2 v_z}{\partial z^2}\right)+\dfrac{1}{3}\gamma\dfrac{\partial(\boldsymbol{\nabla}\cdot\boldsymbol{v})}{\partial z} \end{cases} \tag{5-96}$$

或写成矢量形式为

$$\frac{\mathrm{d}\boldsymbol{v}}{\mathrm{d}t}=\boldsymbol{f}-\frac{1}{\rho}\boldsymbol{\nabla}p+\gamma\boldsymbol{\nabla}^2\boldsymbol{v}+\frac{1}{3}\gamma\boldsymbol{\nabla}(\boldsymbol{\nabla}\cdot\boldsymbol{v}) \tag{5-97}$$

式中,$\gamma=\mu/\rho$,为运动黏度。

d　不可压缩流体的 N-S 方程

对于不可压缩流体,$\rho=\text{const}$,且 $\boldsymbol{\nabla}\cdot\boldsymbol{v}=0$,如果认为流动等温或温度变化较小,将黏度也视为常数,则相应的 N-S 方程:

$$\begin{cases} \dfrac{\mathrm{d}v_x}{\mathrm{d}t}=f_x-\dfrac{1}{\rho}\dfrac{\partial p}{\partial x}+\gamma\left(\dfrac{\partial^2 v_x}{\partial x^2}+\dfrac{\partial^2 v_x}{\partial y^2}+\dfrac{\partial^2 v_x}{\partial z^2}\right) \\ \dfrac{\mathrm{d}v_y}{\mathrm{d}t}=f_y-\dfrac{1}{\rho}\dfrac{\partial p}{\partial y}+\gamma\left(\dfrac{\partial^2 v_y}{\partial x^2}+\dfrac{\partial^2 v_y}{\partial y^2}+\dfrac{\partial^2 v_y}{\partial z^2}\right) \\ \dfrac{\mathrm{d}v_z}{\mathrm{d}t}=f_z-\dfrac{1}{\rho}\dfrac{\partial p}{\partial z}+\gamma\left(\dfrac{\partial^2 v_z}{\partial x^2}+\dfrac{\partial^2 v_z}{\partial y^2}+\dfrac{\partial^2 v_z}{\partial z^2}\right) \end{cases} \tag{5-98}$$

或简写成矢量形式为 $\frac{\mathrm{d}\boldsymbol{v}}{\mathrm{d}t}=f-\frac{1}{\rho}\boldsymbol{\nabla} p+\gamma\boldsymbol{\nabla}^2\boldsymbol{v}$

常黏度条件下不可压缩流体的N-S方程展开形式为：

$$\begin{cases}\frac{\partial v_x}{\partial t}+v_x\frac{\partial v_x}{\partial x}+v_y\frac{\partial v_x}{\partial y}+v_z\frac{\partial v_x}{\partial z}=f_x-\frac{1}{\rho}\frac{\partial p}{\partial x}+\gamma\left(\frac{\partial^2 v_x}{\partial x^2}+\frac{\partial^2 v_x}{\partial y^2}+\frac{\partial^2 v_x}{\partial z^2}\right)\\ \frac{\partial v_y}{\partial t}+v_x\frac{\partial v_y}{\partial x}+v_y\frac{\partial v_y}{\partial y}+v_z\frac{\partial v_y}{\partial z}=f_y-\frac{1}{\rho}\frac{\partial p}{\partial y}+\gamma\left(\frac{\partial^2 v_y}{\partial x^2}+\frac{\partial^2 v_y}{\partial y^2}+\frac{\partial^2 v_y}{\partial z^2}\right)\\ \frac{\partial v_z}{\partial t}+v_x\frac{\partial v_z}{\partial x}+v_y\frac{\partial v_z}{\partial y}+v_z\frac{\partial v_z}{\partial z}=f_z-\frac{1}{\rho}\frac{\partial p}{\partial z}+\gamma\left(\frac{\partial^2 v_z}{\partial x^2}+\frac{\partial^2 v_z}{\partial y^2}+\frac{\partial^2 v_z}{\partial z^2}\right)\end{cases} \tag{5-99}$$

该方程的矢量形式以及方程各项的意义如下

$$\frac{\partial \boldsymbol{v}}{\partial t}+(\boldsymbol{v}\cdot\boldsymbol{\nabla})\boldsymbol{v}=f-\frac{1}{\rho}\boldsymbol{\nabla} p+\gamma\boldsymbol{\nabla}^2\boldsymbol{v}$$

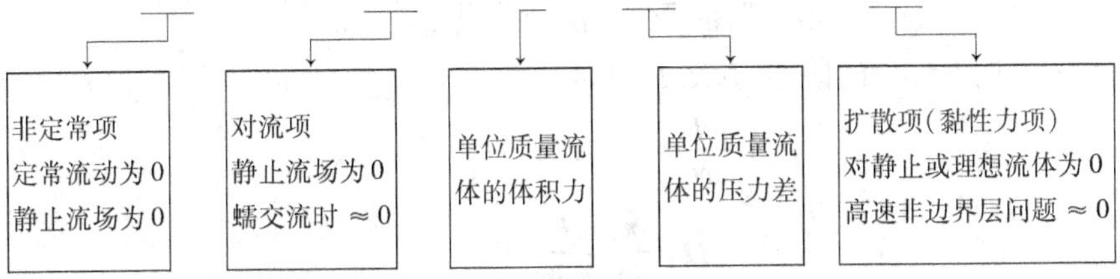

e 兰姆运动微分方程

欧拉运动微分方程适用于理想流体的任何运动，是理想流体的基本方程，但是在该方程中只有表示平移运动的线速度 v_x、v_y、v_z，而没有表示旋转运动的角速度 ω_x、ω_y、ω_z，因此我们从方程中看不出来流体的运动是有旋的还是无旋的。为了解决这个问题，我们将欧拉运动微分方程做如下的变形。

以 x 方向的运动微分方程为例，将上式第一式的右边加减 $v_y\frac{\partial v_y}{\partial x}$ 和 $v_z\left(\frac{\partial v_z}{\partial x}\right)$，然后重新组合，得：

$$f_x-\frac{1}{\rho}\frac{\partial p}{\partial x}=\frac{\partial v_x}{\partial x}+\left(v_x\frac{\partial v_x}{\partial x}+v_y\frac{\partial v_y}{\partial x}+v_z\frac{\partial v_z}{\partial x}\right)+v_y\left(\frac{\partial v_x}{\partial y}-\frac{\partial v_y}{\partial x}\right)+v_z\left(\frac{\partial v_x}{\partial z}-\frac{\partial v_z}{\partial x}\right)$$

$$=\frac{\partial v_x}{\partial t}+\frac{\partial}{\partial x}\left(\frac{v_x^2+v_y^2+v_z^2}{2}\right)-2v_y\omega_z+2v_z\omega_y$$

即

$$\begin{cases}f_x-\frac{\partial}{\partial x}\left(\frac{v^2}{2}\right)-\frac{1}{\rho}\frac{\partial p}{\partial x}=\frac{\partial v_x}{\partial t}+2(v_z\omega_y-v_y\omega_z)\\ f_y-\frac{\partial}{\partial y}\left(\frac{v^2}{2}\right)-\frac{1}{\rho}\frac{\partial p}{\partial y}=\frac{\partial v_y}{\partial t}+2(v_x\omega_z-v_z\omega_x)\\ f_z-\frac{\partial}{\partial z}\left(\frac{v^2}{2}\right)-\frac{1}{\rho}\frac{\partial p}{\partial z}=\frac{\partial v_z}{\partial t}+2(v_y\omega_x-v_x\omega_y)\end{cases} \tag{5-100}$$

式(5-100)称为兰姆(H. Lamb)运动微分方程。它与欧拉运动微分方程一样，适用于理想流体的任何运动。兰姆方程的优点在于，因为方程中既有线速度 v_x、v_y、v_z，也有旋转角速度 ω_x、ω_y、ω_z，所以能够从方程形式上直接看出流体运动的特性。例如，若 $\omega_x=\omega_y=\omega_z=0$，则流体的运动是无旋的；如果其中一个旋转角速度不等于零则流体的运动就是有旋的。当理想流体做定常无旋运动时，兰姆运动微分方程式的右侧全部为零，方程呈现极其简单的形式，便于积分求解。

矢量形式为
$$\frac{\partial \boldsymbol{v}}{\partial t}+\boldsymbol{\nabla}\left(\frac{\boldsymbol{v}^2}{2}\right)+2(\boldsymbol{w}\times\boldsymbol{v})=f-\frac{1}{\rho}\boldsymbol{\nabla} p \tag{5-101}$$

f　涡量-流函数方程

连续方程与 N-S 方程
$$\begin{cases}\operatorname{div}V=0\\ \dfrac{\partial \boldsymbol{v}}{\partial t}+\boldsymbol{v}\cdot\boldsymbol{\nabla}\,\boldsymbol{v}=f-\dfrac{1}{\rho}\operatorname{grad}p+\gamma\boldsymbol{\nabla}^2\boldsymbol{v}\end{cases} \tag{5-102}$$

二维平面上的分量形式为：
$$\begin{cases}\dfrac{\partial v_x}{\partial x}+\dfrac{\partial v_y}{\partial y}=0\\ \dfrac{\partial v_x}{\partial t}+v_x\dfrac{\partial v_x}{\partial x}+v_y\dfrac{\partial v_x}{\partial y}=f_x-\dfrac{1}{\rho}\dfrac{\partial p}{\partial y}+\gamma\left(\dfrac{\partial^2 v_y}{\partial x^2}+\dfrac{\partial^2 v_x}{\partial y^2}\right)\\ \dfrac{\partial v_y}{\partial t}+v_x\dfrac{\partial v_y}{\partial x}+v_y\dfrac{\partial v_y}{\partial y}=f_y-\dfrac{1}{\rho}\dfrac{\partial p}{\partial y}+\gamma\left(\dfrac{\partial^2 v_y}{\partial x^2}+\dfrac{\partial^2 v_x}{\partial y^2}\right)\end{cases} \tag{5-103}$$

由不可压的连续性方程，可引进流函数 $\boldsymbol{\Psi}$，满足
$$v_x=\frac{\partial \boldsymbol{\Psi}}{\partial y}\qquad v_y=-\frac{\partial \boldsymbol{\Psi}}{\partial x}$$

涡量为
$$\boldsymbol{\Omega}=\frac{\partial v_y}{\partial x}-\frac{\partial v_x}{\partial y}$$

对 N-S 方程两边取旋度，并假定质量力 f 有势（$\boldsymbol{\nabla}\times f=\boldsymbol{\nabla}\times\boldsymbol{\nabla}\pi=0$）或将式(5-103)第二式对 y 求导减去式(5-103)第三式对 x 求导，消去压力 p，可导出流函数 $\boldsymbol{\Psi}$ 和涡量 $\boldsymbol{\Omega}$ 所满足的方程
$$\frac{\partial^2 \boldsymbol{\Psi}}{\partial x^2}+\frac{\partial^2 \boldsymbol{\Psi}}{\partial y^2}=-\boldsymbol{\Omega} \tag{5-104}$$
$$\frac{\partial \boldsymbol{\Omega}}{\partial t}+\frac{\partial \boldsymbol{\Psi}}{\partial y}\cdot\frac{\partial \boldsymbol{\Omega}}{\partial x}-\frac{\partial \boldsymbol{\Psi}}{\partial x}\frac{\partial \boldsymbol{\Omega}}{\partial y}=\gamma\left(\frac{\partial^2 \boldsymbol{\Omega}}{\partial x^2}+\frac{\partial^2 \boldsymbol{\Omega}}{\partial y^2}\right) \tag{5-105}$$

矢量式
$$\begin{cases}\boldsymbol{\nabla}^2\boldsymbol{\Psi}=-\boldsymbol{\Omega}\\ \dfrac{\partial \boldsymbol{\Omega}}{\partial t}+v\cdot\operatorname{grad}\boldsymbol{\Omega}=\gamma\boldsymbol{\nabla}^2\boldsymbol{\Omega}\end{cases} \tag{5-106}$$

g　流函数式

以流函数为求解函数的方程式称为流函数式，将流函数涡量式中的式(5-104)代入式(5-105)，得：
$$\frac{\partial}{\partial t}\left(\frac{\partial^2 \boldsymbol{\Psi}}{\partial x^2}+\frac{\partial^2 \boldsymbol{\Psi}}{\partial y^2}\right)+\frac{\partial \boldsymbol{\Psi}}{\partial y}\left(\frac{\partial^3 \boldsymbol{\Psi}}{\partial x^3}+\frac{\partial^3 \boldsymbol{\Psi}}{\partial x\,\partial y^2}\right)-\frac{\partial \boldsymbol{\Psi}}{\partial x}\left(\frac{\partial^3 \boldsymbol{\Psi}}{\partial x^2\,\partial y}+\frac{\partial^3 \boldsymbol{\Psi}}{\partial y^3}\right)$$
$$=\gamma\left(\frac{\partial^4 \boldsymbol{\Psi}}{\partial x^4}+2\frac{\partial^4 \boldsymbol{\Psi}}{\partial x^2\,\partial y^2}+\frac{\partial^4 \boldsymbol{\Psi}}{\partial y^4}\right)$$

并要求在边界上给出流函数及其导数值。

h　涡量方程

对于不可压缩流体 N-S 方程
$$\rho\frac{\mathrm{d}\boldsymbol{v}}{\mathrm{d}t}=\rho f-\boldsymbol{\nabla} p+\mu\boldsymbol{\nabla}^2\boldsymbol{v} \tag{5-107}$$

或
$$\frac{\partial \boldsymbol{v}}{\partial t}+(\boldsymbol{v}\cdot\boldsymbol{\nabla})\boldsymbol{v}=f-\frac{1}{\rho}\boldsymbol{\nabla}\rho+\gamma\boldsymbol{\nabla}^2\boldsymbol{v} \tag{5-108}$$

将速度的迁移项,做如下变换

x 方向迁移项 $v_x\dfrac{\partial v_x}{\partial x}+v_y\dfrac{\partial v_x}{\partial y}+v_z\dfrac{\partial v_x}{\partial z}$可写为:

$$v_x\frac{\partial v_x}{\partial x}+v_y\frac{\partial v_y}{\partial x}+v_z\frac{\partial v_z}{\partial x}-v_y\left(\frac{\partial v_y}{\partial x}-\frac{\partial v_x}{\partial y}\right)+v_z\left(\frac{\partial v_x}{\partial z}-\frac{\partial v_z}{\partial x}\right)$$

y 方向迁移项 $v_z\dfrac{\partial v_y}{\partial x}+v_y\dfrac{\partial v_y}{\partial y}+v_z\dfrac{\partial v_y}{\partial z}$可写为:

$$v_x\frac{\partial v_x}{\partial y}+v_y\frac{\partial v_y}{\partial y}+v_z\frac{\partial v_z}{\partial y}+v_x\left(\frac{\partial v_y}{\partial x}-\frac{\partial v_x}{\partial y}\right)-v_z\left(\frac{\partial v_z}{\partial y}-\frac{\partial v_y}{\partial z}\right)$$

z 方向迁移项 $v_x\dfrac{\partial v_z}{\partial x}+v_y\dfrac{\partial v_z}{\partial y}+v_z\dfrac{\partial v_z}{\partial z}$可写为:

$$v_x\frac{\partial v_x}{\partial z}+v_y\frac{\partial v_y}{\partial z}+v_z\frac{\partial v_z}{\partial z}-v_x\left(\frac{\partial v_x}{\partial z}-\frac{\partial v_z}{\partial x}\right)+v_y\left(\frac{\partial v_z}{\partial y}-\frac{\partial v_y}{\partial z}\right)$$

上述三式又可写为

$$\frac{\partial}{\partial x}\left(\frac{v_x^2+v_y^2+v_z^2}{2}\right)-v_y\Omega_z+v_z\Omega_y$$

$$\frac{\partial}{\partial y}\left(\frac{v_x^2+v_y^2+v_z^2}{2}\right)+v_x\Omega_z-v_z\Omega_x$$

$$\frac{\partial}{\partial z}\left(\frac{v_x^2+v_y^2+v_z^2}{2}\right)-v_x\Omega_y+v_y\Omega_x$$

式中

$$\Omega_x=\frac{\partial v_z}{\partial y}-\frac{\partial v_y}{\partial z}$$

$$\Omega_y=\frac{\partial v_x}{\partial z}-\frac{\partial v_z}{\partial x}$$

$$\Omega_z=\frac{\partial v_y}{\partial x}-\frac{\partial v_x}{\partial y}$$

分别代表在三个坐标轴方向的涡量,因此 N-S 方程可写为:

$$\frac{\partial \boldsymbol{v}}{\partial t}+\nabla\left(\frac{\boldsymbol{v}\cdot\boldsymbol{v}}{2}\right)-\boldsymbol{v}\times(\nabla\times\boldsymbol{v})=f-\frac{1}{\rho}\nabla p+\gamma\nabla^2\boldsymbol{v} \tag{5-109}$$

以∇叉乘式(5-109),得

$$\frac{\partial(\nabla\times\boldsymbol{v})}{\partial t}-\nabla\times(\boldsymbol{v}\times\boldsymbol{\Omega})=\nabla\times f+\gamma\nabla^2(\nabla\times\boldsymbol{v}) \tag{5-110a}$$

式中:

$$\nabla\times(\boldsymbol{v}\times\boldsymbol{\Omega})=(\boldsymbol{\Omega}\cdot\nabla)\boldsymbol{v}+(\nabla\cdot\boldsymbol{\Omega})\boldsymbol{v}-(\boldsymbol{v}\cdot\nabla)\boldsymbol{\Omega}-(\nabla\cdot\boldsymbol{v})\boldsymbol{\Omega}$$

对涡量取散度

$$\nabla\cdot\boldsymbol{\Omega}=\nabla\cdot(\nabla\times\boldsymbol{v})=0 \tag{5-110b}$$

为涡量的连续方程,可见涡量的连续方程与流速的连续方程具有完全相同的形式。对不可压缩流体,式(5-110b)为:

$$\nabla\times(\boldsymbol{v}\times\boldsymbol{\Omega})=(\boldsymbol{\Omega}\cdot\nabla)\boldsymbol{v}-(\boldsymbol{v}\cdot\nabla)\boldsymbol{\Omega} \tag{5-111}$$

式(5-110a)可写为:

$$\frac{\partial\boldsymbol{\Omega}}{\partial t}+(\boldsymbol{v}\cdot\nabla)\boldsymbol{\Omega}=(\boldsymbol{\Omega}\cdot\nabla)\boldsymbol{v}+\nabla\times f+\gamma\nabla^2\boldsymbol{\Omega} \tag{5-112}$$

或写为：

$$\frac{\mathrm{d}\boldsymbol{\Omega}}{\mathrm{d}t}=(\boldsymbol{\Omega}\cdot\boldsymbol{\nabla})\boldsymbol{v}+\boldsymbol{\nabla}\times f+\gamma\,\boldsymbol{\nabla}^2\boldsymbol{\Omega} \tag{5-113}$$

对于质量力有势的正压流体，当 γ 是常数时，即是弗里德曼方程：

$$\frac{\mathrm{d}\boldsymbol{\Omega}}{\mathrm{d}t}-(\boldsymbol{\Omega}\cdot\boldsymbol{\nabla})\boldsymbol{v}+\boldsymbol{\Omega}\,\boldsymbol{\nabla}\cdot\boldsymbol{v}=\gamma\,\boldsymbol{\nabla}^2\boldsymbol{\Omega} \tag{5-114}$$

对于理想流体，$\gamma=0$，即是霍兹涡量方程（Helmholt Vorti city equation）：

$$\frac{\mathrm{d}\boldsymbol{\Omega}}{\mathrm{d}t}-(\boldsymbol{\Omega}\cdot\boldsymbol{\nabla})\boldsymbol{v}+\boldsymbol{\Omega}\,\boldsymbol{\nabla}\cdot\boldsymbol{v}=0 \tag{5-115}$$

注 1：$\frac{\mathrm{d}\boldsymbol{\Omega}}{\mathrm{d}t}$表示流体质点涡的变化率，即为涡量的随体导数，也即涡量的当地变化率和迁移变化率之和。

注 2：$(\boldsymbol{\Omega}\cdot\boldsymbol{\nabla})\boldsymbol{v}$ 为涡量的伸长所引起的涡量的变化率。

注 3：如果流体中的力为有势力 $f=2\pi$，π 为力势函数，则 $\boldsymbol{\nabla}\times f=\boldsymbol{\nabla}\times\boldsymbol{\nabla}\,\pi=0$

注 4：$\boldsymbol{\Omega}\,\boldsymbol{\nabla}\cdot\boldsymbol{v}$ 为体积膨胀引起的涡量的变化率。

注 5：$\gamma\,\boldsymbol{\nabla}^2\boldsymbol{\Omega}$ 表示由于涡的扩散引起的涡量变化。

5.4　不可压缩流体流动微分方程

不可压缩流体的一维层流流动是以典型的一维流体（狭缝流动、管内流动、降膜流动）为对象，利用动量守恒定律和牛顿剪切定理建立流体流动的微分方程。

5.4.1　建立流动微分方程的基本方法

（1）根据质量守恒原理建立连续方程，得到速度之间的关系。对一维稳态不可压缩流体连续方程为：$\partial v_x/\partial x=0$。

（2）根据动量守恒原理建立动量方程

$$\frac{\partial}{\partial t}\iiint_{\mathrm{CV}}\boldsymbol{v}\rho\,\mathrm{d}V+\oiint_{\mathrm{CS}}\boldsymbol{v}\rho(\boldsymbol{v}\cdot\boldsymbol{n})\,\mathrm{d}\boldsymbol{A}=\sum\boldsymbol{F}$$

［控制体内流体动量随时间变化率］＋［单位时间内流出和流入控制面的液体动量之差］＝［总外力］

对于定常流动，控制体内流体的动量不随时间变化，即

$$\frac{\partial}{\partial t}\iiint_{\mathrm{CV}}\boldsymbol{v}\rho\,\mathrm{d}\boldsymbol{V}=0$$

则

$$\oiint_{\mathrm{CS}}\rho\boldsymbol{v}_n\boldsymbol{v}\,\mathrm{d}A=\sum\boldsymbol{F}$$

［输出微元体的动量流量］－［输入微元体的动量流量］＝［作用于微元体的诸力之和］

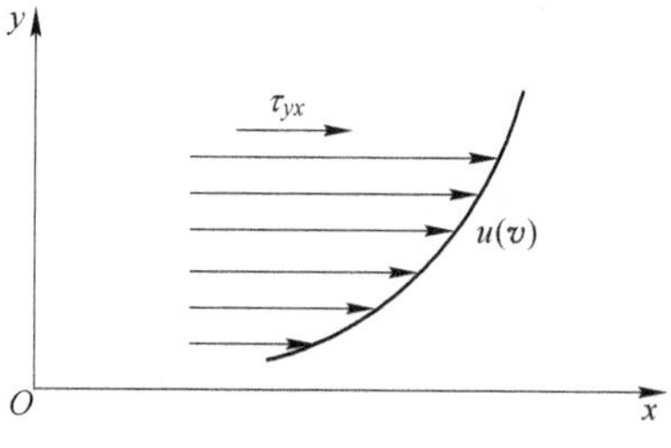

图 5-21　一维流动示意图

（3）根据牛顿内摩擦定律，建立补充方程

$$\tau_{yx}=\mu\frac{\mathrm{d}u}{\mathrm{d}y} \tag{5-116}$$

如图 5-21 所示，其中切应力 τ_{yx} 的第一个下标 y 表示切应力所在平面的法线方向；第二个下标 x 表示切应力的作用方向。

并规定，若切应力所在平面的外法线与 y 轴正向一致，则指向 x 轴正向的切应力为正，反之为负。

(4) 建立流体微分方程，将牛顿剪切公式代入动量方程中，可得到流体速度的微分方程。

(5) 求解$\frac{du}{dx}$，得到速度分布和切应力分布关系式

$$u = f(x,y) + C \qquad (5\text{-}117)$$
$$\tau = \varphi(x,y) + C'$$

(6) 求积分常数 C，利用初始条件、边界条件求解。

(7) 得到速度分布方程和切应力分布方程。

$$u = f(x,y) \qquad (5\text{-}118)$$
$$\tau = \varphi(x,y)$$

5.4.2　初始条件和边界条件

5.4.2.1　边界条件

边界条件是指方程组解在流场边界上应满足的条件，边界可以是固体的，也可以是流体的；可以是运动学的、动力学的，也可以是热力学的。需按实际问题具体分析不同的边界条件，得到不同的方程。

A　流动条件说明

(1) 稳态：意味着流动过程与时间无关。

(2) 不可压缩：意味着流体密度 ρ 为常数。

(3) 一维流动：意味着流体只在一个坐标方向上流动，且流体速度的变化也只与一个空间坐标有关，如：流体只沿 x 方向流动且速度 u 只沿 y 坐标变化，一维流动中必有$\frac{\partial u}{\partial x}=0$，其条件即为不可压缩流体一维稳态流动的连续性条件。

(4) 层流：是平行流动的流体层之间只有分子作用，只有在层流条件下牛顿剪切定理才成立。流速较高时，流体在流动中还会有随机脉动，从而引起流体层之间的强烈扰动，这种流动状态称为湍流。

(5) 充分发展的流动：流体速度沿流动方向没有变化的流动。当流体以速度 u 沿 x 方向流动时，如果说流动是充分发展的，则必须意味着 $\partial u/\partial x=0$，由此可见，不可压缩流体的一维稳态流动必然属于充分发展的流动。

B　工程问题中常见的流场边界条件

(1) 固壁-流体边界：由于流体具有黏滞性，故在与流体接触的固体壁面上，流体的速度将等于固体壁面的速度。特别的，在静止的固体壁面上，流体的速度为零，即 $v_{ln}=v_{bn}$。如果壁面不动，则 $v_{ln}=0$ 或 $U/$固 $=0$。

(2) 液体-气体边界：对于非常高速度流动，气液界面上的切应力相对于液相内的切应力很小，故通常认为液相切应力在气液界面上为零。或液相速度梯度在气液界面上为零。

即
$$\tau\Big|_{液面}\to 0 \quad 或 \quad \frac{du}{dy}\Big|_{液面}=0$$

(3) 液体-液体边界：由于穿越液-液界面的速度分布或切应力分布具有连续性，故液-液界面两侧的速度或切应力相等。即 $\tau_1=\tau_2$　　$u_1=u_2$

5.4.2.2　初始条件

初始条件是指方程组的解在初始瞬时（$t=0$）应满足的条件，它们是初始瞬时流动参数在流场中的分布规律，即

$$v_x = v_x(x,y,z) \qquad v_y = v_y(x,y,z) \qquad v_z = v_z(x,y,z)$$
$$p = p(x,y,z) \qquad \rho = \rho(x,y,z) \qquad T = T(x,y,z)$$

它们是研究非定常流动必不可少的定解条件，但在研究定常流动时，可不必给出。

5.4.3　典型应用

以管内流动分析为例。

管内流动包括圆管和圆形套管内的流动。当管长与管径之比 $L/D \gg 1$ 时，可忽略管子进出口区的影响，将流动视为充分发展的一维流动，管内流动由进出口两端的压力差产生，对于非水平管，流动还受到重力影响。

在管内取一流体圆环，如图 5-22 所示，其半径为 r，厚度为 $\mathrm{d}r$，长度为 $\mathrm{d}z$。

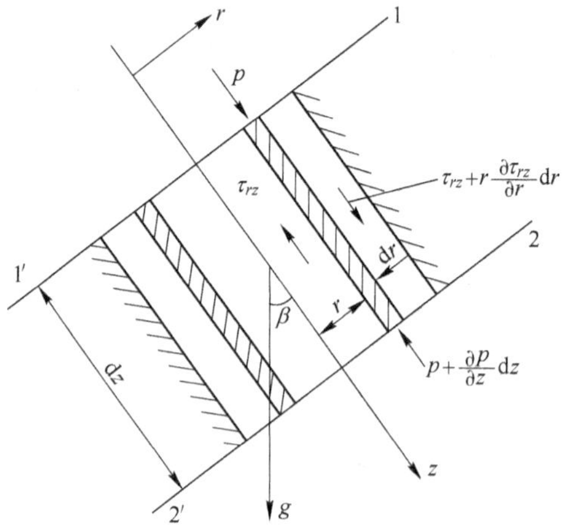

图 5-22　管内流动

5.4.3.1　连续方程

其流动为一维不可压缩稳态流动，所以$\dfrac{\partial u}{\partial z}=0$，$u$ 为 z 方向流速，$u=C$（常数）。

5.4.3.2　受力分析

流体环受质量力和表面力作用。

质量力：$\rho g \mathrm{d}V = \rho g(2\pi r \cdot \mathrm{d}r \cdot \mathrm{d}z)$。

表面力：p、τ。

5.4.3.3　建立数学模型

根据动量守恒定律$\dfrac{\mathrm{d}(mu)}{\mathrm{d}t} = \sum F$。

A　流动条件

（1）不可压缩流体。

（2）只沿管轴方向流动，即一维。

(3) 流动方向与 g 方向夹角为起始角 β。

(4) 进、出口压力分别为 p_o、p_l,并且压力差为 $\Delta p = p_o - p_l$。

B 建立模型

采用柱坐标系(r,θ,z),则有

流入微元体的动量流量:$(2\pi r\mathrm{d}r\ u_1\rho)\ u_1 = 2\pi r\mathrm{d}r\ u_1^2\rho$。

流出微元体的动量流量:$(2\pi r\mathrm{d}r\ u_2\rho)\ u_2 = 2\pi r\mathrm{d}r\ u_2^2\rho$。

因为是稳态流动 所以$\dfrac{\partial()}{\partial t} = 0$。

由连续方程得 $u = C$,所以 $u_1 = u_2$,从而得出进出口动量相等。因此有 $\sum F_z = 0$,即动量方程简化为力平衡方程

$$\sum F_z = p2\pi r\mathrm{d}r - \left(p + \frac{\partial p}{\partial z}\mathrm{d}z\right)2\pi r\mathrm{d}r + \rho g2\pi r\mathrm{d}r\mathrm{d}z \cdot \cos\beta - \tau_{rz}2\pi r\mathrm{d}z +$$

$$\left(\tau_{rz} + \frac{2\tau_{rz}}{\partial r}\mathrm{d}r\right)2\pi(r + \mathrm{d}r)\mathrm{d}z$$

略去高阶无穷小并整理得 $\dfrac{\tau_{rz}}{r} + \dfrac{\partial\tau_{rz}}{\partial r} = \dfrac{\partial p}{\partial z} - \rho g\cos\beta$

两边同乘 r,则

$$\tau_{rz} + r\frac{\partial\tau_{rz}}{\partial r} = r\left(\frac{\partial p}{\partial z} - \rho g\cos\beta\right) \tag{5-119}$$

$$\frac{\partial(r\tau_{rz})}{\partial r} = r\left(\frac{\partial p}{\partial z} - \rho g\cos\beta\right) = r\frac{\partial p^*}{\partial z}$$

式中,构造一个关系式 $p^* = p - \rho gz \cdot \cos\beta$

对于 z 方向充分发展的一维流动 $\partial p^*/\partial z = \mathrm{const}$,所以可用 $-\Delta p/L$ 代替,其中

$$\Delta p^* = (p_0 - \rho g\cos\beta Z_0) - (p_L - \rho g\cos\beta Z_L)$$

式中,L 为经 L 长管道到出口。

5.4.3.4 切应力方程

将式(5-119)积分可得切应力方程 $\tau_{rz} = -\dfrac{\Delta p^*}{L} \cdot \dfrac{r}{2} + \dfrac{c_1}{r}$

5.4.3.5 速度方程加入应力方程(牛顿内摩擦定理)得

$$\tau_{rz} = \mu\frac{\mathrm{d}u}{\mathrm{d}r} = -\frac{\Delta p^*}{L} \cdot \frac{r}{2} + \frac{c_1}{r}$$

$$\frac{\mathrm{d}u}{\mathrm{d}r} = -\frac{\Delta p^*}{L} \cdot \frac{r}{2\mu} + \frac{c_1}{r\mu}$$

$$\int\mathrm{d}u = \int\left(-\frac{\Delta p^*}{L} \cdot \frac{r}{2\mu}\mathrm{d}r + \frac{c_1}{r\mu}\mathrm{d}r\right) + c$$

先求速度 $u = -\dfrac{\Delta p^*}{2\mu L} \cdot \dfrac{r^2}{2} + \dfrac{c_1}{\mu}\ln r + c_2$

5.4.3.6 边界条件

$$u\Big|_{r=R} = 0 \qquad \frac{\mathrm{d}u}{\mathrm{d}r}\Big|_{r=0} = 0 \qquad \text{(轴对称且函数连续)}$$

代入上述方程可得 $c_1 = 0$ $c_2 = (\Delta p^*/L)(p^2/4\mu)$

则　　后求力
$$\tau_{rz}=-\frac{\Delta p^*}{L}\cdot\frac{r}{2}$$
$$u=\frac{\Delta p^*}{L}\cdot\frac{R^2}{4\mu}\left[1-\left(\frac{r}{R}\right)^2\right]$$
由以上两式可知，圆管层流流动中，速度为抛物线分布，切应力为线性分布，如图 5-23 所示。

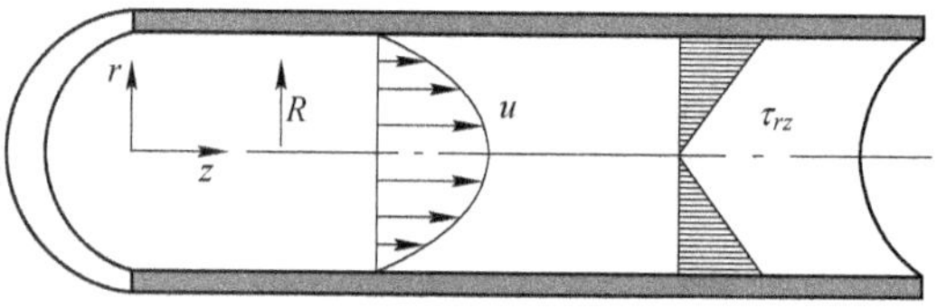

图 5-23　管内层流的速度和剪应力分布

5.4.3.7　最大速度

利用速度分布公式不难确定，在管道中心线上速度达到最大，即
$$u_{\max}=\frac{\Delta p^*}{L}\frac{R^2}{4\mu}$$

5.4.3.8　平均速度

由积分方程得到平均速度为
$$u_{\mathrm{m}}=\frac{1}{\pi R^2}\int_0^R u\cdot 2\pi r\mathrm{d}r=\frac{\Delta p^*}{L}\frac{R^2}{8\mu}=\frac{u_{\max}}{2}$$

5.4.3.9　体积流量

由平均速度得体积流量
$$q_{\mathrm{V}}=\pi R^2u_{\mathrm{m}}=\frac{\Delta p^*}{L}\frac{\pi R^4}{8\mu}$$

此式称为哈根-泊谡叶(Hagen-Poiseuille)方程，它表明了管道层流流动中体积流量与导致流动的压力差和重力的关系。由于 q_{V} 和 Δp^* 的测量较方便，故该式可用于确定流体黏度。根据这一原理制成的黏度计称为毛细黏度计。

阻力系数将 u_{m} 式与圆管阻力系数 λ 的定义式 $\Delta p^*=\lambda(L/D)(\rho u_{\mathrm{m}}^2/2)$ 相比较，其中 $D=2R$ 为管道直径，并注意到圆管流动雷诺数(Reynolds number)的定义为 $Re=\rho u_{\mathrm{m}}D/\mu$，可得圆管内充分发展层流动的阻力系数为
$$\lambda=\frac{64}{\rho u_{\mathrm{m}}D/\mu}=\frac{64}{Re}$$

6 平面势流

6.1 势函数

6.1.1 势函数的概念

我们以前学过在重力场中重力做功的问题，如已知重力场中，两点 P 和 P'，通常 P 点取在地面上，设点 P' 的“势”高于 P 点，把质点从 P 点移动到 P' 点克服重力所做的功定义为这两点的“势”之差，即：

$$\Pi = -\int_P^{P'} g_l \mathrm{d}l \tag{6-1}$$

式中，g_l 表示重力加速度（单位质量物质受到的重力）沿 dl 方向的分量，dl 为连接 P 点 P' 点的曲线微元，Π 称为重力势函数。显然这种情况下所做的功与做功的路径无关，这一矢量函数的线积分与路径无关的特征是有势场才具有的特征。

从有势场的数学特征出发，定义速度势函数，如图 6-1 所示，平面流场中取一参考点 A，ABP 表示沿 A 点至流场中任一点 P 所连的某条曲线。若过 A 点和 P 点另外连接一条曲线 ACP，则 $ABPCA$ 构成一封闭周线。对于无旋流动，由斯托克斯定理可知，沿封闭围线 $ABPCA$ 的速度环量等于零，即：

$$\begin{aligned}\int_{ABPCA} v_l \mathrm{d}l &= \int_{ABP} v_l \mathrm{d}l + \int_{PCA} v_l \mathrm{d}l \\ &= \int_{ABP} v_l \mathrm{d}l - \int_{ACP} v_l \mathrm{d}l \\ &= 0\end{aligned}$$

因此

$$\int_{ABP} v_l \mathrm{d}l = \int_{ACP} v_l \mathrm{d}l \tag{6-2}$$

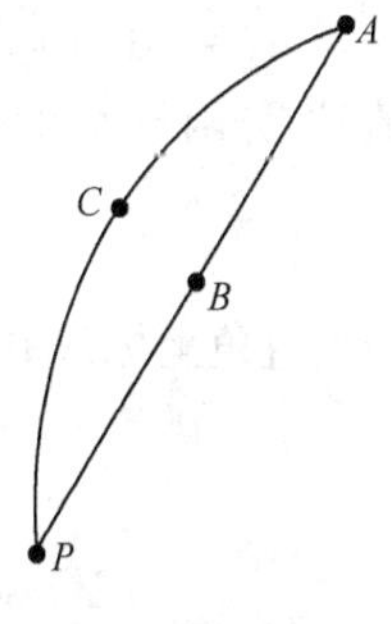

图 6-1 沿曲线的速度环量

可见线积分 $\int_A^P v_l \mathrm{d}l$ 的值与 A 点至 P 点的路径无关。式中 dl 表示连接 A 点与 P 点的任意曲线的微元，v_l 表示速度沿 dl 方向速度分量。也就是说，积分值仅取决于 P 点相对 A 点的位置。定义速度势函数为：

$$\Phi = \int_A^P v_l \mathrm{d}l \tag{6-3}$$

因此我们可以看出，重力势函数具有物理意义，它表示单位质量物质所具有的重力势能，而速度势函数仅是一个数学量，没有对应的物理意义。

6.1.2 速度势函数的定义

6.1.2.1 有势场

从数学角度讲，判断一个矢量是否有势，应具备下列条件之一：

(1) 在单连域内“场有势”（或梯度场）。

即

$$\boldsymbol{v} = -\mathrm{grad}\ \Phi \tag{6-4}$$

式中,Φ 为速度 $\boldsymbol{v}$ 的势函数,则:

$$\mathrm{grad}\ \Phi = \boldsymbol{\nabla}\Phi = \left(\frac{\partial\Phi}{\partial x}\boldsymbol{i} + \frac{\partial\Phi}{\partial y}\boldsymbol{j} + \frac{\partial\Phi}{\partial z}\boldsymbol{k}\right) \tag{6-5}$$

(2)“场无旋”即 rot $\boldsymbol{v} = 0$,即:

$$\mathrm{rot}\ \boldsymbol{v} = \boldsymbol{\nabla}\times\boldsymbol{v} = \begin{vmatrix} i & j & k \\ \dfrac{\partial}{\partial x} & \dfrac{\partial}{\partial y} & \dfrac{\partial}{\partial z} \\ v_x & v_y & v_z \end{vmatrix}$$

$$= \left(\frac{\partial v_z}{\partial y} - \frac{\partial v_y}{\partial z}\right)\boldsymbol{i} + \left(\frac{\partial v_x}{\partial z} - \frac{\partial v_z}{\partial x}\right)\boldsymbol{j} + \left(\frac{\partial v_y}{\partial x} - \frac{\partial v_x}{\partial y}\right)\boldsymbol{k} \tag{6-6}$$

(3)曲线积分 $\int_{M_0}^{M}\boldsymbol{v}\cdot \mathrm{d}l$ 与路径无关,即满足充分必要条件:

$$\frac{\partial v_z}{\partial y} = \frac{\partial v_y}{\partial z},\ \frac{\partial v_x}{\partial z} = \frac{\partial v_z}{\partial x},\ \frac{\partial v_y}{\partial x} = \frac{\partial v_x}{\partial y}$$

(4)表达式 $v_x\mathrm{d}x + v_y\mathrm{d}y + v_z\mathrm{d}z$ 是某一函数的全微分。

即:

$$\mathrm{d}\Phi = v_x\mathrm{d}x + v_y\mathrm{d}y + v_z\mathrm{d}z = \frac{\partial\Phi}{\partial x}\mathrm{d}x + \frac{\partial\Phi}{\partial y}\mathrm{d}y + \frac{\partial\Phi}{\partial z}\mathrm{d}z \tag{6-7}$$

式中,$v_x = \dfrac{\partial\Phi}{\partial x}$,$v_y = \dfrac{\partial\Phi}{\partial y}$,$v_z = \dfrac{\partial\Phi}{\partial z}$。

6.1.2.2　速度势函数定义

对于无旋(有势场)$\boldsymbol{\nabla}\times\boldsymbol{v} = 0$,必存在一个标量函数 $\Phi(x,y,z,t)$,当时间 t 为变量时,使全微分 $\mathrm{d}\Phi = v_x\mathrm{d}x + v_y\mathrm{d}y + v_z\mathrm{d}z$ 成立,函数 Φ 称为速度势函数。也可以说存在速度势函数 Φ 的流动为有势流动,势函数 Φ 的全微分为:

$$\mathrm{d}\Phi = \frac{\partial\Phi}{\partial x}\mathrm{d}x + \frac{\partial\Phi}{\partial y}\mathrm{d}y + \frac{\partial\Phi}{\partial z}\mathrm{d}z = v_x\mathrm{d}x + v_y\mathrm{d}y + v_z\mathrm{d}z \tag{6-8}$$

(1)直角坐标系中速度与势函数关系。

$$v_x = \frac{\partial\Phi}{\partial x},\quad v_y = \frac{\partial\Phi}{\partial y},\quad v_z = \frac{\partial\Phi}{\partial z}$$

$$\boldsymbol{v} = v_x\boldsymbol{i} + v_y\boldsymbol{j} + v_z\boldsymbol{k} = \frac{\partial\Phi}{\partial x}\boldsymbol{i} + \frac{\partial\Phi}{\partial y}\boldsymbol{j} + \frac{\partial\Phi}{\partial z}\boldsymbol{k} = \boldsymbol{\nabla}\Phi = \mathrm{grad}\ \Phi \tag{6-9}$$

即流场的速度等于势函数的梯度,$\boldsymbol{v}$ 为无旋,必有势为 Φ。

(2)随机坐标下速度与势函数关系。

对于平面势流中速度为 $\boldsymbol{v}$ 的任一点 P,其切向和法向速度分量为 v_s、v_n 与势函数关系为:

$$v_s = \frac{\partial\Phi}{\partial s},\quad v_n = \frac{\partial\Phi}{\partial n}$$

(3)柱坐标系下速度与势函数关系:

$$v_r = \frac{\partial\Phi}{\partial r},\quad v_\theta = \frac{1}{r}\frac{\partial\Phi}{\partial\theta},\quad v_z = \frac{\partial\Phi}{\partial z}$$

6.1.3　引入速度势函数的意义

在势流中,如果已知速度势函数,根据速度分量与势函数的关系,很容易地计算出速度分量 v_x、v_y、v_z,从而将求解势流流动速度场的问题转化为求解速度势函数的问题,使求解速度的三个投影转化为求解一个未知数 Φ,计算简化。

6.1.4 速度势函数的求解

由于无旋流场中速度沿曲线积分与路径无关,因此可选择一条便于积分的路径,根据速度分布求解速度势函数。为简便起见,曲线的始点 A 可取在坐标原点,把沿曲线 AB 的线积分转化为选沿 x 轴至点 $A'(x,0)$,再由 A' 点沿垂直于 x 轴的直线至 $B(x,y)$ 点,如图 6-2 所示。此时 $\Phi(A)=\Phi(0,0)$,为方便起见可取为零。于是,二维平面无旋流动的速度势函数为:

$$\Phi(x,y)=\int_0^x v_x(x,0)\mathrm{d}x+\int_0^y v_y(x,y)\mathrm{d}y \tag{6-10}$$

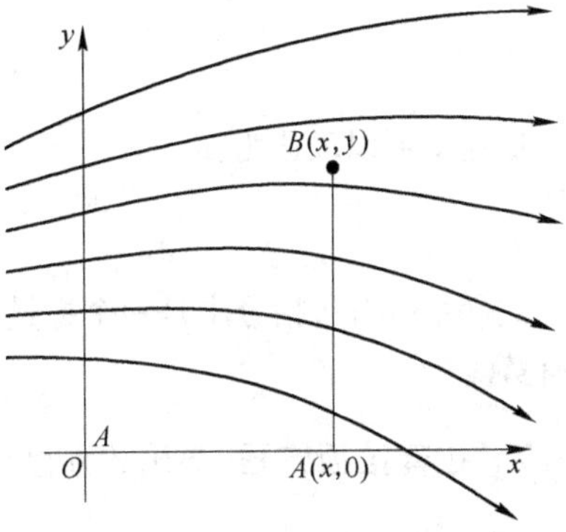

图 6-2 曲线积分路径

6.1.5 速度势函数与环量的关系

由流场中的任一条曲线 AB 的线积分给出:

$$\Gamma_{\mathrm{AB}}=\int_A^B(v_x\mathrm{d}x+v_y\mathrm{d}y+v_z\mathrm{d}z)=\int_A^B\mathrm{d}\Phi=\Phi(B)-\Phi(A) \tag{6-11}$$

可见,沿 AB 曲线的线积分等于曲线两端点的速度势函数的差值,而与曲线的形状无关。当 A、B 两点重合为封闭曲线时,若速度势函数为单值,则沿所取的任意封闭曲线的速度环量值等于零,即:

$$\Gamma=\oint_K\boldsymbol{v}\cdot\mathrm{d}r=\oint_K(v_x\mathrm{d}x+v_y\mathrm{d}y+v_z\mathrm{d}z)=\oint_K\mathrm{d}\Phi=0 \tag{6-12}$$

无旋条件 $\nabla\times\boldsymbol{v}=0$,是单连通域内速度沿曲线积分 $\oint_K\boldsymbol{v}\mathrm{d}S$ 与积分路径无关的充分必要条件。也就是说,在单连通域内速度势 Φ 是单值的,沿封闭曲线的环量等于零。但在多连通域内,速度势可能是多值的。

6.1.6 无旋流动的基本性质

(1) 速度有势。因为无旋流场中,速度旋度处处为 0,即 $\nabla\times\boldsymbol{v}=0$,所以根据场论:若任一矢量场的旋度为 0,则该矢量一定是某个标量函数的梯度。因此,无旋流动的速度场可以表示为:

$$\boldsymbol{v}=\nabla\Phi \tag{6-13}$$

流动无旋是速度场有势的充分必要条件,无旋必有势,有势必无旋。

(2) 加速度有势。在欧拉法中,流体速度的质点导数即加速度为:

$$a=\frac{\mathrm{d}\boldsymbol{v}}{\mathrm{d}t}=\frac{\partial\boldsymbol{v}}{\partial t}+(\boldsymbol{v}\cdot\nabla)\boldsymbol{v} \tag{6-14}$$

由矢量微分关系可得:

$$\nabla(\boldsymbol{v}\cdot\boldsymbol{v})=(\boldsymbol{v}\cdot\nabla)\boldsymbol{v}+(\boldsymbol{v}\cdot\nabla)\boldsymbol{v}+\boldsymbol{v}\times(\nabla\times\boldsymbol{v})+\boldsymbol{v}\times(\nabla\times\boldsymbol{v})$$

由于是无旋流动,$\nabla\times\boldsymbol{v}=0$,且有 $\nabla(\boldsymbol{v}\cdot\boldsymbol{v})=\nabla v^2$。因此可得到关系式:

$$(\boldsymbol{v}\cdot\nabla)\boldsymbol{v}=\frac{1}{2}\nabla v^2 \tag{6-15}$$

于是无旋流动的加速度可表示为:

$$a = \frac{\mathrm{d}\boldsymbol{v}}{\mathrm{d}t} = \frac{\partial \boldsymbol{v}}{\partial t} + \frac{1}{2}\nabla v^2 \tag{6-16}$$

将 $\boldsymbol{v} = \nabla \Phi$ 代入式(6-14)得：

$$a = \frac{\mathrm{d}\boldsymbol{v}}{\mathrm{d}t} = \frac{\partial}{\partial t}\nabla \Phi + \frac{1}{2}\nabla v^2 \tag{6-17}$$

加速度可以表达为：

$$a = \nabla\left(\frac{\partial \Phi}{\partial t} + \frac{1}{2}v^2\right) \tag{6-18}$$

式(6-18)右边括号中是一个标量函数，流体加速度被表示成了一个标量函数的梯度，即加速度有势。

6.1.7　拉普拉斯方程(势函数方程)

6.1.7.1　拉普拉斯方程

对于不可压缩流体，其流体微团在流动过程中形状发生变化，但体积不变，因此有连续性方程或称为流体的不可压缩条件：

$$\nabla \cdot \boldsymbol{v} = 0 \tag{6-19}$$

如果不可压缩流体作无旋流动，则有速度势函数 Φ 存在，即 $\boldsymbol{v} = \nabla \Phi$，则有：

$$\nabla \cdot \boldsymbol{v} = \nabla \cdot (\nabla \Phi) = \nabla^2 \Phi = 0 \tag{6-20}$$

即

$$\nabla^2 \Phi = \frac{\partial^2 \Phi}{\partial x^2} + \frac{\partial^2 \Phi}{\partial y^2} + \frac{\partial^2 \Phi}{\partial z^2} = 0 \tag{6-21}$$

这就是数学物理方程中著名的拉普拉斯方程，也称为不可压缩流体无旋流动的基本方程。

其柱坐标形式为

$$\begin{aligned}\nabla^2 \Phi &= \frac{1}{r}\frac{\partial}{\partial r}\left[\frac{1}{r}\frac{\partial}{\partial r}\left(r\frac{\partial \Phi}{\partial r}\right)\right] + \frac{1}{r^2}\frac{\partial^2 \Phi}{\partial \theta^2} + \frac{\partial^2 \Phi}{\partial z^2} \\ &= \frac{\partial^2 \Phi}{\partial r^2} + \frac{1}{r}\frac{\partial \Phi}{\partial r} + \frac{1}{r^2}\frac{\partial^2 \Phi}{\partial \theta^2} + \frac{\partial^2 \Phi}{\partial z^2} = 0\end{aligned} \tag{6-22}$$

式中，∇^2 为拉普拉斯算子

$$\Delta = \nabla \cdot \nabla = \nabla^2 = \frac{\partial^2}{\partial x^2} + \frac{\partial^2}{\partial y^2} + \frac{\partial^2}{\partial z^2} \tag{6-23}$$

6.1.7.2　拉普拉斯方程的意义

满足拉普拉斯方程的函数是调和函数，调和函数具有线性可叠加性，即：若 Φ_1、Φ_2 是拉普拉斯方程的解，则线性组合 $C_1\Phi_1 + C_2\Phi_2$ 也是方程的解。调和函数的这种线性可叠加性的物理意义是，复杂的流动形式可以分解成几个简单的流动分别进行分析求解，然后再线性叠加起来得到其运动规律。

因此求解不可压缩无旋流动问题，即先求满足给定边界条件下的拉普拉斯方程解，求得势函数 Φ，然后再利用势函数与速度分量的关系，求得速度分布，若要求出流场的压强分布，则可由势流的伯努利方程求解，即：

$$\frac{p}{\rho} + \frac{v^2}{2} = \text{const} \tag{6-24}$$

6.1.7.3　拉普拉斯方程应用范围

拉普拉斯方程成立的条件仅仅是无旋和不可压缩，没有流动稳态或非稳态的限制。唯一的

区别是,非稳态流动的速度势函数可能是时间的函数。

6.1.8 泊松方程

拉普拉斯方程描述了不可压缩无旋流动这一特殊情况下的流体运动规律。对于可压缩有旋流动,其运动规律的数学描述显然要更复杂。现在来讲一种可压缩有旋流动的特殊运动问题——已知流场的散度和旋度,求解速度场。

已知流场速度的散度和旋度分别为:

$$\nabla \cdot \boldsymbol{v} = \zeta(x,y,z,t)$$

$$\nabla \times \boldsymbol{v} = \Omega(x,y,z,t)$$

式中,$\zeta(x,y,z,t)$、$\Omega(x,y,z,t)$为连续函数。

将两式代入矢量微分关系式:

$$\nabla \times (\nabla \times \boldsymbol{v}) = \nabla(\nabla \cdot \boldsymbol{v}) - \nabla^2 \boldsymbol{v} \tag{6-25}$$

可得到:

$$\nabla^2 \boldsymbol{v} = \nabla \zeta - \nabla \times \Omega \tag{6-26}$$

即著名的泊松方程。

将泊松方程在直角坐标系中展开并写成分量式得到:

$$\begin{cases} \dfrac{\partial^2 v_x}{\partial x^2} + \dfrac{\partial^2 v_x}{\partial y^2} + \dfrac{\partial^2 v_x}{\partial z^2} = \dfrac{\partial \zeta}{\partial x} - \left(\dfrac{\partial \Omega_z}{\partial y} - \dfrac{\partial \Omega_y}{\partial z}\right) \\ \dfrac{\partial^2 v_y}{\partial x^2} + \dfrac{\partial^2 v_y}{\partial y^2} + \dfrac{\partial^2 v_y}{\partial z^2} = \dfrac{\partial \zeta}{\partial y} - \left(\dfrac{\partial \Omega_x}{\partial z} - \dfrac{\partial \Omega_z}{\partial x}\right) \\ \dfrac{\partial^2 v_z}{\partial x^2} + \dfrac{\partial^2 v_z}{\partial y^2} + \dfrac{\partial^2 v_z}{\partial z^2} = \dfrac{\partial \zeta}{\partial z} - \left(\dfrac{\partial \Omega_y}{\partial x} - \dfrac{\partial \Omega_x}{\partial y}\right) \end{cases}$$

此式中的三个方程确定了速度场的三个分量。这些方程的解由两部分构成:(1) 求解齐次项的拉普拉斯方程满足给定边界条件的解;(2) 求解带非齐次项的泊松方程的特解。

6.2 流函数

6.2.1 流函数的概念

如图6-3 所示,表示一平面流场。A 点表示流场中的一固定点,P 点表示流场中的任意一点,A 点与 P 点可用任意曲线 AQP 和 ARP 相连。我们假想用一个单位高度的面与 $AQPR$ 面平行。对于不可压缩流体的平面流动,单位时间经过曲线 AQP 进入区域 $AQPRA$ 流体体积必定等于从曲线 ARP 流出的流体体积,不管曲线 AQP 的形状怎样变化,通过它的体积流量总与通过曲线 ARP 的体积流量相等。换言之,通过曲线 ARP 的体积流量仅取决于端点 A 与 P 的位置。由于 A 点为取定的参考点,例如,A 为流场固体边界上的一点,所以通过曲线 ARP 的体积流量就成为 P 点位置的函数,这一函数称为流函数。

不失一般性,将 A 点的 ψ 值取为零,则 P 点的流函数值就表示通过连接 A 点和 P 点的任意曲线的体积流量。

设 P'点为过 P 点的流线上的另一点,如图6-4 所示。由流线的定义可知,流体不能穿越流线 PP',所以通过连接 A 点与 P'点的任意曲线的体积流量必定与通过曲线 AP 的体积流量相等,即 P 点与 P'点的流函数 ψ 值相等,P'点是过 P 点流线上的任意点,故沿一条流线函数 ψ 等于常量。

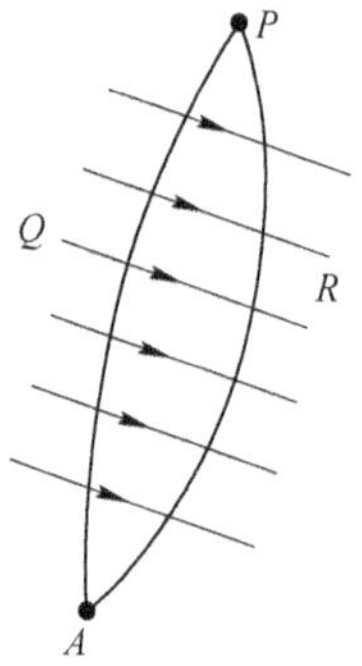

图 6-3　平面流场

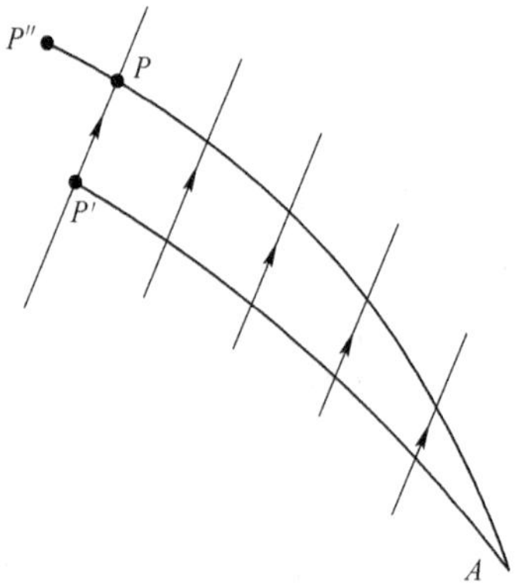

图 6-4　通过曲线的流量

现考虑流动平面上的另一点 P''，P''位于过 P 点流线的垂线上，$P''P$ 为一很小距离 $\delta \boldsymbol{n}$，且 $P''A > PA$，如图 6-4 所示。通过曲线 AP''的体积流量大于通过曲线 AP 的体积流量，由通过微元线段 PP''引起流量的增量 $\delta Q = \delta\psi$，设垂直于线段 PP''的平均速度为$\bar{v}$(其方向为过 P 点的流线方向)，因此，P 点的速度值可表示为

$$\boldsymbol{v} = \frac{\partial\psi}{\partial n} \tag{6-27}$$

该式表明：流线间的距离越小，则对应的速度越大。

6.2.2　流函数的定义

对于二维平面流动，其流线的微分方程为 $\mathrm{d}x/v_x = \mathrm{d}y/v_y$，其必定可写成下列形式：

$$-v_y\mathrm{d}x + v_x\mathrm{d}y = 0 \tag{6-28}$$

在不可压缩流体的平面流动中，流场必须满足不可压缩流体的连续性方程，即：

$$\frac{\partial v_x}{\partial x} + \frac{\partial v_y}{\partial y} = 0 \tag{6-29}$$

或

$$\frac{\partial v_x}{\partial x} = \frac{\partial(-v_y)}{\partial y} \tag{6-30}$$

由高等数学中的曲线积分性质可知，上述连续性方程是$(-v_y\mathrm{d}x + v_x\mathrm{d}y)$成为某函数全微分的充分必要条件，以 $\psi(x,y)$表示该函数，则有：

$$\mathrm{d}\psi = \frac{\partial\psi}{\partial x}\mathrm{d}x + \frac{\partial\psi}{\partial y}\mathrm{d}y = -v_y\mathrm{d}x + v_x\mathrm{d}y \tag{6-31}$$

ψ 函数称作流场的流函数。因此可得：

$$v_x = \frac{\partial\psi}{\partial y} \qquad v_y = -\frac{\partial\psi}{\partial x}$$

类似的对于极坐标系，则有：

$$v_r = \frac{1}{r}\frac{\partial\psi}{\partial\theta} \qquad v_\theta = -\frac{\partial\psi}{\partial r}$$

$$\mathrm{d}\psi = -v_\theta\mathrm{d}r + v_r r\mathrm{d}\theta \tag{6-32}$$

6.2.3　流函数的意义

流函数 ψ 的存在在数学处理上带来了方便，因为可以用一个流函数 ψ 代替 v_x、v_y(或 v_r、v_θ)，从而减少了未知数的个数。因此,流函数 ψ 是研究不可压平面流动的重要工具。这里需说明,等流函数线与流线等同,仅在平面流动时成立。对于三维流动,不存在流函数,也就不存在等流函数线,但流线还是存在的。

6.2.4 流函数的求法

在已知速度分布的情况下,流函数的求法与速度势函数一样,可由曲线积分得出。同时,在不可压缩平面流动中,只要求出了流函数 $\psi(x,y)$,就可求出速度分布。反之,只要流动满足不可压缩流体的连续性方程,不论流场是否有旋,流动是否定常,流体是理想流体还是黏性流体,必然存在流函数 ψ。

6.2.5 流函数的基本性质

6.2.5.1 等流函数线为流线

根据流函数定义式(6-31),令 $\mathrm{d}\psi=0$,即 $\psi=$ 常数,可得流线微分方程式。由此可见,$\psi(x,y)=$ 常数的曲线即为流线,若给定一组常数值,就可得到流线簇,或者说,只要给定流场中某一固定点的坐标(x_0,y_0)代入流函数 ψ,便可得到一条过该点的确定的流线。因此,借助流函数可以形象地描述不可压缩平面流场。

$\psi(x,y,t)=C$ 的曲线即等流函数线。令 $\mathrm{d}\psi=0$,得:

$$-v_y\mathrm{d}x+v_x\mathrm{d}y=0 \tag{6-33}$$

或

$$\frac{\mathrm{d}x}{v_x}=\frac{\mathrm{d}y}{v_y} \tag{6-34}$$

即得到流线微分方程。因此,等流函数线就是流线。

6.2.5.2 两流函数值之差为对应两流线之间的体积流量

图 6-5 为不可压平面流场中的任意两条流线,两条流线的连线 AB 可看作垂直于流动平面方向高度为单位 1 的曲面,于是通过微元线段的体积流量为 $\mathrm{d}q_V=\boldsymbol{v}\mathrm{d}\boldsymbol{A}$。由于积分路径从 A 到 B,因此微元面积元素 $\mathrm{d}\boldsymbol{A}$ 可分解为:

$$\mathrm{d}\boldsymbol{A}=(\mathrm{d}y\times1)\boldsymbol{i}+(-\mathrm{d}x\times1)\boldsymbol{j}$$

于是有:

$$\begin{aligned} q_V &= \int_A^B \boldsymbol{v}\cdot\mathrm{d}\boldsymbol{A} = \int_A^B (v_x\mathrm{d}y - v_y\mathrm{d}x) \\ &= \int_A^B (-v_y\mathrm{d}x + v_x\mathrm{d}y) \\ &= \int_A^B \mathrm{d}\psi = \psi(B) - \psi(A) \end{aligned} \tag{6-35}$$

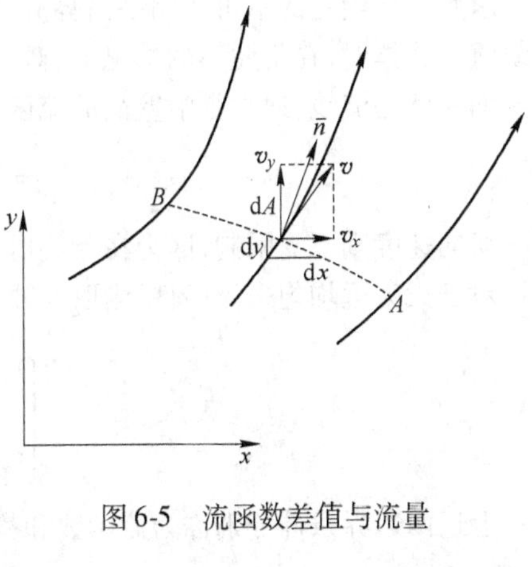

图 6-5 流函数差值与流量

由此可见,对于不可压平面流动,流场中任意两点的流函数差值,等于通过连接这两点的任意曲线的体积流量,若曲线本身为流线,则 $q_V=0$。

6.2.6 流函数方程

6.2.6.1 直角坐标系的流函数方程

由流体微团运动分析可知,平面无旋流动的条件为流体微团的旋转角速度 ω_z 为零,即:

$$\frac{\partial v_y}{\partial x}-\frac{\partial v_x}{\partial y}=0 \tag{6-36}$$

将 $v_x=\frac{\partial\psi}{\partial y}, v_y=-\frac{\partial\psi}{\partial x}$代入,得:

$$\frac{\partial^2\psi}{\partial x^2}+\frac{\partial^2\psi}{\partial y^2}=\boldsymbol{\nabla}^2\psi=0 \tag{6-37}$$

6.2.6.2　极坐标系下的流函数方程

在极坐标系中,则有:

$$\frac{\partial^2\psi}{\partial r^2}+\frac{1}{r}\frac{\partial\psi}{\partial r}+\frac{1}{r^2}\frac{\partial^2\psi}{\partial\theta^2}=0 \tag{6-38}$$

此为不可压缩平面无旋流动的流函数方程。流函数与速度势函数一样,也是调合函数。

6.2.6.3　不可压平面有旋流动的流函数方程

对于不可压缩平面有旋流动,可得:

$$\frac{\partial^2\psi}{\partial x^2}+\frac{\partial^2\psi}{\partial y^2}=-2\omega_z \tag{6-39}$$

因此,流函数方程为拉普拉斯方程这一结论仅仅适用于不可压平面势流,对不可压缩平面有旋流动或者可压缩流体平面势流则不适用。

对于不可压缩平面势流,必同时存在速度势函数 Φ 和流函数 ψ,而且它们均满足拉普拉斯方程。故此,对于一个不可压缩平面势流问题,既可采用求解给定边界条件下的流函数方程,也可采用求解给定边界条件下的势函数方程。尽管它们方程的形式一样,但由于其表达的边界条件不一样,求得的势函数和流函数也就不一样。

6.3　流函数与势函数的关系

6.3.1　流函数与势函数的边界条件

求解一个给定的不可压缩平面势流问题,具体的边界条件是很重要的。当无穷远处均匀来流绕流一物体时,在不脱体的情况下,对于固定不动的壁面边界,在壁面上流体的法向速度为零,而壁面必然是流线,通常令沿壁面的流函数值为零。因此,壁面边界条件可写成下列形式:

$$v_n=\frac{\partial\Phi}{\partial n}=0 \quad 或 \quad \psi=0 \tag{6-40}$$

切向速度则不受限制,因为在无旋压条件下必然是理想流体,可以从壁面上滑过。

对于无穷远均匀来流条件,当取 x 轴与来流方向一致时,则有:

$$\begin{cases} v_x=\dfrac{\partial\Phi}{\partial x}=\dfrac{\partial\psi}{\partial y}=v_\infty \\ v_y=\dfrac{\partial\Phi}{\partial y}=-\dfrac{\partial\psi}{\partial x}=0 \end{cases} \tag{6-41}$$

上述两边界条件分别称为流函数和势函数应满足的内边界和外边界条件。

6.3.2　柯西-黎曼条件

从速度分量与势函数、流函数之间的关系,可以得到势函数与流函数之间的关系,即柯西-黎曼条件。

平面势流速度分量与势函数 Φ 和流函数 ψ 的关系分别为:

$$v_x=\frac{\partial \Phi}{\partial x},\quad v_y=\frac{\partial \Phi}{\partial y};\quad v_x=\frac{\partial \psi}{\partial y},\quad v_y=-\frac{\partial \psi}{\partial x}$$

可得势函数与流函数之间的关系：

$$\frac{\partial \Phi}{\partial x}=\frac{\partial \psi}{\partial y},\qquad \frac{\partial \Phi}{\partial y}=-\frac{\partial \psi}{\partial x} \tag{6-42}$$

在极坐标系中，势函数与流函数之间的关系为：

$$\frac{\partial \Phi}{\partial r}=\frac{1}{r}\frac{\partial \psi}{\partial \theta},\qquad \frac{1}{r}\frac{\partial \Phi}{\partial \theta}=-\frac{\partial \psi}{\partial r} \tag{6-43}$$

以上关系式称为柯西-黎曼条件。根据这些关系式，可由速度势函数求出流函数，反之亦然。

6.3.3　等势线

令速度势函数等于常数得到的曲线簇称为等势线，即 $\Phi(x,y)=C_i(i=1,2,3,\cdots,n)$ 构成一簇等势线，其中 $C_1,C_2,\cdots$ 代表不同的常数。

6.3.4　流线

等流函数线为流线，令流函数为不同的常数得到的一簇曲线称为流线。

6.3.5　流网

流线与等势线相交，组成表示流体特性的网线称为流网，如图 6-6 所示。由于等势线 $\Phi=\text{const}$，$\mathrm{d}\Phi=\frac{\partial \Phi}{\partial x}\mathrm{d}x+\frac{\partial \Phi}{\partial y}\mathrm{d}y=v_x\mathrm{d}x+v_y\mathrm{d}y=0$，则等势线的斜率为 $\left(\frac{\mathrm{d}y}{\mathrm{d}x}\right)_\Phi=-\frac{\partial \Phi/\partial x}{\partial \Phi/\partial y}=-\frac{v_x}{v_y}$。

对于等流函数线 $\psi=\text{const}$，$\mathrm{d}\psi=\frac{\partial \psi}{\partial x}\mathrm{d}x+\frac{\partial \psi}{\partial y}\mathrm{d}y=-v_y\mathrm{d}x+v_x\mathrm{d}y=0$，其斜率为：$\left(\frac{\mathrm{d}y}{\mathrm{d}x}\right)_\psi=-\frac{\partial \psi/\partial x}{\partial \psi/\partial y}=\frac{v_y}{v_x}$，所以 $\left(\frac{\mathrm{d}y}{\mathrm{d}x}\right)_\Phi\cdot\left(\frac{\mathrm{d}y}{\mathrm{d}x}\right)_\psi=-1$。可见，流线簇与等势线簇是相互正交的。

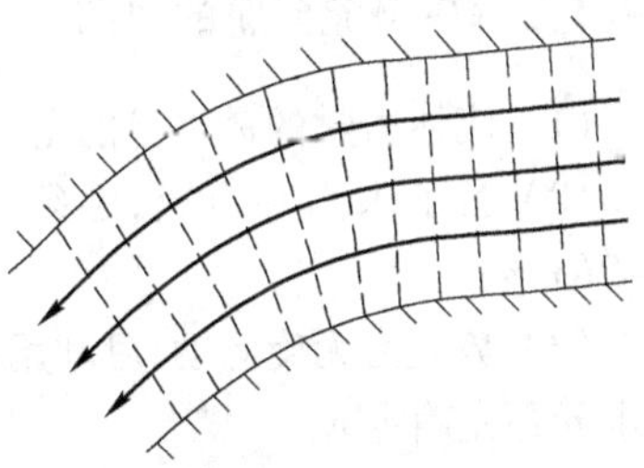

图 6-6　流网

如果用 $\nabla\psi$ 表示流线簇 $\psi=C$ 的梯度，$\nabla\Phi$ 表示等势线簇 $\Phi=C$ 的梯度，那么，$\nabla\psi\nabla\Phi=0$ 就是流线簇与等势线簇正交的条件，即：

$$\begin{aligned}\nabla\psi\,\nabla\Phi&=\left(\frac{\partial \psi}{\partial x}\boldsymbol{i}+\frac{\partial \psi}{\partial y}\boldsymbol{j}\right)\left(\frac{\partial \Phi}{\partial x}\boldsymbol{i}+\frac{\partial \Phi}{\partial y}\boldsymbol{j}\right)\\&=\frac{\partial \psi}{\partial x}\frac{\partial \phi}{\partial x}+\frac{\partial \psi}{\partial y}\frac{\partial \phi}{\partial y}=-v_yv_x+v_xv_y=0\end{aligned} \tag{6-44}$$

[例 6-1]　设一平面流动的速度分布为 $v_x=x-4y, v_y=-y-4x$。(1) 该平面流动是否存在流函数和速度势函数；(2) 若存在，试求出流函数和速度势函数；(3) 若在流场中 $A(1,1)$ 处的绝对压强为 1.5×10^2 Pa，流体的密度 $\rho=1.2$ kg/m^3，则 $B(3,5)$ 处的绝对压强是多少？

解：(1) 将速度分布代入不可压缩流体的连续性方程和旋转角速度 ω_z 的计算式，得：

$$\frac{\partial v_x}{\partial x}+\frac{\partial v_y}{\partial y}=1-1=0$$

$$\omega_z=\frac{1}{2}\left(\frac{\partial v_y}{\partial x}-\frac{\partial v_x}{\partial y}\right)=\frac{1}{2}(-4+4)=0$$

由此可知,该平面流动为不可压缩流体的无旋流动,流函数和速度势函数同时存在。

(2) 该平面不可压无旋流动的流函数为:

$$\psi = \int_0^x -v_y \mathrm{d}x + \int_0^y v_x \mathrm{d}y = \int_0^x (y+4x)\mathrm{d}x + \int_0^y (x-4y)\mathrm{d}y$$
$$= 2x^2 + xy - 2y^2$$

速度势函数为:

$$\Phi = \int_0^x (x-0)\mathrm{d}x + \int_0^y (-y-4x)\mathrm{d}y = \frac{1}{2}(x^2-y^2) - 4xy$$

(3) 先求 A 和 B 处的合速度 v 值。由于 $v^2 = v_x^2 + v_y^2$,因此

$$v_A^2 = (1-4\times1)^2 + (-1-4\times1)^2 = 34$$
$$v_B^2 = (3-4\times5)^2 + (-5-4\times3)^2 = 578$$

由伯努利方程:

$$p_A + \frac{1}{2}\rho v_A^2 = p_B + \frac{1}{2}\rho v_B^2$$

可得:

$$p_B = p_A + \frac{1}{2}\rho(v_A^2 - v_B^2) = 1.5\times10^5 + \frac{1}{2}\times1.2\times(34-578)$$
$$= 149673.6(\mathrm{Pa})$$

6.4 简单势流流动

6.4.1 解决势流问题的思路

(1) 流体力学的最终目的是求出流体作用在物体上的力和力矩。

(2) 为了求力和力矩,必须知道物体表面上的压力分布,也就是要解出未知的压力函数 $P(x,y,z,t)$。

(3) 势流为无旋运动,可利用拉格朗日积分(或伯努利方程)将压力和速度联系起来,因此要求 p 必先确定 v。

(4) 对于势流,存在速度势函数 Φ,满足:

$$v_x = \frac{\partial\Phi}{\partial x},\quad v_y = \frac{\partial\Phi}{\partial y},\quad v_z = \frac{\partial\Phi}{\partial z}$$
$$v = \sqrt{v_x^2 + v_y^2 + v_z^2}$$

可见,为了求 v,必须求速度势 Φ。

(5) Φ 满足拉普拉斯方程

$$\frac{\partial^2\Phi}{\partial x^2} + \frac{\partial^2\Phi}{\partial y^2} + \frac{\partial^2\Phi}{\partial z^2} = 0 \tag{6-45}$$

根据所给问题的边界条件和初始条件可解出 Φ。

综合看,解势流问题的步骤:解拉普拉斯方程→Φ→v→P→流体作用于固体的力和力矩。

6.4.2 势流叠加原理

对于简单有势流动,很容易求出其流函数和速度势函数,这些函数称为基本解。对于平面势流的复杂流动,平面不可压缩势流的速度势函数 Φ 和流函数 ψ,均满足拉普拉斯方程,又由于拉

普拉斯方程是线性齐次方程,因此,拉普拉斯方程的解具有可叠加性,即两个解(或多个解)和(或)差仍是该方程的解。也就是说,如果 Φ_1、Φ_2…是拉普拉斯方程的解,则 $K_1\Phi_1+K_2\Phi_2+\cdots$ 仍然是拉普拉斯方程的解,K_1、K_2…为任意不为零的常数。

例如:有两个有势流动,其势函数分别为 Φ_1 和 Φ_2,则每一流动均满足拉普拉斯方程,即:

$$\frac{\partial^2\Phi_1}{\partial x^2}+\frac{\partial^2\Phi_1}{\partial y^2}=0 \quad 和 \quad \frac{\partial^2\Phi_2}{\partial x^2}+\frac{\partial^2\Phi_2}{\partial y^2}=0$$

将上述两方程相加,得:

$$\frac{\partial^2(\Phi_1+\Phi_2)}{\partial x^2}+\frac{\partial^2(\Phi_1+\Phi_2)}{\partial y^2}=0 \tag{6-46}$$

或

$$\nabla^2\Phi=\nabla^2(\Phi_1+\Phi_2)=\nabla^2\Phi_1+\nabla^2\Phi_2=0 \tag{6-47}$$

所以对于比较复杂的流动,如果能选择几个简单的势流的解进行叠加,并使其叠加后满足的边界条件与给定的边界条件相吻合,那么这个叠加后的解就是所要求的比较复杂流动的解。

类似的可以证明,新叠加后的流函数 ψ 亦等于两个原始流动的流函数的代数和,即

$$\psi=\psi_1+\psi_2$$

对于叠加后的流速场,则有:

$$\begin{cases} v_x=\dfrac{\partial\psi}{\partial x}=\dfrac{\partial\psi_1}{\partial x}+\dfrac{\partial\psi_2}{\partial x}=v_{x1}+v_{x2} \\ v_y=\dfrac{\partial\psi}{\partial y}=\dfrac{\partial\psi_1}{\partial y}+\dfrac{\partial\psi_2}{\partial y}=v_{y1}+v_{y2} \end{cases} \tag{6-48}$$

或

$$v=\nabla\psi=\nabla\psi_1+\nabla\psi_2=v_1+v_2 \tag{6-49}$$

综上所述,得出一个重要结论:叠加两个或多个不可压势流流动组成一个新的复合流动,只要把各原始流动的势函数或流函数简单地代数相加,就可得到该复合流动的势函数或流函数。该结论称为势流的叠加原理。

6.4.3 简单流动

6.4.3.1 平行流

平行流即为平行直线等速流动,其流线是相互平行的直线,速度为常数,平行流为势流流动,常发生在远离固体边界的地方,因为这时其流动受边界和黏性的影响均可忽略不计。

设在整个流场中速度与 x 轴夹角为 θ,其速度分量为:

$$v_x=v_\infty\cdot\cos\theta$$
$$v_y=v_\infty\cdot\sin\theta$$

(1) 平行流等势线方程。

由于速度为常数,可令 $v_x=a$,$v_y=b$,于是等势线的微分方程为:

$$\mathrm{d}\Phi=\frac{\partial\Phi}{\partial x}\mathrm{d}x+\frac{\partial\Phi}{\partial y}\mathrm{d}y=v_x\mathrm{d}x+v_y\mathrm{d}y$$
$$=a\mathrm{d}x+b\mathrm{d}y=\mathrm{d}(ax+by+C) \tag{6-50}$$

积分得速度势函数为:

$$\Phi=ax+by+C \tag{6-51}$$

取坐标原点处 $\Phi=0$,得积分常数 C 为零,若令 $\Phi=C_1$,可得等势线方程为 $ax+by=C_1$,如图 6-7 所示虚线部分,可以看出对应不同 C_1 可得到一簇等势线,其斜率均为 $-a/b$。

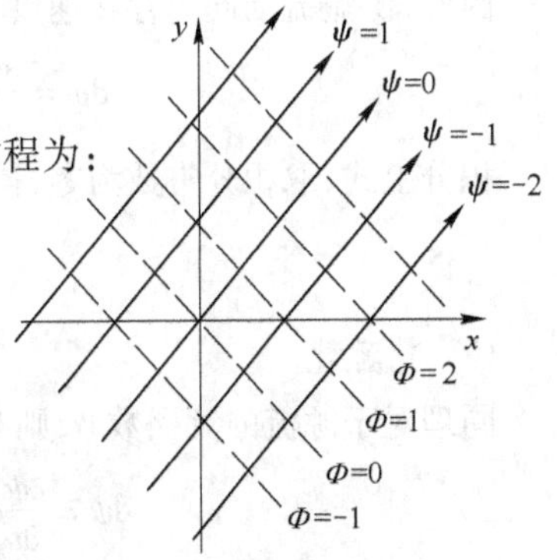

图 6-7 平行直线等速流动

（2）平行流流线方程。

根据等势线方程推导，同理可得流线方程为：

$$\psi = ay - bx + C \tag{6-52}$$

取坐标原点处 $\psi = 0$，得积分常数为零，若令 $\psi = C_2$，可得流线方程 $ay - bx = C_2$，如图 6-7 所示实线部分，可以看出，对应不同 C_2 可得一簇流线，其斜率为 b/a。

综上可见，平行流的势函数 Φ 和流函数 ψ 均为线性函数，它们彼此正交，构成流网。

（3）若流动平行于 x 轴，则 $\theta = 0$，相应的势函数 Φ 和流函数 ψ 为：

$$\begin{cases} \Phi = v_{\infty} x \\ \psi = v_{\infty} y \end{cases} \tag{6-53}$$

当采用极坐标时，则：

$$\begin{cases} \Phi = v_{\infty} r\cos\theta \\ \psi = v_{\infty} r\sin\theta \end{cases} \tag{6-54}$$

6.4.3.2　点源

犹如泉眼，在一无穷大平面上有一泉眼，从里边不断有水涌出，在平面上向四周流动。设单位时间单位高度源线流出的体积流量称为源流的强度，记作 Λ。

A　点源特点

流动属纯径向流动，在极坐标中，若点源位于坐标原点，根据流体的连续性条件，任一半径源流强度都相等，即 $(2\pi r \times 1) v_r = \Lambda$，则径向和周向速度分别为：

$$v_r = \frac{\partial \Phi}{\partial r} = \frac{\Lambda}{2\pi r} \tag{6-55}$$

$$v_\theta = 0 \tag{6-56}$$

当 $r \to 0$ 时，$v_r \to \infty$，这表明点源所在的点是一个奇点。

B　势函数

将源流的速度分布代入用平面极坐标表示的不可压缩流体的连续性方程，则有：

$$\frac{\partial v_r}{\partial r} + \frac{v_r}{r} + \frac{\partial v_\theta}{r\,\partial \theta} = 0 \tag{6-57}$$

同样，源流流场也满足势流条件，即：

$$\omega_z = \frac{1}{2}\left(\frac{\partial v_\theta}{\partial r} + \frac{v_\theta}{r} - \frac{\partial v_r}{r\,\partial \theta} \right) = 0 \tag{6-58}$$

因此，源流流动同时存在速度势函数 Φ 和流函数 ψ，于是有：

$$\mathrm{d}\phi = \frac{\partial \Phi}{\partial r}\mathrm{d}r + \frac{\partial \Phi}{r\,\partial \theta} r\mathrm{d}\theta = v_r \mathrm{d}r + v_\theta r\mathrm{d}\theta = \frac{\Lambda}{2\pi r}\mathrm{d}r \tag{6-59}$$

积分上式，取积分常数为零，得速度势函数为：

$$\Phi = \frac{\Lambda}{2\pi}\ln r \tag{6-60}$$

C　流函数

同理对于源流的流函数 ψ，则有：

$$\mathrm{d}\psi = \frac{\partial \psi}{\partial r}\mathrm{d}r + \frac{\partial \psi}{r\,\partial \theta} r\mathrm{d}\theta = -v_\theta \mathrm{d}r + v_r r\mathrm{d}\theta = \frac{\Lambda}{2\pi r} r\mathrm{d}\theta$$

$$\psi = \frac{\Lambda}{2\pi}\theta \tag{6-61}$$

D 其他形式势函数，流函数

对于直角坐标系，有：

$$\begin{cases}\Phi = \dfrac{\Lambda}{2\pi}\ln\sqrt{x^2+y^2} \\ \psi = \dfrac{\Lambda}{2\pi}\arctan\dfrac{y}{x}\end{cases} \tag{6-62}$$

可以看出，源流的等势线为以源点为圆心的同心圆簇，而流线则为从源点向外的半射线，如图6-8所示。虚线为等势线，实线为流线。

若源点不在坐标原点，而在 $A(x_0, y_0)$，则此时的势函数 Φ 和流函数 ψ 分别为：

$$\begin{cases}\Phi = \dfrac{\Lambda}{2\pi}\ln\sqrt{(x-x_0)^2+(y-y_0)^2} \\ \psi = \dfrac{\Lambda}{2\pi}\arctan\dfrac{y-y_0}{x-x_0}\end{cases} \tag{6-63}$$

6.4.3.3 点汇

犹如地漏，点汇的速度势函数和流函数与点源类似，只是由于其汇强为 $-\Lambda$，流体从四周流向点汇，故与点源的符号相反。在极坐标系中，点汇的速度势函数与流函数分别为：

$$\Phi = -\frac{\Lambda}{2\pi}\ln r$$
$$\psi = -\frac{\Lambda}{2\pi}\theta \tag{6-64}$$

令上式中 $r=\sqrt{x^2+y^2}$、$\theta=\tan^{-1}(y/x)$，则可得到直角坐标系中点汇的速度势函数与流函数。图6-9表示出点汇的流线（实线）和等势线（虚线）。同样可以看出，点汇所在的点也是一个奇点。

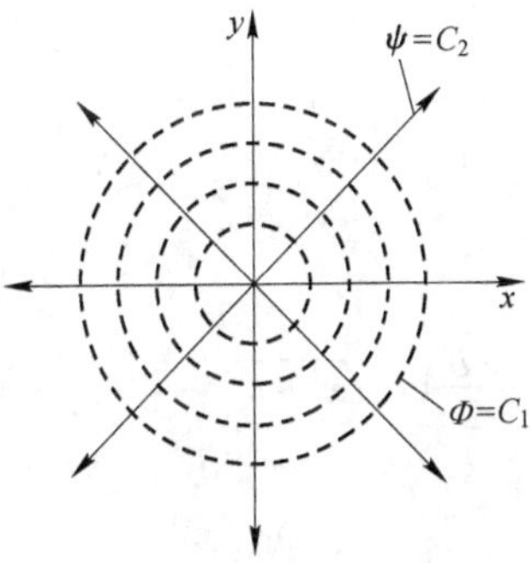

图6-8 点源流动

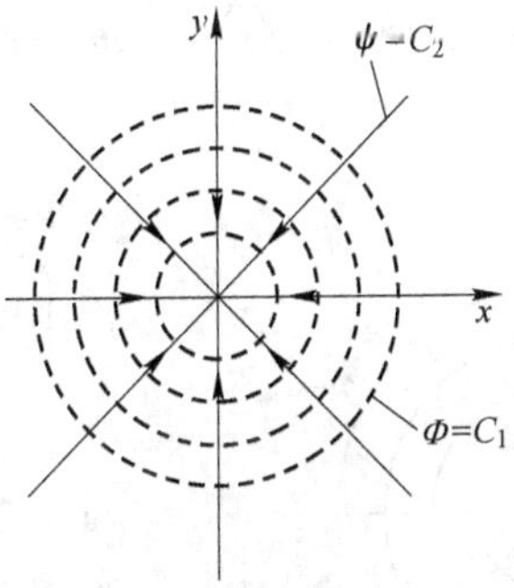

图6-9 点汇流动

综上所述，当 $\Lambda>0$，则 $v_r>0$，即速度方向与极坐标 r 正方向相同，流体从坐标原点沿一簇射线向外流出，这种流动称为点源；若 $\Lambda<0$，则 $v_r<0$，流体从四面八方沿径向直线流入坐标原点，这种流动称为点汇。

6.4.3.4 点涡

犹如搅拌，就好比用一根直径趋于零以匀速转动的圆轴搅拌无穷大流体所产生的纯环流运动。

(1) 点涡强度物理定义。点涡流动简称点涡，涡流是流体在平面上的纯环流运动，其环量（或涡强）用 Γ 表示。物理定义为：沿一流线计算速度环量 $\Gamma=\oint_l v_l \mathrm{d}l$，即任一包围点涡的封闭周

线上的速度环量 Γ 称为点涡强度，表示在单位时间内沿闭路 l 正向流动的环流。

（2）势函数。由于点涡是纯环流运动，在极坐标系中流体的运动只存在周向速度而不存在径向速度，设极坐标原点位于点涡（除在原点外），其流动都是有势的，其点涡径向和周向的速度分别为：

$$v_r = 0 \qquad v_\theta = \frac{\Gamma}{2\pi r}$$

式中，$\Gamma = 2\pi r v_\theta =$ 常数，由此可见，切向速度反比于半径 r。当 $r \to 0$ 时，$v_\theta \to \infty$，这在物理上是不可解的，实际上是在 $r \to 0$ 的区域内流体像刚体一样做整体旋转，因此点涡也是奇点。对于 Γ 符号，点涡逆时针方向取正值，反之取负值。

因为

$$\begin{aligned} d\Phi &= \frac{\partial \Phi}{\partial r}dr + \frac{1}{r}\frac{\partial \Phi}{\partial \theta}rd\theta = v_r dr + v_\theta r d\theta \\ &= \frac{\Gamma}{2\pi r}rd\theta = d\left(\frac{\Gamma}{2\pi}\theta + C\right) \end{aligned} \tag{6-65}$$

取积分常数为零，点涡势函数为：

$$\Phi = \frac{\Gamma}{2\pi}\theta \tag{6-66}$$

（3）流函数。

同理，因为 $d\psi = -v_\theta dr + v_r r d\theta = -\frac{\Gamma}{2\pi r}dr$

$$\psi = -\frac{\Gamma}{2\pi}\ln r \tag{6-67}$$

（4）其他形式的表示。

对于直角坐标系，令 $r = \sqrt{x^2 + y^2}$，$\theta = \tan^{-1}(y/x)$。

势函数

$$\Phi = \frac{\Gamma}{2\pi}\arctan\frac{y}{x} \tag{6-68}$$

流函数

$$\psi = -\frac{\Gamma}{2\pi}\ln\sqrt{x^2 + y^2} \tag{6-69}$$

对于奇点处于 (x_0, y_0)

势函数

$$\Phi = \frac{\Gamma}{4\pi}\ln[(x - x_0) + (y - y_0)^2] \tag{6-70}$$

流函数

$$\psi = \frac{\Gamma}{2\pi}\tan^{-1}\left(\frac{y - y_0}{x - x_0}\right) \tag{6-71}$$

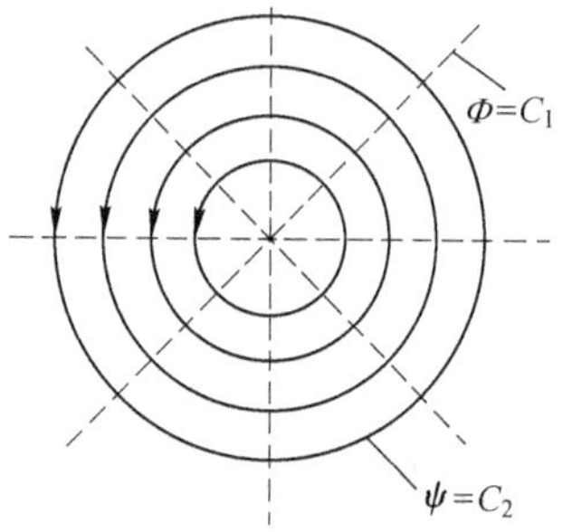

图 6-10　点涡流动

如图 6-10 所示，虚线部分为势函数，实线部分为流线。

6.4.4　复合流动

6.4.4.1　偶极流——点源与点汇叠加

偶极流是由相距 $2a$ 的点源与点汇叠加后，令 a 趋近于零得到的，亦称为偶极子。

将平面源流和汇流的源点和汇点分别置于 x 轴的左侧$(-a,0)$和右侧$(a,0)$，如图 6-11 所示。

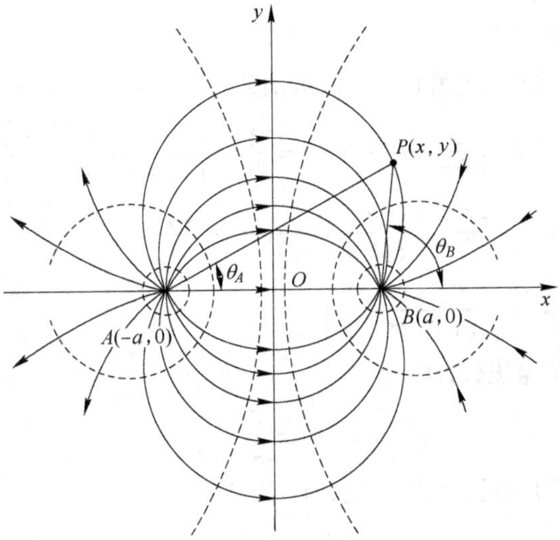

图 6-11 源流和汇流叠加

A 偶极流的流函数

根据势流解的可叠加性，则上述等强度源、汇叠加后的流函数可直接写出，即：

$$\psi=\psi_1+\psi_2=\frac{\Lambda}{2\pi}(\theta_A-\theta_B) \tag{6-72}$$

由于：

$$\tan\theta_A=\frac{y}{x+a}$$

$$\tan\theta_B=\frac{y}{x-a}$$

$$\tan(\theta_A-\theta_B)=\frac{\tan\theta_A-\tan\theta_B}{1+\tan\theta_A\tan\theta_B}=\left[\frac{y}{x+a}-\frac{y}{x-a}\right]\left[1+\frac{y}{x+a}\frac{y}{x-a}\right]^{-1}$$

$$=-\frac{2ay}{x^2+y^2+a^2}$$

而 $$\theta_A-\theta_B=\arctan\left(-\frac{2ay}{x^2+y^2-a^2}\right)$$

代入式(6-72)得：

$$\psi=\frac{\Lambda}{2\pi}\arctan\left(-\frac{2ay}{x^2+y^2-a^2}\right) \tag{6-73}$$

由于 $\arctan z$ 可展成幂级数，即：

$$\arctan z=z-\frac{z^3}{3}+\frac{z^5}{5}-\cdots \tag{6-74}$$

当源点与汇点的间距 $2a$ 很小时，上式可只保留第一项，则可表示为：

$$\psi=-\frac{\Lambda}{2\pi}\frac{2ay}{x^2+y^2-a^2} \tag{6-75}$$

假定当源点和汇点无限接近时，其强度无限增大，使得其极限趋于一有限值 M，则这样的一

对源汇流称为偶极流(或称为偶极子流),M 称为偶极流强度。则该偶极流的流函数为:

$$\psi = -\frac{M}{2\pi}\frac{y}{x^2+y^2} \tag{6-76}$$

B　偶极流的势函数

如图 6-11 所示的源流和汇流叠加的速度势函数为:

$$\begin{aligned}\Phi &= \Phi_1+\Phi_2=\frac{\Lambda}{4\pi}(\ln r_1-\ln r_2)=\frac{\Lambda}{4\pi}\ln\frac{r_1}{r_2}=\frac{\Lambda}{4\pi}\ln\sqrt{\frac{(x+a)^2+y^2}{(x-a)^2+y^2}}\\ &=\frac{\Lambda}{4\pi}\ln\frac{(x+a)^2+y^2+(x-a)^2-(x-a)^2}{(x-a)^2+y^2}\\ &=\frac{\Lambda}{4\pi}\ln\left[1+\frac{4ax}{(x-a)^2+y^2}\right]\end{aligned} \tag{6-77}$$

由于 $\ln(1+z)$ 可展成幂级数,即:

$$\ln(1+z)=z-\frac{z^2}{2}+\frac{z^3}{3}-\cdots \tag{6-78}$$

当 $2a\to 0$ 时,式(6-77)可近似取第一项,为:

$$\Phi=\frac{\Lambda}{2\pi}\left[\frac{2ax}{(x-a)^2+y^2}\right] \tag{6-79}$$

同样,令 $2a\to 0$,则 $2q\Lambda\to M$,可得偶极流的势函数为:

$$\Phi=\frac{M}{2\pi}\frac{x}{x^2+y^2} \tag{6-80}$$

在极坐标下,偶极流的速度势函数和流函数分别为:

$$\begin{cases}\Phi=\dfrac{M}{2\pi}\dfrac{\cos\theta}{r}\\[2ex] \psi=-\dfrac{M}{2\pi}\dfrac{\sin\theta}{r}\end{cases} \tag{6-81}$$

令式(6-76)等于常数 C_1,得流线方程为:

$$x^2+\left(y+\frac{M}{4\pi C_1}\right)^2=\left(\frac{M}{4\pi C_1}\right)^2 \tag{6-82}$$

可见,流线为圆心在 y 轴上且与 x 轴在原点相切的圆周簇。等势线如图 6-12 中的虚线所示,它是左右两簇圆,圆心在 x 轴上且各圆也都在原点相切。

6.4.4.2　螺旋流动——汇流与涡流叠加

重叠放置在坐标原点的汇流与涡流,涡流逆时针方向旋转。根据叠加原理,由式(6-64)和式(6-67),可得叠加后流动的速度势函数和流函数分别为:

$$\begin{cases}\Phi=\Phi_1+\Phi_2=\dfrac{1}{2\pi}(\Gamma\theta-\Lambda\ln r)\\[2ex] \psi=\psi_1+\psi_2=-\dfrac{1}{2\pi}(\Gamma\ln r+\Lambda\theta)\end{cases} \tag{6-83}$$

显然,此叠加流动的等势线方程和流线方程分别为:

$$r=C_1e^{\frac{\Gamma}{\Lambda}\theta} \tag{6-84}$$

$$r=C_2e^{\frac{\Lambda}{\Gamma}\theta} \tag{6-85}$$

式中,C_1、C_2 是两个常数,式(6-84)所描述的等势线如图 6-13 中的虚线所示,式(6-85)所描述的流线如图 6-13 中的实线所示。可见，这是两组相互正交的对数螺旋线，称这种流动为螺旋流。

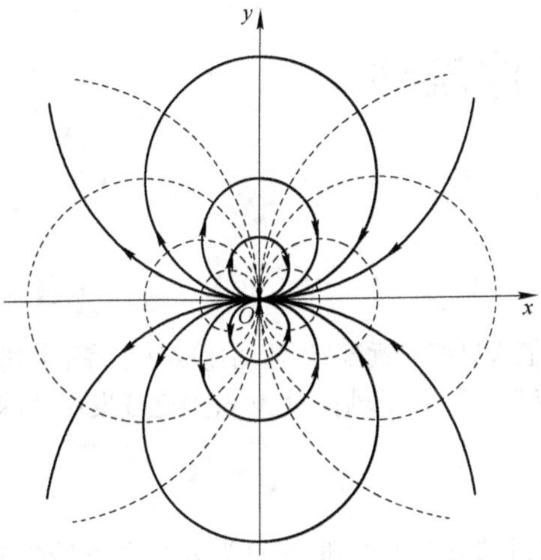

图 6-12　偶极流

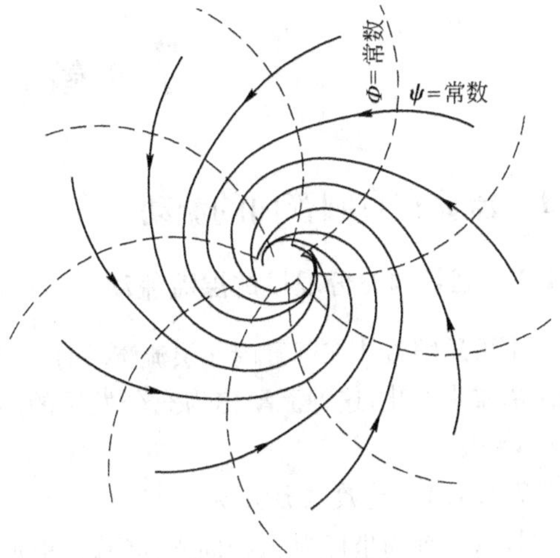

图 6-13　螺旋线

螺旋流的速度分布为：

$$v_r = \frac{\partial \Phi}{\partial r} = -\frac{\Lambda}{2\pi r}$$
$$v_\theta = \frac{\partial \Phi}{r\,\partial \theta} = \frac{\Gamma}{2\pi r} \tag{6-86}$$

研究螺旋流在工程上是有重要意义的。例如旋流燃烧室、离心除尘设备及多级离心泵反导叶中的流动等，在理想流动情况下均可看作是汇流与涡流叠加的螺旋流动。而离心泵、离心风机蜗壳内的流动以及正向导叶中的流动则可看作是源流与涡流的叠加流动。

另外，平行直线等速流与偶极流叠加，合成为绕圆柱体的无环量流动；平行直线等速流、偶极流和顺时针点涡叠加，合成绕圆柱体的有环量流动。

7 管内流体流动

7.1 流体在直圆管内的流动

7.1.1 圆管内充分发展的层流流动

不可压缩流体在圆管内作层流流动时，在距管道入口相对远处，流体的速度分布将不再随流动距离发生变化，这种流动称为充分发展的层流流动。将管子轴向设为 x，则充分发展意味着 $\partial u/\partial x=0$。

7.1.1.1　速度与切应力分布

设管子轴向坐标为 x，径向坐标为 r。根据管内流动分析中可知，半径为 R 的水平圆管内充分发展层流的速度分布和切应力分布为：

$$u=\frac{\Delta p}{4\mu L}(R^2-r^2) \tag{7-1}$$

$$\tau_{rx}=\frac{\Delta p}{L}\frac{r}{2} \tag{7-2}$$

式中，Δp 为管段长度 L 所对应的压力降，μ 为流体黏度。

由速度分布式不难得到管内流体的最大速度 u_{max}（管中心线上）、平均速度 u_m 和体积流量 q_V 为：

$$u_{max}=2u_m=\frac{\Delta pR^2}{4\mu L} \tag{7-3}$$

$$q_V=\frac{\pi\Delta pR^4}{8\mu L} \tag{7-4}$$

取 $r=R$，得管壁上的切应力为：

$$\tau_0=\frac{\Delta p}{L}\frac{R}{2} \tag{7-5}$$

7.1.1.2　流动阻力

A　阻力损失

速度分布式说明，流体在管内流动的代价是其压力沿管程方向下降，原因是流体流动时要克服管壁的摩擦阻力。故管壁摩擦阻力产生的压降称为流动阻力损失。工程中常用“沿程压头”损失 h_f 来表示流动阻力损失，即：

$$h_f=\frac{\Delta p}{\rho g}=\frac{8\mu Lq_V}{\pi R^4\rho g} \tag{7-6}$$

沿程压头损失 h_f 也可用平均速度来表示。将式(7-3)代入上式有：

$$h_f=\frac{8\mu Lu_m}{R^2\rho g}=\frac{64\mu}{D\rho u_m}\frac{L}{D}\frac{u_m^2}{2g}=\frac{64}{Re}\frac{L}{D}\frac{u_m^2}{2g}=\lambda\frac{L}{D}\frac{u_m^2}{2g} \tag{7-7}$$

式中，$D=2R$ 为管道直径，$Re=D\rho u_m/\mu$ 为雷诺数。

B 阻力系数

阻力系数 λ(亦称为沿程摩擦系数)是按著名的达西-怀斯巴赫(Darcy-Weisbach)公式定义的,即:

$$h_f = \lambda \frac{Lu_m^2}{D2g} \tag{7-8}$$

比较前两式可知,对于管内充分发展的层流流动,阻力系数 λ 为:

$$\lambda = \frac{64}{Re} \tag{7-9}$$

[**例 7-1**] 管道出口压力与壁面切应力。

流量为 20L/s 的甘油流过一根长 60m、直径为 100mm 的水平圆管。甘油的黏度 $\mu = 0.9\ \mathrm{Pa \cdot s}$,密度为 $\rho = 1260\ \mathrm{kg/m^3}$,进口压力为 590 kPa。若忽略进口效应,求出口压力及管道壁面上的切应力。

解:平均流速 $u_m = \frac{4q_V}{\pi D^2} = \frac{4 \times 20 \times 10^{-3}}{\pi \times 0.1^2} = 2.55\ (\mathrm{m/s})$

因为雷诺数 $Re = \frac{\rho u_m D}{\mu} = \frac{1260 \times 2.55 \times 0.1}{0.9} = 357 < 2300$

所以流态为层流,可按式(7-7)计算出沿程压头损失:

$$h_f = \frac{64}{Re}\frac{L}{D}\frac{u_m^2}{2g} = \frac{64 \times 60 \times 2.55^2}{357 \times 0.1 \times 2 \times 9.81} = 35.6(\mathrm{m})$$

压力降 $\Delta p = \rho g h_f = 1260 \times 9.81 \times 35.6 = 4.40 \times 10^5(\mathrm{Pa})$

出口压力 $p_2 = p_1 - \Delta p = 590 - 440 = 150(\mathrm{kPa})$

按式(7-5),壁面处流体的切应力为:

$$\tau_0 = \frac{\Delta p D}{4L} = \frac{4.40 \times 10^5 \times 0.1}{4 \times 60} = 183(\mathrm{Pa}) = 0.183(\mathrm{kPa})$$

7.1.2 圆管内充分发展的湍流流动

7.1.2.1 速度分布

圆管内充分发展湍流流动从管壁到管中心分为三个区域:黏性底层、过渡层和湍流核心区。

引入两个特征参数,特征速度 u^* 和特征长度 y^*,其定义为:

$$u^* = \sqrt{\tau_0/\rho} \tag{7-10}$$

$$y^* = \frac{\mu}{\rho u^*} = \frac{\mu}{\sqrt{\tau_0 \rho}} \tag{7-11}$$

因为 u^* 具有速度因次称为摩擦速度,y^* 具有长度因次称为摩擦长度。公式中无量纲距离 $y^+ = y/y^*$ 的 y 坐标是以管壁面为原点的,对于通常采用的以管中心为原点的径向坐标 r,如图 7-1 所示,两者关系为 $y = R - r$。

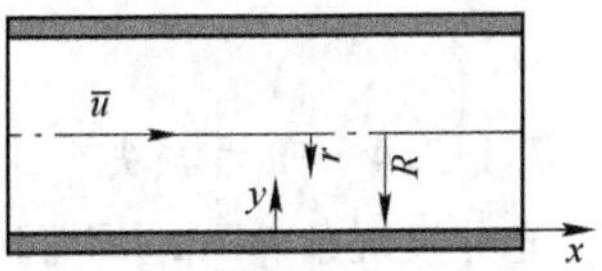

图 7-1 管内流动的坐标系

对于湍流核心区,还可采用纯经验的幂次函数形式的速度分布式,即:

$$\frac{\bar{u}}{\bar{u}_{max}} = \left(1 - \frac{r}{R}\right)^{1/n} \tag{7-12}$$

式中(1)$\bar{u}$为黏性底层区的时均速度分布,其计算公式:

$$\bar{u}=\frac{\rho(u^{*})^{2}}{\mu}y=u^{*}\frac{y}{y^{*}} \tag{7-13}$$

（2）指数 n 的取值与雷诺数 Re 有关，当时 $Re=4\times10^{4}\sim1.1\times10^{5}$ 时，$n=6$；$Re=1.1\times10^{5}\sim3.2\times10^{6}$ 时，$n=7$；$Re>3.2\times10^{6}$ 时，$n=10$。

此外，对于 $Re<10^{5}$ 的湍流流动，还有以无量纲速度 u^{+} 和距离 y^{+} 表示的1/7次方速度分布经验公式，即布拉修斯（Blasius）公式，又称为卡门分之一次方定律：

$$u^{+}=8.74(y^{+})^{1/7} \tag{7-14}$$

7.1.2.2　平均速度

因为黏性底层及过渡层仅限于贴近管壁很薄的流体层内，其余为湍流核心区，所以管内平均流速 $\bar{u}_{m}$ 可近似采用湍流核心区的速度分布式为：

$$\bar{u}_{m}=\frac{q_{V}}{\pi R^{2}}\int_{0}^{R}\bar{u}2\pi r\mathrm{d}r=\frac{u^{*}}{\pi R^{2}}\int_{0}^{R}\left(2.5\ln\frac{R-r}{y^{*}}+5.5\right)2\pi r\mathrm{d}r \tag{7-15}$$

积分上式可得平均速度 $\bar{u}_{m}$、摩擦速度 u^{*} 和摩擦长度 y^{*} 之间的关系为：

$$\frac{\bar{u}_{m}}{u^{*}}=2.5\ln\frac{R}{y^{*}}+1.75 \tag{7-16}$$

7.1.2.3　壁面切应力

将 $u^{*}=\sqrt{\tau_{0}/\rho}$、$y^{*}=\mu/\sqrt{\tau_{0}\rho}$ 代入式(7-16)可得壁面切应力 τ_{0} 的计算式为：

$$\frac{q_{V}}{\pi R^{2}\sqrt{\tau_{0}/\rho}}=2.5\ln\frac{R\sqrt{\tau_{0}\rho}}{\mu}+1.75 \tag{7-17}$$

给定流量 q_{V}，即可根据上式计算壁面切应力 τ_{0}，但要用试差的办法。

此外，也可采有1/7次方速度分布式(7-14)得到壁面切应力 τ_{0} 的显式计算公式。由式(7-14)并注意对于圆管 $y=R-r$，可得：

$$u^{*}=0.1144\bar{u}\left[\frac{\mu}{\rho u^{*}(R-r)}\right]^{1/7} \tag{7-18}$$

将上式括号内的 u^{*} 提出，并注意 $r=0$ 时，$\bar{u}=\bar{u}_{max}$，于是有：

$$u^{*}=0.1500u_{max}^{-7/8}\left(\frac{\mu}{\rho R}\right)^{1/8} \tag{7-19}$$

因此，根据摩擦速度的定义并将上式代入得：

$$\tau_{0}=\rho(u^{*})^{2}=0.02250\rho\,\bar{u}_{max}^{7/4}\left(\frac{\mu}{\rho R}\right)^{1/4} \tag{7-20}$$

因湍流时 $\bar{u}\approx0.8\bar{u}_{max}$，于是可得圆管湍流壁面切应力的显式公式为：

$$\tau_{0}=0.03325\rho\,\bar{u}_{m}^{2}\left(\frac{\mu}{\bar{u}_{m}\rho R}\right)^{1/4} \tag{7-21}$$

7.1.2.4　阻力损失

充分发展条件下，水平圆管中流体的受力在流动方向是平衡的。所以管内压力降 Δp 与壁面切应力 τ_{0} 之间存在如下关系：

$$\Delta p\cdot(\pi R^{2})=\tau_{0}\cdot(2\pi RL)$$

因此有

$$h_{f}=\frac{\Delta p}{\rho g}=\frac{2\tau_{0}L}{R\rho g}=8\left(\frac{\tau_{0}}{\rho\,\bar{u}^{2}}\right)\frac{L}{D}\frac{\bar{u}_{m}^{2}}{2g}=8\left(\frac{u^{*}}{\bar{u}_{m}}\right)^{2}\frac{L}{D}\frac{\bar{u}_{m}^{2}}{2g} \tag{7-22}$$

将式(7-22)与式(7-8)比较可知，阻力系数为：

$$\lambda = 8\left(\frac{u^*}{\bar{u}_m}\right)^2 \tag{7-23}$$

如果将上式代入式(7-16),经简化可得光滑管充分发展湍流的阻力系数公式:

$$\frac{1}{\sqrt{\lambda}} = 0.884\ln(Re\sqrt{\lambda}) - 0.91 \tag{7-24}$$

若对此式中的系数略加修正,可得到与实验数据更加吻合的公式,即卡门-普朗特阻力系数公式:

$$\frac{1}{\sqrt{\lambda}} = 0.873\ln(Re\sqrt{\lambda}) - 0.8 \tag{7-25}$$

式中 $Re = D\bar{u}_m\rho/\mu$ 为雷诺数,$D = 2R$ 为管道直径。上述两式是 λ 的隐函数形式,为了能将 λ 表示成 Re 的显式,尼古拉兹(Nikuladse)提出了一个范围为 $10^5 < Re < 3\times10^6$ 的经验公式:

$$\lambda = 0.0032 + \frac{0.221}{Re^{0.237}} \tag{7-26}$$

此外,当 $Re < 10^5$ 时,工程计算中还广泛采用由布拉修斯 1/7 次方速度分布式(7-14)导出的形式更为简单的阻力系数公式,即:

$$\lambda = 0.3164Re^{-1/4} \tag{7-27}$$

7.2 圆管进口段流动分析

充分发展的流动,即液体速度沿管子轴向不再发生变化的情况,但管道流动总是有进口区的,在流体进入管道的一段距离内,由于流体黏滞于管壁,使管壁附近的流体减速,边界层不断加厚,而运动的连续性使管中心流体加速,从而使得流体速度沿流动方向不断变化,如图 7-2 所示。当边界层充满整个流动截面、速度分布不再发生变化时,就建立了所谓的充分发展流动。从管道进口到充分发展流动这一段距离称为进口段长度 L_e。如果管道较短,进口段流体速度的变化就不能忽略。

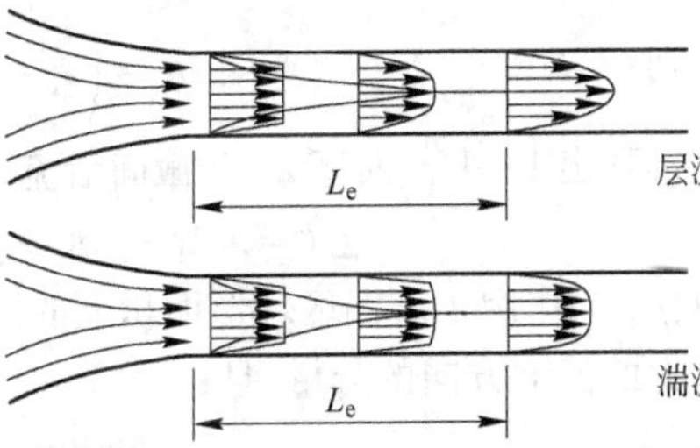

图 7-2 管道进口段流体速度分布的变化情况

(1) 进口段流动状态与进口段长度。

1) 层流流动进口段流动状态。流体在进口段的流动是边壁减速,中心加速。当流量较小,流动充分发展后其流动形态是层流时,管道进口的形状对进口段的影响不大。此时,不管流体进入管道前是层流还是湍流,进口段边界层中的流动通常是层流,而边界层以外轴心线附近核心区的流动一般称为外流。

2) 湍流流动进口段流动状态。湍流时,进口形状对下游的影响较大。如果进口形状是突变、不平滑的,进口段边界层一开始就可能属于湍流边界层。若进口的形状是圆滑过渡的,则边界层开始一段属于层流边界层,然后在下游某处再过渡成湍流边界层。

(2) 进口段阻力。进口段阻力由两部分构成,一部分是黏性应力(对于湍流,还包括雷诺应力)引起的阻力损失,另一部分是核心区流体被加速引起的阻力损失。从阻力系数的变化来看,对于层流流动,进口处阻力系数最大,然后逐渐减小并在流动充分发展后达到一确定值。然而,湍流流动则有所不一样。实验表明,湍流流动时,阻力系数先是从进口处的最大值逐渐减小,但在层流边界层与湍流边界层的过渡点附近,阻力系数又将突然回升,然后再次逐渐下降,并在流动充分发展后达到一确定值。

7.3　管路中的局部损失

7.3.1　管道局部损失

7.3.1.1　管道截面突然扩大的局部损失

当管道截面突然扩大时，如图 7-3 所示，由于流线不能折转，管道截面由 A_1 突然扩大到 A_2 时，管中的流线是逐渐扩散的，因而在管壁的拐角处形成旋涡，由于旋涡要靠主流带动旋转，因此，旋涡运动必然要消耗流体的能量。由于细管流速高，粗管流速低，因此，从细管流出的流体微团必然要和粗管的流体微团发生碰撞，碰撞和旋涡均会引起流体的能量损失，变成热量耗散。

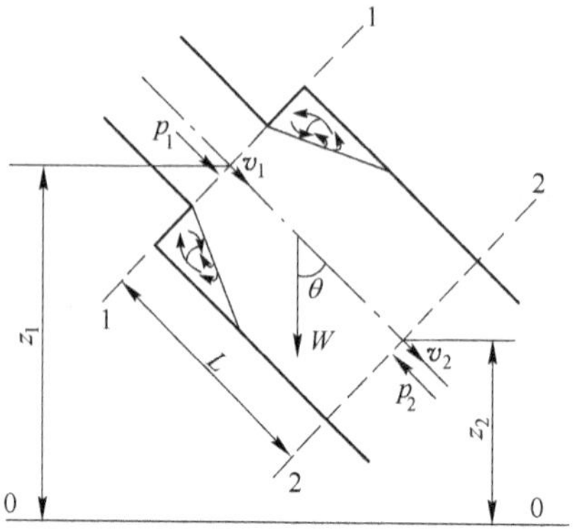

图 7-3　管道截面突然扩大

下面用分析法来推导因管道截面突然扩大形成的局部损失。如图 7-3 所示，截面 1—1 处流体的压强为 p_1，流速为 v_1，截面积为 A_1；截面 2—2 处流体的压强为 p_2，流速为 v_2，截面面积为 A_2。

列出 1—1 截面至 2—2 截面的伯努利方程：

$$z_1+\frac{p_1}{\rho g}+\frac{v_1^2}{2g}=z_2+\frac{p_2}{\rho g}+\frac{v_2^2}{2g}+h_j \tag{a}$$

则
$$h_j=\left(z_1+\frac{p_1}{\rho g}+\frac{v_1^2}{2g}\right)-\left(z_2+\frac{p_2}{\rho g}+\frac{v_2^2}{2g}\right)$$

再列出 1—1 截面至 2—2 截面沿流动方向的动量方程：

$$\sum F=p_1A_1-p_2A_2+p'_1(A_2-A_1)+W\cos\theta=\rho q_V(v_2-v_1)$$

式中，p'_1 为作用于旋涡区环形面积上的压强，由实验可知，$p'_1\approx p_1$，而 $W\cos\theta$ 为 1 ~ 2 截面间流体的重力的流动方向的分量，且：

$$W\cos\theta=\rho gA_2L\cos\theta=\rho gA_2(z_1-z_2)$$

再将 $q_V=A_2v_2$ 代入动量方程，则方程简化为：

$$(p_1-p_2)A_2+\rho gA_2(z_1-z_2)=\rho A_2v_2(v_2-v_1)$$

消去 A_2，再将上式两边除以 ρg，则有：

$$\frac{p_1-p_2}{\rho g}+z_1-z_2=\frac{v_2(v_2-v_1)}{g}$$

将上式代入式(a)中得 h_j 则有：

$$h_j=\frac{v_2^2}{g}-\frac{v_2v_1}{g}+\frac{v_1^2-v_2^2}{2g}=\frac{(v_1-v_2)^2}{2g} \tag{7-28}$$

上式又称为包达定理。由上式可见，管道截面突然扩大的能量损失，等于损失了 v_1-v_2 的速度水头。经实验验证，式(7-28)具有足够的准确性。将 $q_V=v_1A_1=v_2A_2$ 代入式(7-28)，又可得到：

$$h_j=\left(1-\frac{A_1}{A_2}\right)^2\frac{v_1^2}{2g}=\xi_1\frac{v_1^2}{2g} \tag{7-29}$$

或
$$h_j=\left(\frac{A_2}{A_1}-1\right)^2\frac{v_2^2}{2g}=\xi_2\frac{v_2^2}{2g} \tag{7-30}$$

所以,管道截面突然扩大的局部损失系数为:

$$\begin{cases}\xi_1=\left(1-\dfrac{A_1}{A_2}\right)^2\\ \xi_2=\left(\dfrac{A_2}{A_1}-1\right)^2\end{cases}\tag{7-31}$$

即计算管道截面突然扩大的局部损失,有两个局部损失系数,计算时注意选用相对应的速度水头。

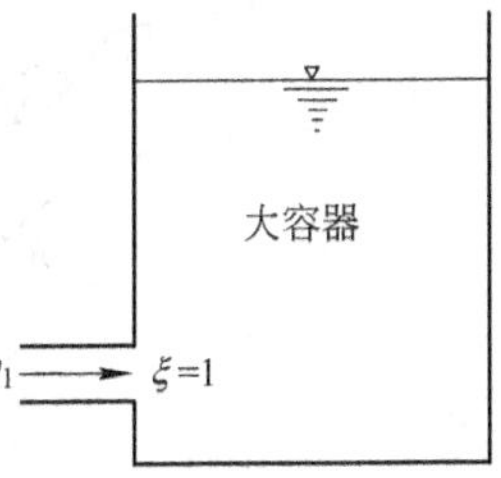

图 7-4　管道出口损失

当液体从管道流入大容器中,或气体流入大气中时,$A_2 \gg A_1$,即 $\dfrac{A_1}{A_2}\approx 0$,故 $\xi_1=1$,$h_j=\dfrac{v_1^2}{2g}$,意味着管道出口的速度水头全部损失,这是管道截面突然扩大的特殊情况,称为出口损失系数,如图 7-4 所示。

7.3.1.2　弯管的局部损失

弯管也是管路系统中的常用管件,弯管可引起另外一种典型的局部损失,但弯管只改变流体的流动方向,不改变平均流速的大小。

弯管的局部损失主要包括两部分:

(1) 旋涡损失。如图 7-5 所示,流体流过弯曲管道,流体质点必然要受到离心惯性力的作用,为平衡离心惯性力,弯曲管道的外侧压强升高,内侧压强降低,对不可压均质流体,在位能变化可忽略的情况下,根据伯努利方程,压能与动能之和在短距离内沿流线不变,所以,压强高的地方,速度必然会降低;反之,压强低的地方,速度必然会增大。如图 7-6 所示,流体进入弯管以后,弯管外侧:从 A 点开始,由直管进入弯管,故压强上升,速度下降,直到 B 点压强上升到最大值,然后沿流动方向,压强下降,速度上升,直到 C 点又进入直管道,压强与速度恢复正常。弯管内侧:从 A'点开始,压强下降,速度上升,直至到 B'点,压强降到最小值,然后,从 B'点开始直至 C'点为升压减速区,直至 C'点又进入直管道,压强与速度恢复正常。

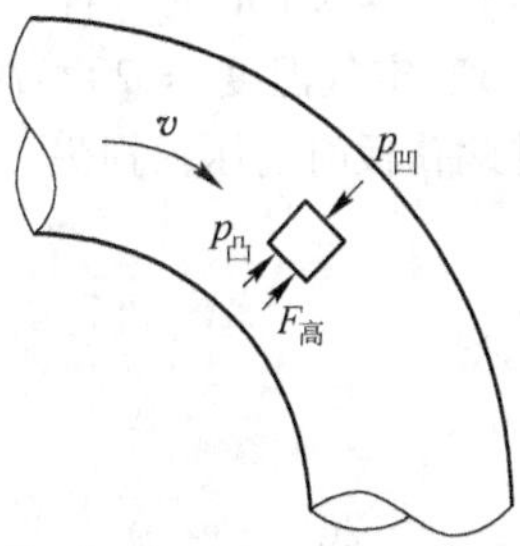

图 7-5　流体质点在弯管中的受力分析

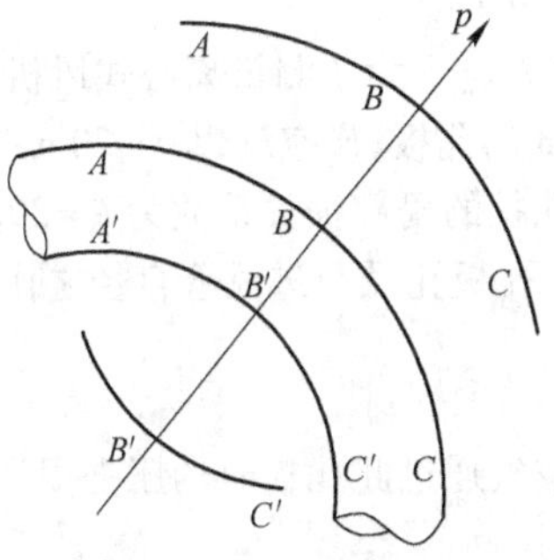

图 7-6　弯管壁面的分析

由边界层理论可知,流体流过弯曲壁面时,在减速升压区,将会发生边界层分离,形成旋涡,如图 7-7 所示,AB、$B'C'$区域均是减速升压区,因此,在 AB 与 $B'C'$区域会产生旋涡,形成旋涡损失,旋涡损失的大小取决于管子的弯曲程度,管子弯曲得越厉害,因旋涡造成的能量损失就越大。

(2) 二次流损失。所谓二次流,即发生在垂直于流动平面内的一种流动。前面我们已经说明,弯管外侧的压强高于内侧的压强,如图 7-8 所示,B 处的压强高于 B'处的压强。另一方面,弯管上下两侧(即 E、E'处)靠近壁面处由于流速较低,离心惯性力较小,因而压强也较小,这样就形成了弯管某一截面沿壁面自外向内的压强降,即:

$$p_B > p_E > p_{B'}, p_B > p_{E'} > p_{B'}$$

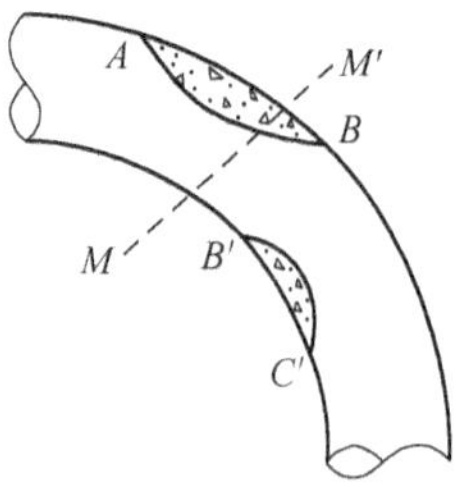

图 7-7　弯曲壁面的分离区

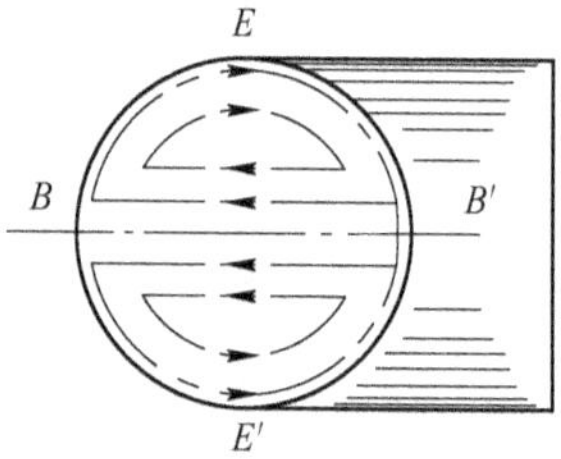

图 7-8　二次流

结果形成了流体沿壁面自外侧向内侧的流动，同时，由于连续性以及离心惯性的作用，B'处的流体则沿 $B'B$ 线自内向外流动。这样，就在径向平面内形成了两个环流，即二次流。这个二次流与主流叠加在一起，使通过弯管的流体质点作螺旋运动，结果加大了通过弯管流体的能量损失，这个能量损失称为二次流损失。

7.3.1.3　绕流阀门的局部损失

工程中，随着外界的需要或负荷的变化，管道中流体的流量要随之发生变化。通常情况下，流量的调节主要靠装设在管路中的各种阀门，通过改变阀门的开度来调节流量，即节流调节。用阀门调节流量迅速简单，然而能量损失却很大。这是因为，流体绕流阀门或闸板时，阀门或闸板前后必然要形成旋涡，如图 7-9 所示。而旋涡的产生与维持旋转，必然要消耗流体的能量，即所谓节流损失。由于节流损失有时很大，所以，在可能的情况下，也可采用其他方法调节管路流量，并将阀门全开，不用阀门调节，以减小绕流阀门的阻力。

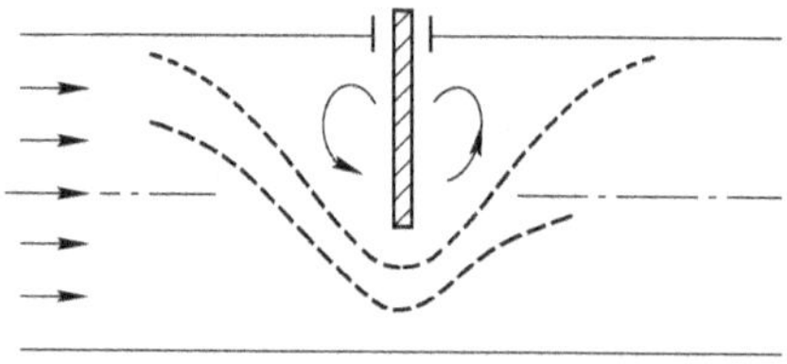

图 7-9　绕闸板的流动

［**例 7-2**］　为了测量离心式风机的进口风量，在直径 $D=0.1$ m 的等直径管道中安放孔径 $d=0.05$ m 的孔板，设空气以 $v=20$ m/s 的速度通过此管道，空气温度 $t=20$℃，空气的密度 $\rho=1.2$ kg/m^3，孔板的局部损失系数为 $\xi=29.8$，试求空气通过此孔板时的压强损失。

解：孔板孔径与进风管直径之比为：

$$\frac{d}{D}=\frac{0.05}{0.1}=0.5$$

则空气通过此孔板时的压强损失为：

$$\nabla p=\rho g h_j=\rho g \xi \frac{v^2}{2g}=1.2\times9.807\times29.8\times\frac{20^2}{2\times9.807}=7152\ (\text{Pa})$$

7.3.2　减小局部损失的措施

我们知道，对于管内流动，流体的能量损失包括沿程损失和局部损失，即 $h_w=\sum h_f+\sum h_j$，对于细长的直管道和管道中管件较少的情况下，$\sum h_f$ 为能量损失的主要部分。而对于大直径的管道和管道的走向较复杂、管件较多的情况下，$\sum h_j$ 则为能量损失的主要部分，例如火电厂锅炉中的烟风道，此时为了减少能量损失，就应设法减少局部损失，而减少局部损失的关键就是防止或推迟流体与壁面的分离，将管件的边壁加工得接近流线型，以避免旋涡区的产生或减小旋涡区的大小和强度。下面分别予以介绍。

7.3.2.1　管道进口

尽量将管道的进口加工成圆滑的进口，如图 7-10 所示。实验证明，圆滑的进口可减少局部损失系数 90% 以上。

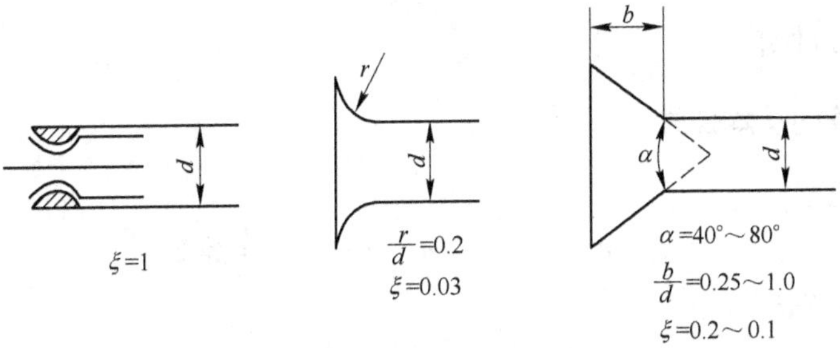

图 7-10　管道入口

7.3.2.2　弯管

在工程上不得不布置弯管的情况下，应当采用合理的弯曲半径 R（R 为弯管轴线的曲率半径，d 为管道内径），实验表明，当 $\frac{R}{d}>1$ 时，局部损失系数 ξ 随 $\frac{R}{d}$ 的减小而急剧增加，而当 $\frac{R}{d}>3$ 时，ξ 值又随 $\frac{R}{d}$ 的增加而增加。因此，$\frac{R}{d}$ 最好取 1 ~ 4。根据制造工艺，目前锅炉弯管的 $\frac{R}{d}>3.5$，常采用 $\frac{R}{d}=4$。对锅炉的烟风道而言，由于弯管的断面尺寸比较大，因此，只能采用较小的 $\frac{R}{d}$。为减小二次流损失，可在弯道内安装导流叶片，如图 7-11 所示。这样既可以避免在弯管的内外侧产生较大的旋涡区，又可减小二次流的范围。实验证明，在弯管内装上流线型导流叶片后，局部损失系数可由没装导流叶片的 1.1 降低到 0.3 左右。

7.3.2.3　三通

为减小流体流过三通时的局部损失，可在总管中安装合流板与分流板，或者尽可能地减小支管与合流管之间的夹角，如图 7-12 所示。如总管与支管的轴线之间的夹角应小于 30°，尽可能不与总管垂直连接，如图 7-13a 所示。对不得不垂直连接的情况下，应尽量将连接处的折角改缓，以尽可能减小三通的局部损失系数，如图 7-13b 所示。

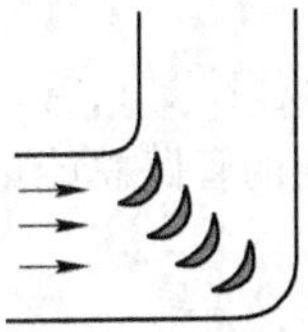

图 7-11　弯道中的导流片

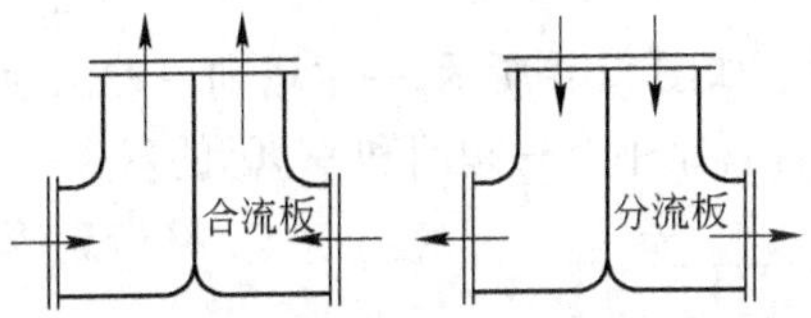

图 7-12　合流板与分流板

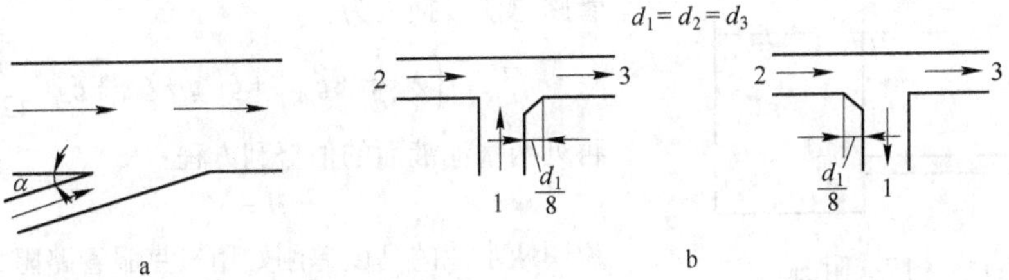

图 7-13　三通

总之，减少局部损失的主要思想就是尽量将管件转角加工成圆角，使突然扩大和突然缩小改变成逐渐扩大与逐渐缩小，并选择最佳的扩散角，并尽量使管件的边壁接近流线型，以避免旋涡的产生。

7.4　管路水力计算

7.4.1　管路计算的基本公式

（1）连续方程：

$$q_V = vA = v_1A_1 = v_2A_2 = \cdots = v_nA_n = 常数 \tag{7-32}$$

（2）伯努利方程：

$$z_1 + \frac{p_1}{\rho g} + \frac{v_1^2}{2g} = z_2 + \frac{p_2}{\rho g} + \frac{v_2^2}{2g} + h_w - E \tag{7-33}$$

式中，E 为管路系统的外加能量，如管路中串联一台泵，则 E 为泵的扬程。

（3）管路能量损失公式：

$$h_w = \sum h_f + \sum h_j \tag{7-34}$$

式中

$$h_f = \lambda \frac{l}{d}\frac{v^2}{2g} \qquad h_j = \xi \frac{v^2}{2g}$$

式中，h_f 为沿程阻力损失；h_j 为局部阻力损失；ξ 为局部损失系数，由实验确定；λ 为沿程损失系数，由实验确定。

7.4.2　管路计算

7.4.2.1　简单管路

简单管路就是管路直径不变，没有支管分出的管路。在简单管路中流速沿流程不变。

对简单管路，连续方程为

$$q_V = vA = \text{const} \tag{7-35}$$

管路能量损失公式为

$$h_w = \left(\lambda \frac{l}{d} + \sum \xi\right)\frac{v^2}{2g} \tag{7-36}$$

［例 7-3］　如图 7-14 所示，一水塔向一贮水池供水。若管路的总长度 1，管路的流量 q_V 和管径 d 均已知，且管路中有一阀门和一 90°的弯头，试求水塔至贮水池的管路总能量损失 h_w。

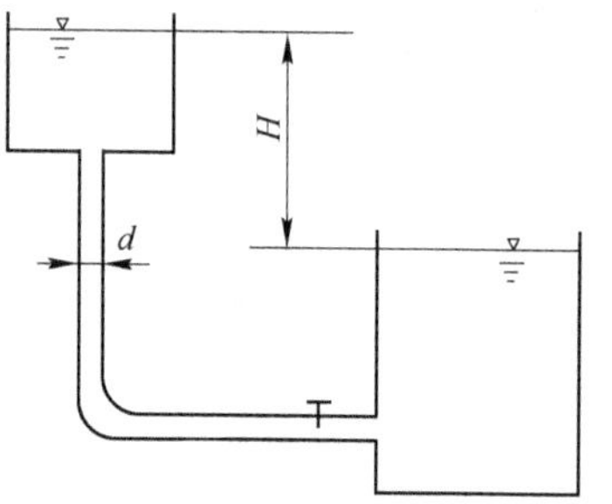

图 7-14　例 7-3 附图

解：先求管中流速 v

$$v = \frac{q_V}{A} = \frac{4q_V}{\pi d^2}$$

管路总能量损失为：

$$h_w = \left(\lambda \frac{l}{d} + \xi_{进口} + \xi_{弯头} + \xi_{阀} + \xi_{进口}\right)\frac{v^2}{2g}$$

再列两水池液面的伯努利方程：

$$H = h_w$$

说明两水池的高度差刚好用来克服管路阻力。

7.4.2.2 串联管路

串联管路即由几段不同管径的简单管路串联而成，如图 7-15 所示。串联管路有以下两个特点：(1) 串联管路的总能量损失等于各简单管路的能量损失之和，即：

$$
\begin{aligned}
h_{w} &= h_{w1} + h_{w2} + \cdots + h_{wn} \\
&= \left(\lambda_1 \frac{l_1}{d_1} + \sum\xi_1\right)\frac{v^2}{2g} + \left(\lambda_2 \frac{l_2}{d_2} + \sum\xi_2\right)\frac{v_2^2}{2g} + \cdots + \left(\lambda_n \frac{l_n}{d_{n1}} + \sum\xi_n\right)\frac{v_n^2}{2g}
\end{aligned} \tag{7-37}
$$

(2) 串联管路的总流量沿流程不变，即

$$
\begin{cases}
q_V = q_{V1} = q_{V2} = \cdots = q_{Vn} = \text{const} \\
v_1 A_1 = v_2 A_2 = \cdots = v_n A_n = \text{const}
\end{cases} \tag{7-38}
$$

7.4.2.3 并联管路

几条简单管路或串联管路的入口端与出口端分别连接在一起，这样的管路就称为并联管路，如图 7-16 所示。

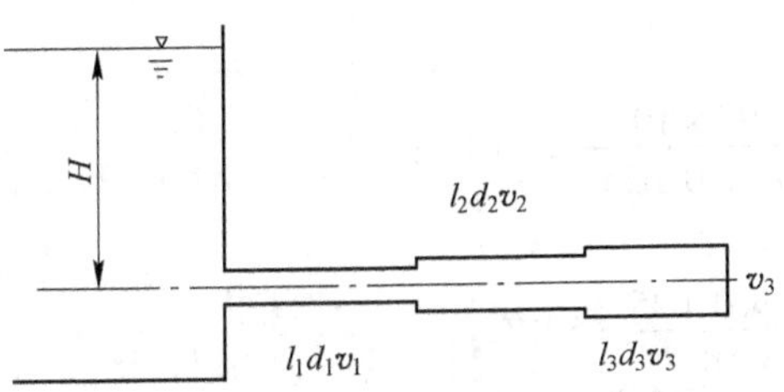

图 7-15 串联管路

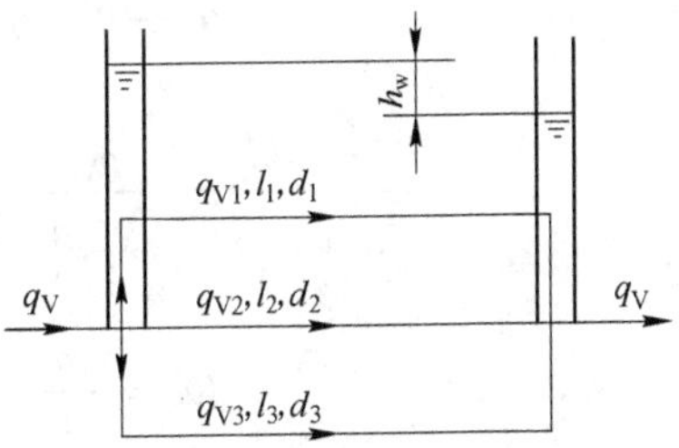

图 7-16 并联管路

(1) 并联管路中各支管的能量损失相等，即：

$$h_{w1} = h_{w2} = h_{w3} = h_{w} \tag{7-39}$$

对图 7-16 而言，则有：

$$\left(\lambda_1 \frac{l_1}{d_1} + \sum\zeta_1\right)\frac{v_1^2}{2g} = \left(\lambda_2 \frac{l_2}{d_2} + \sum\zeta_2\right)\frac{v_2^2}{2g} = \left(\lambda_3 \frac{l_3}{d_3} + \sum\zeta_3\right)\frac{v_3^2}{2g} \tag{7-40}$$

(2) 并联管路的总流量等于各支管分流量之和，即：

$$q_V = q_{V1} + q_{V2} + q_{V3}$$

或

$$vA = v_1A_1 + v_2A_2 + v_3A_3 \tag{7-41}$$

[例 7-4] 有一并联管路，如 7-17 所示，主干管的管径 $d_1 = 2.5$ cm，管长 $l_1 = 25$ m，并联支路管径 $d_2 = 2$ cm，管长 $l_2 = 30$ m。若总流量 $q_V = 3$ L/s，不考虑各局部损失，设管中油的运动黏度 $\nu = 20 \times 10^{-6}$ m²/s。试求两管的流量分配。

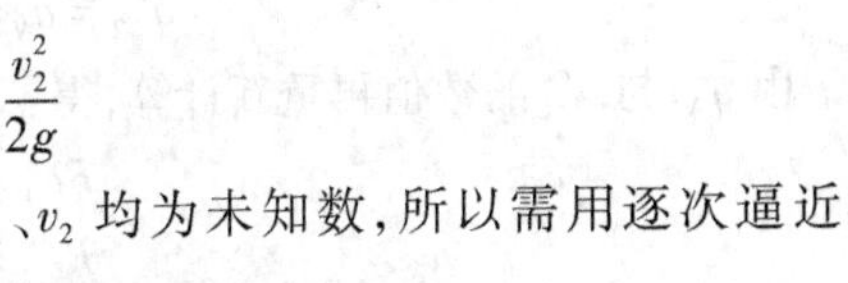

图 7-17 并联管路

解：由于不考虑各局部损失，故主干管与支管沿程损失相等，即：

$$\lambda_1 \frac{l_1}{d_1} \frac{v_1^2}{2g} = \lambda_2 \frac{l_2}{d_2} \frac{v_2^2}{2g}$$

由于两管路的流量分配暂还不知，故 λ_1、λ_2 及 v_1、v_2 均为未知数，所以需用逐次逼近法求解。

第一次假定 $\lambda_1=\lambda_2$，则可得到：

$$\frac{v_1}{v_2}=\sqrt{\frac{d_2 l_1}{d_1 l_2}}$$

又因为 $q_{V1}=\frac{\pi}{4}d_1^2 v_1$，$q_{V2}=\frac{\pi}{4}d_2^2 v_2$，故：

$$\frac{q_{V2}}{q_{V1}}=\frac{v_2 d_2^2}{v_1 d_1^2}=\left(\frac{d_2}{d_1}\right)^{2.5}\left(\frac{l_1}{l_2}\right)^{0.5}$$

将已知参数代入上式，即可得到：

$$\frac{q_{V2}}{q_{V1}}=\left(\frac{2}{2.5}\right)^{2.5}\left(\frac{25}{30}\right)^{0.5}=0.523$$

由 $q_{V1}+q_{V2}=q_V=3\ \mathrm{L/s}$ 得：

$$q_{V1}=\frac{q_V}{1+0.523}=\frac{3}{1+0.523}=1.97(\mathrm{L/s})$$

$$q_{V2}=q_V-q_{V1}=3-1.97=1.03(\mathrm{L/s})$$

因此

$$v_1=\frac{q_{V1}}{\frac{\pi}{4}d_1^2}=\frac{4\times1.97\times10^{-3}}{3.1416\times0.025^2}=4.01(\mathrm{m/s})$$

$$Re_1=\frac{v_1 d_1}{v}=\frac{4.01\times0.025}{20\times10^{-6}}=5013$$

$$v_2=\frac{q_{V_2}}{\frac{\pi}{4}d_2^2}=\frac{4\times1.03\times10^{-3}}{3.1416\times0.02^2}=3.28(\mathrm{m/s})$$

$$Re_2=\frac{v_2 d_2}{v}=\frac{3.28\times0.02}{20\times10^{-6}}=3280$$

根据 Re_1 与 Re_2 的数值范围，可利用公式来计算 λ_1，近似计算 λ_2，则：

$$\lambda_1=0.3164Re_1^{-0.25}=0.038$$

$$\lambda_2=0.3164Re_2^{-0.25}=0.042$$

实际计算结果 $\lambda_1\neq\lambda_2$，且与第一次假定 $\lambda_1=\lambda_2$ 误差较大，因此需要做第二次假定，即将计算所得的新的 λ_1、λ_2 值代入前式重新计算，得到：

$$\frac{v'_2}{v'_1}=\sqrt{\frac{d_2\lambda_1 l_1}{d_1\lambda_2 l_2}}$$

$$\frac{q'_{V2}}{q'_{V1}}=\left(\frac{d_2}{d_1}\right)^{2.5}\left(\frac{\lambda_1}{\lambda_2}\right)^{0.5}\left(\frac{l_1}{l_2}\right)^{0.5}=0.5$$

$$q'_{V1}=\frac{q_V}{1+0.5}=\frac{3}{1+0.5}=2(\mathrm{L/s})$$

$$q'_{V2}=q_V-q'_{V1}=3-2=1(\mathrm{L/s})$$

由 q'_{V1} 与 q'_{V2} 的数值再重新计算，得：

$$Re'_1=5100,\lambda'_1=0.037$$

$$Re'_2=3180,\lambda'_2=0.042$$

第二次计算，结果 λ'_1 与 λ_1，λ'_2 与 λ_2 误差较小，可认为结果达到精确度要求，故两管流量分配为：

$$q_{V1} = 2\ \text{L/s}$$
$$q_{V2} = 1\ \text{L/s}$$

［**例 7-5**］ 水沿着如图 7-18 所示的串联管道流动，已知两水箱水位差 $H = 20$ m，$l_1 = l_2 = 400$ m，$d_1 = 60$ mm，$d_2 = 80$ mm，沿程损失系数 $\lambda_1 = 0.03$，$\lambda_2 = 0.025$，不计局部损失，求：

(1) 通过管道的流量 q_V；

(2) 若对其中 l_1、d_1 的管路并联同样长度、管径及同样布置的支管时，假定沿程损失系数 λ_1、λ_2 不变，管路总流量 q_V 如何变化，试写出 q_V 与 H 的表达式。

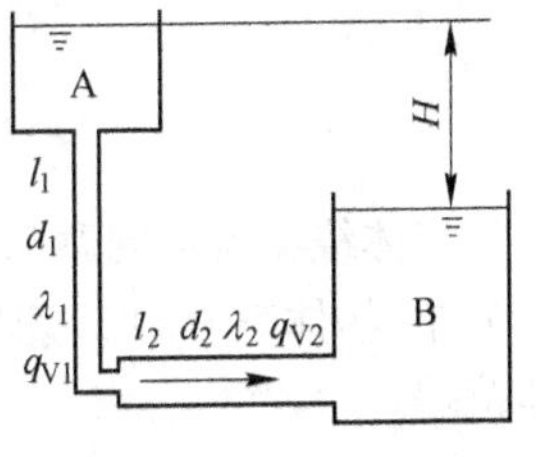

图 7-18 串联管路

解： 由于两水箱体积很大，可认为两水箱自由液面位置不变，故可认为是定常流动。以 B 水箱自由液面为基准，列 A-B 水箱液面的伯努利方程：

$$H = h_w = h_{f1} + h_{f2} = \lambda_1 \frac{l_1}{d_1}\frac{v_1^2}{2g} + \lambda_2 \frac{l_2}{d_2}\frac{v_2^2}{2g} \tag{7-42}$$

由连续方程 $q_{V1} = q_{V2} = q_V$，得：

$$v_1 A_1 = v_2 A_2 = q_V$$

$$v_1 = \frac{q_V}{A_1} \quad v_2 = \frac{q_V}{A_2} \tag{7-43}$$

将式(7-43)代入式(7-42)，得：

$$H = \lambda_1 \frac{l_1}{d_1}\frac{\left(\frac{q_V}{A_1}\right)^2}{2g} + \lambda_2 \frac{l_2}{d_2}\frac{\left(\frac{q_V}{A_2}\right)^2}{2g} = \left(\lambda_1 \frac{l_1}{d_1}\frac{1}{A_1^2} + \lambda_2 \frac{l_2}{d_2}\frac{1}{A_2^2}\right)\frac{q_V^2}{2g} \tag{7-44}$$

$$\begin{cases} l_1 = l_2 = l \\ A_1 = \frac{\pi}{4}d_1^2 A_2 = \frac{\pi}{4}d_2^2 \end{cases} \tag{7-45}$$

将式(7-45)代入式(7-44)经整理，得到：

$$q_V = \sqrt{\frac{\pi^2 gH}{8l\left(\frac{\lambda_1}{d_1^5} + \frac{\lambda_2}{d_2^5}\right)}} = \sqrt{\frac{(3.1416)^2 \times 9.807 \times 20}{8 \times 400 \times \left[\frac{0.03}{(0.06)^5} + \frac{0.025}{(0.08)^5}\right]}} = 0.0036(\text{m}^3/\text{s}) \approx 13(\text{m}^3/\text{s})$$

$l_1 d_1$ 管道并联一同样形式的支管后，根据并联管路的特性，列 A-B 水箱自由液面的伯努利方程，有：

$$H = h_w = \lambda \frac{l_1}{d_1}\frac{\left(\frac{q_V}{2A_1}\right)^2}{2g} + \lambda_2 \frac{l_2}{d_2}\frac{\left(\frac{q_V}{A_2}\right)^2}{2g} = \left(\lambda_1 \frac{l_1}{d_1}\frac{1}{4A_1^2} + \frac{l_2}{d_2}\frac{1}{A_2^2}\right)\frac{q_V^2}{2g} \tag{7-46}$$

将式(7-45)代入式(7-46)，整理得到：

$$q_V = \sqrt{\frac{\pi^2 gH}{8l\left(\frac{\lambda_1}{4d_1^5} + \frac{\lambda_2}{d_2^5}\right)}}$$

由于

$$\frac{\lambda_1}{4d_1^5} < \frac{\lambda_1}{d_1^5}$$

故 l_1、d_1 的管道并联一同样形式的支管后，流量 q_V 增加，将数据代入，可得 $q_V \approx 21.3\ \text{m}^3/\text{h}$。

8 流体绕物流动

流体绕物流动问题(也称为边界层问题),其主要是研究黏性流体绕物体外表面流动时的速度分布,物体表面的摩擦阻力以及由于流动分离而引起的压差阻力(形体阻力),是属于黏性流体范畴。

8.1 边界层

8.1.1 边界层基本概念

(1) 边界层的提出。实验表面,当运动的黏性流体以大雷诺数(由于空气和水的黏性较小,通常流速下都属于大雷诺数流动)流过一物体时,整个流场可分成两部分速度分布特征明显不同的区域。如在紧靠物体表面附近的流动区域,由前驻点开始向下游逐渐增大其厚度,并一直延伸到被绕流物体后方的尾迹中。在这一区域的流动特征是其速度从物体表面处的零值经过一段很短的法向距离就变成物体外面的势流速度值,即在此区域中速度的法向梯度很大。随着流动向下游发展,越来越多的流体质点受到阻滞,边界层的厚度也随着增加。在外面流动的区域中,法向速度梯度较小。

1904 年,普朗特(Prandtl)根据实验提出了边界层理论,即绕物的大雷诺数流动可分成两个区域:一个是壁面附近很薄的流体层,称为边界层,层内流体黏性作用极为重要,不可忽略;另一个是边界层以外的区域,称为外流区,该区域内的流动可看成是理想流体的流动。

(2) 边界层理论的意义。边界层理论将绕流流场分为两个区域,外流区就可以采用相对简单的理想液体力学方法来处理,甚至可进一步处理成理想无旋的有势流动;而对于边界层,又可根据其流动特点由 N-S 方程简化得到相对容易求解的普朗特边界层方程。

(3) 边界层特征。黏性流体的流动具有两个基本特征:一是在固体壁面上,流体与固体壁面的相对速度为零;二是当流体之间发生相对运动(或角变形)时,流体之间存在剪切力(摩擦力),在边界层中流体流动具有很大的法向速度梯度和旋度,呈现较强的黏性作用,流体与物体表面产生黏性切应力并形成对流动的阻力。另外,由于边界层脱离而在物体后面形成尾迹,结果将导致物体表面上产生沿流动方向压差,此压差即构成对流动的另一类阻力——压差阻力或形体阻力。要求得边界层中的黏性阻力与被绕物体的压差阻力,就必须先求出边界层中的速度分布。

(4) 边界层分类。绕流边界层内的流动也分为层流与湍流两种形态。如图 8-1 所示平板绕流流动中:1) 沿流体流动方向分为层流边界层、过渡区、湍流边界层。2) 根据来流是否存在扰动、平板的前缘是否圆滑、板面是否粗糙等因素,边界层区内流动可能是层流也可能是湍流。

平板绕流边界层内的流动形态也可以用无量纲准数 $Re_x = u_0 x/\nu$(称为当地雷诺数)来判定,其特征长度是离物体前缘点的距离 x,特征速度取边界层外缘对应点的速度。

$Re_x < 3 \times 10^5$ 边界层内为层流,为层流边界层;

$Re_x > 3 \times 10^6$ 边界层内是湍流,为湍流边界层;

$3 \times 10^5 < Re_x < 3 \times 10^6$ 属于边界层过渡区。

对于湍流边界层又可沿边界层横向分为黏性底层和湍流层两个区域,当平板比较短时,整个板面上的边界层可能都是层流边界层。

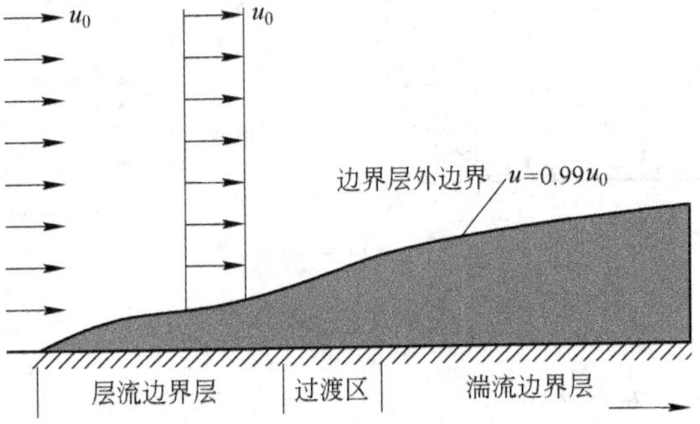

图 8-1　边界层内的流动

8.1.2　边界层厚度

8.1.2.1　边界层名义厚度 δ

绕物流动将流场划分为边界层和外流区,那么分界面如何确定? 图 8-2 为流体在静止平壁上的流动。由于黏性作用,流体速度在壁面上为零,然后沿壁面法线方向 y 不断增加并最终渐近达到来流速度。按普朗特边界层理论,边界层应该是黏性作用显著的区域,从速度分布看,就是存在显著速度变化或速度梯度 du/dy 不为零的区域。因此从 $u=0$ 到 $u \to u_0$ 是一个渐近过程。人为约定:将流体速度从 $u=0$ 到 $u=0.99u_0$ 所对应的流体层厚度定义为边界层厚度,用 δ 表示。

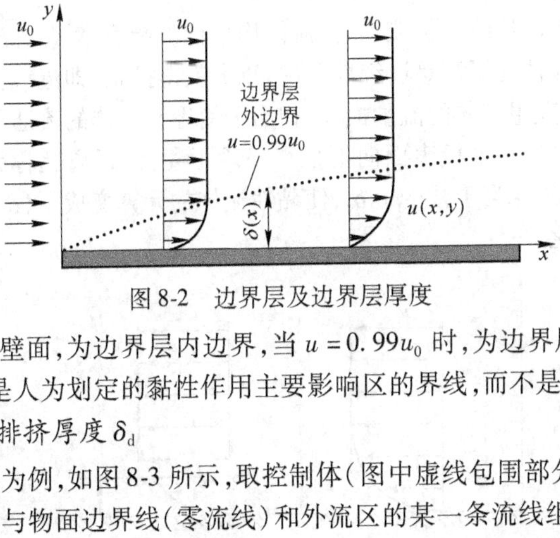

图 8-2　边界层及边界层厚度

当 $u=0$ 时,即固体壁面,为边界层内边界,当 $u=0.99u_0$ 时,为边界层的外边界。应该指出的是,边界层的外边界是人为划定的黏性作用主要影响区的界线,而不是流线。

8.1.2.2　边界层排挤厚度 δ_d

以平板层流边界层为例,如图 8-3 所示,取控制体(图中虚线包围部分),其由 $x=0$ 处和 $x=x_1$ 处的平行 y 轴的直线与物面边界线(零流线)和外流区的某一条流线组成,由于流体的质量和动量不能穿过流线流进和流出,则在定常流动条件下,在对应 z 方向单位宽度上,y_b 取任一高度,其质量守恒得:

$$\int_0^y \rho u_x \mathrm{d}y - \int_0^{y_b} \rho u_\infty \mathrm{d}y = 0$$

由于 $u_\infty \approx u_0$,对不可压缩流体上式可写成:

$$\rho u_0 y_b = \rho \int_0^y u \mathrm{d}y = \rho \int_0^y (u_0 - u_0 + u) \mathrm{d}y$$

$$= \rho u_0 y - \rho \int_0^y (u_0 - u) \mathrm{d}y$$

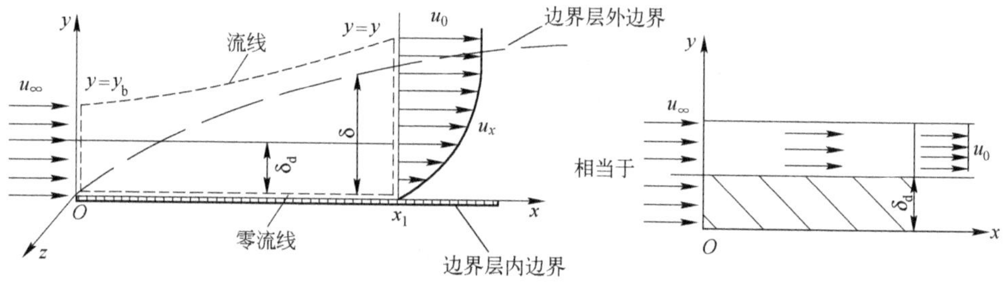

图 8-3　推导边界层位移厚度用图

则 $\rho u_0(y-y_b)=\rho\int_0^y(u_0-u)\mathrm{d}y$

令 $y-y_b=\delta_d$，两边同除以 ρu_0，得：

$$\rho u_0\delta_d=\rho\int_0^y(u_0-u)\mathrm{d}y$$

$$\delta_d=\int_0^y\left(1-\frac{u}{u_0}\right)\mathrm{d}y$$

当 $y=\delta$，则 $\delta_d=\int_0^\delta\left(1-\frac{u}{u_0}\right)\mathrm{d}y$

由于在边界层外：

$$u/u_0\approx 1$$

$$\delta_d=\int_0^\infty\left(1-\frac{u}{u_0}\right)\mathrm{d}y \tag{8-1}$$

其物理定义：当理想流体绕平板流动时，流体均平行于壁面；对黏性流体由于黏性作用，在边界层中流体被减速，而流体为了满足连续性条件，流道就得扩张，即流线被向外排挤了 δ_d，这表示了由于黏滞作用造成了理想流体的流量损失，相当于使理想流体的流通面积减小，如果继续按理想流体流动计算流量，必应将平板表面向上推移一段距离，该距离就称为排挤厚度 δ_d，如图 8-4 所示。这样就把黏性作用相当于减少了 δ_d，使黏性流体的计算变成了$(\delta-\delta_d)$厚度的理想流体的计算问题，使其计算简化。

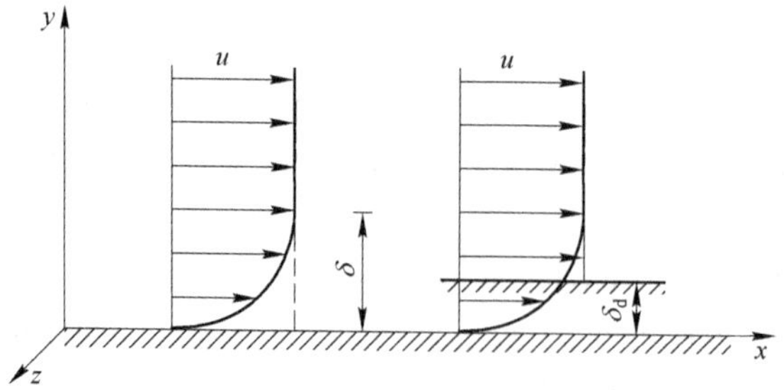

图 8-4　排挤厚度

因此，在求解外流区流场时，应该在绕流物体壁面外加上一层排挤厚度 δ_d 作为外流区的边界。

8.1.2.3　动量损失厚度 δ_m

如图 8-5 所示，在对应 z 方向单位宽度上，如果折算成理想流体，则理想流体通过 δ 通道的动量为 $\int_0^\delta\rho u_0u\mathrm{d}y$，实际上流体通过通道的动量为 $\int_0^\delta\rho u^2\mathrm{d}y$。当考虑黏性后，边界层内流体减速，造

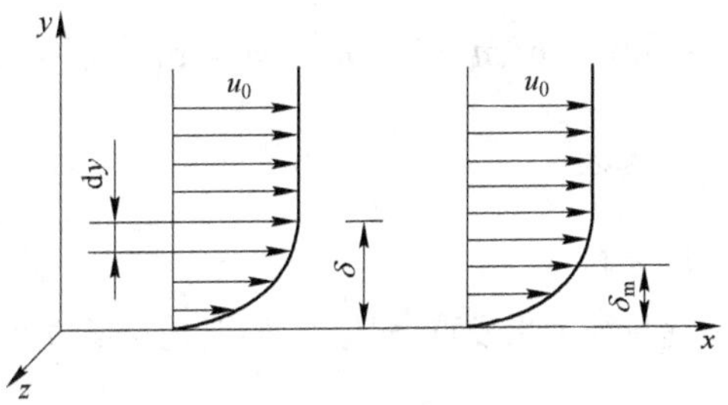

图 8-5　动量损失厚度

成了理想流体的动量损失，这种情况下要按理想流体流动计算动量，必须将平板表面向上推移一段距离，该距离称为动量损失厚度，用 δ_m 表示，则动量关系把损失的动量折算为厚度为 δ_m 的理想流体所具有的动量，则有：

$$\rho u_0^2 \delta_m = \int_0^{\delta} \rho u_0 u \mathrm{d}y - \int_0^{\delta} \rho u^2 \mathrm{d}y$$

$$\delta_m = \int_0^{\delta} \frac{u}{u_0}\left(1 - \frac{u}{u_0}\right)\mathrm{d}y$$

由于在边界层外：$u/u_0 \approx 1$，所以：

$$\delta_m = \int_0^{\infty} \frac{u}{u_0}\left(1 - \frac{u}{u_0}\right)\mathrm{d}y \tag{8-2}$$

其物理意义：由于边界层的存在，损失了厚度为 δ_m 的理想流体的动量。δ_m 的计算公式对于任意的不可压缩边界层都是正确的。

8.1.2.4　能量损失厚度 δ_e

边界层内的流速降低同样使流体的动能通量减小，设能量损失厚度（energy thickness）为 δ_e，则有：

$$\frac{1}{2}\rho u_0^3 \delta_e = \frac{1}{2}\int_0^{\delta} \rho u u_0^2 \mathrm{d}y - \frac{1}{2}\int_0^{\delta} \rho u^3 \mathrm{d}y = \frac{1}{2}\rho \int_0^{\delta} (u u_0^2 - u^3)\mathrm{d}y$$

所以 $\delta_e = \int_0^{\delta} \frac{u}{u_0}\left(1 - \frac{u^2}{u_0^2}\right)\mathrm{d}y$

若 $\delta \to \infty$ 则：

$$\delta_e = \int_0^{\infty} \frac{u}{u_0}\left(1 - \frac{u^2}{u_0^2}\right)\mathrm{d}y \tag{8-3}$$

由于能量损失厚度可以计算流动的水头损失，边界层外的势流区不会有能量损失，能量损失仅产生于边界层内。

综上所述，引入了排挤厚度、动量损失厚度、能量损失厚度这些概念，使实际流体的厚度减去排挤厚度（或动量损失厚度或能量损失厚度），得到流体的计算厚度，用这个相当厚度就可以把具有边界层的黏性流体变成理想流体的计算，从而大大地简化了计算过程。

[例 8-1]　设边界内速度分布为 $u = u_0\left(\frac{y}{\delta}\right)^{\frac{1}{7}}$，求排挤厚度和动量损失厚度。

解：由定义 $\delta_d = \int_0^{\delta}\left(1 - \frac{u}{u_0}\right)\mathrm{d}y$，令 $\eta = \frac{y}{\delta}$，则速度分布可表示为 $\frac{u}{u_0} = \eta^{\frac{1}{7}}$，$\mathrm{d}y = \delta \mathrm{d}\eta$，因此：

$$\delta_d = \delta \int_0^1 (1 - \eta^{\frac{1}{7}})\mathrm{d}\eta = \delta\left(\eta - \frac{7}{8}\eta^{\frac{8}{7}}\right)\Big|_0^1 = \frac{\delta}{8}$$

$$\delta_m = \int_0^\delta \frac{u}{u_0}\left(1 - \frac{u}{u_0}\right)dy = \delta\int_0^1 \eta^{\frac{1}{7}}(1 - \eta^{\frac{1}{7}})d\eta = \delta\left[\frac{7}{8}\eta^{\frac{8}{7}} - \frac{7}{9}\eta^{\frac{9}{7}}\right]\bigg|_0^1 = \frac{7}{72}\delta$$

8.1.3　边界层方程组及边界条件

8.1.3.1　普朗特边界层方程

利用边界层内流动的物理特征为出发点，根据纳维-斯托克斯方程推出边界层内速度分布的边界层方程。

A　基本方程

现假设不可压缩黏性流体流过无穷大平板或一曲率不大的弯曲壁面，且流动的雷诺数($Re = v_\infty L/\gamma$)很大，如图 8-6 所示，取坐标系使其坐标原点在前驻点，x 轴沿壁面且朝向流动方向，y 轴垂直于壁面。因此此流场为平面定常边界层流动，且坐标 z 与时间无关。

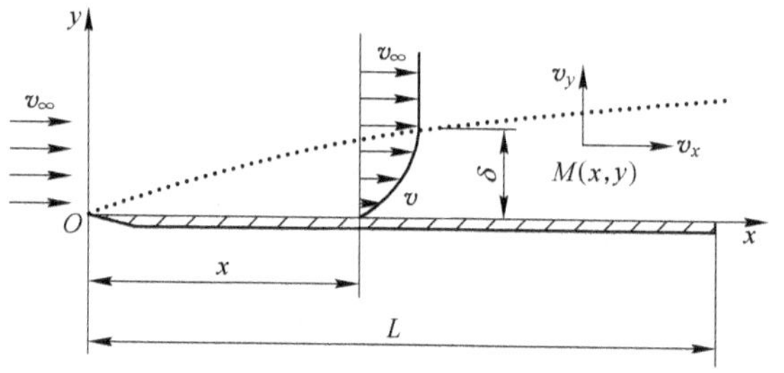

图 8-6　不可压平板层流边界层

根据边界层的概念，在边界层外的流动可视为势流，边界层中的黏性作用很大，要求解此层中任一点 $M(x,y)$ 处的速度 $v_x(x,y)$ 与 $v_y(x,y)$，必须从连续方程与纳维-斯托克斯方程出发。

$$\begin{aligned} &\frac{\partial v_x}{\partial x} + \frac{\partial v_y}{\partial y} = 0 \\ &v_x\frac{\partial v_x}{\partial x} + v_y\frac{\partial v_x}{\partial y} = -\frac{1}{\rho}\frac{\partial p}{\partial x} + \gamma\left(\frac{\partial^2 v_x}{\partial x^2} + \frac{\partial^2 v_x}{\partial y^2}\right) \\ &v_x\frac{\partial v_y}{\partial x} + v_y\frac{\partial v_y}{\partial y} = -\frac{1}{\rho}\frac{\partial p}{\partial y} + \gamma\left(\frac{\partial^2 v_y}{\partial x^2} + \frac{\partial^2 v_y}{\partial y^2}\right) \end{aligned} \tag{8-4}$$

B　数量级问题的几点说明

为简化上式，首先对其无量纲化处理，选择来流速度 u_∞ 作为速度比较基准，L 作为长度比较基准，并取 u_∞ 和 L 的数量级为 1，用符号 0(1) 表示。

(1) 估计数量级要有个标准，量级都是相对于这个标准而言的，标准改变后整个物理量的量级则完全不同。在边界层问题中，取 $\delta' = \delta/L$ 作为估级标准。

(2) 两个数相差一个数量级的含义：当两个数相比较，其中一个数小到可以忽略不计的程度时，可以说这两个数相差一个数量级，例如，边界层厚度 δ 与其相应的平板长度相比 $\delta/L \ll 1$，可以说 δ 比 L 小一个数量级。

(3) 变量的数量级比较是以变量的平均值为基础，并不是指该物理量或几何量的某一具体数值，例如边界层中变量 y 的变化范围是从零到 δ，x 的变化范围是从零到 L，则它们的量级大小可用 $\delta/2$ 和 $L/2$ 来表示，实际 δ 与 $\delta/2$、L 与 $L/2$ 的量级相同，也可用其相应的最大值 δ 和 L 去衡量各自的量级，即变量 y 的量级用 δ 作为衡量的基准，x 的量级用 L 作为衡量的基准，v_x 用来流速度 v_∞ 作为衡量的基准。

(4) 在做量级比较时,用符号"~"表示量级相同。

C 方程无量纲化

设平板长度为 L,边界层外的流速为 u_∞,现将各参数的无量纲值定义为 $x'=\dfrac{x}{L}$、$y'=\dfrac{y}{L}$、$v'_x=\dfrac{v_x}{v_\infty}$、$v'_y=\dfrac{v_y}{v_\infty}$、$p'=\dfrac{p}{\rho v_\infty^2}$。

将上述无量纲参数代入式(8-4),整理后得无量纲方程:

$$\begin{cases} v'_x\dfrac{\partial v'_x}{\partial x'}+v'_y\dfrac{\partial v'_x}{\partial y'}=-\dfrac{\partial p'}{\partial x'}+\dfrac{1}{ReL}\left(\dfrac{\partial^2 v'_x}{\partial x'^2}+\dfrac{\partial^2 v'_x}{\partial y'^2}\right) \\ v'_x\dfrac{\partial v'_y}{\partial x'}+v'_y\dfrac{\partial v'_y}{\partial y'}=-\dfrac{\partial p'}{\partial y'}+\dfrac{1}{ReL}\left(\dfrac{\partial^2 v'_y}{\partial x'^2}+\dfrac{\partial^2 v'_y}{\partial y'^2}\right) \\ \dfrac{\partial v'_x}{\partial x'}+\dfrac{\partial v'_y}{\partial y'}=0 \end{cases} \tag{8-5}$$

D 各数量级讨论

(1) v'_x 及其各阶导数 $\dfrac{\partial v'_x}{\partial x'},\dfrac{\partial^2 v'_x}{\partial x'^2},\dfrac{\partial v'_x}{\partial y'},\dfrac{\partial^2 v'_x}{\partial y'^2}$ 的数量级。

在边界层内,v_x 与 v_∞、x 与 1、y 与 δ 为同量级,则 v'_x 与 1、x' 与 1、y' 与 δ' 为同量级,即 $v'_x\sim0(1)$、$x'\sim0(1)$、$y'\sim\delta'$。因此得到:$\dfrac{\partial v'_x}{\partial x'}\sim0(1)$。

又因为 $\delta/L\ll1$,故 δ 的数量级 $0(\delta)\ll0(1)$,当 y' 由零变到 δ' 时,v'_x 也由零变到 δ 与 1 同量级的量,因此得到:$\dfrac{\partial v'_x}{\partial y'}\sim0\left(\dfrac{1}{\delta'}\right)$。

同理 $\dfrac{\partial^2 v'_x}{\partial y'^2}\sim0\left(\dfrac{1}{\delta'^2}\right)$,归纳为:

$$v'_x\sim0(1),\frac{\partial v'_x}{\partial x'}\sim0(1),\frac{\partial v'^2_x}{\partial x'^2}\sim0(1),\frac{\partial v'_x}{\partial y'}\sim0\left(\frac{1}{\delta'}\right),\frac{\partial^2 v'_x}{\partial y'^2}\sim0\left(\frac{1}{\delta'^2}\right)$$

(2) v'_y 及其各阶导数 $\dfrac{\partial v'_y}{\partial y'},\dfrac{\partial^2 v'_y}{\partial y'^2},\dfrac{\partial v'_y}{\partial x'},\dfrac{\partial^2 v'_y}{\partial x'^2}$ 的数量级。

由连续性方程可得:

$$\frac{\partial v'_y}{\partial y'}=-\frac{\partial v'_x}{\partial x'}\sim0(1)$$

于是有 $v'_y\sim\delta'$,$y'\sim\delta'$,归纳起来:

$$\frac{\partial v'_y}{\partial y'}\sim0(1)、\frac{\partial^2 v'_y}{\partial y'^2}\sim0\left(\frac{1}{\delta'}\right)、\frac{\partial v'_y}{\partial x'}\sim0(\delta')、\frac{\partial^2 v'_y}{\partial x'^2}\sim0(\delta')$$

E 边界层动量方程的简化

(1) 将有关项的数量级代入 x 方向的动量方程,得:

$$[0(1)][0(1)]+[0(\delta')]\left[0\left(\frac{1}{\delta'}\right)\right]=-\frac{1}{\rho}\frac{\partial P}{\partial x}+\gamma\left[0(1)^*+0\left(\frac{1}{\delta'^2}\right)\right]$$

因为 $0(1/\delta'^2)\gg0(1/\delta')\gg0(1)\gg0(\delta')$,首先有"*"的项 $0(1)\ll0\left(\dfrac{1}{\delta'^2}\right)$ 的项可略,其次,由

于边界层黏性作用较强，所以黏性项 $\gamma[0(1/\delta'^2)]$ 不能忽略，说明 $\gamma[0(1/\delta'^2)]$ 的数量级为 $0(1)$，即运动黏度项的数量级必然为：$\gamma \sim 0(\delta'^2)$。

（2）将有关项的数量级代入 y 方向的动量方程得：

$$[0(1)][0(\delta')]+[0(\delta)][0(1)]=-\frac{1}{\rho}\frac{\partial p}{\partial y}+0(\delta'^2)\left[0(\delta')+0\left(\frac{1}{\delta'}\right)\right]$$

从中可看出方程中各数量级等于或小于 $0(\delta')$。因此得：

$$\partial p/\partial y \approx 0$$

说明边界层内压强沿物面外法线方向不发生变化，等于边界层外边界处的压强，同时说明压强 p 只是 x 的函数，即 $p=p(x)$，$\partial p/\partial x=\mathrm{d}p/\mathrm{d}x$，$p$ 与 y 无关。

这一结论的实际意义是它将边界层外势流与边界层二者衔接起来，当解决了给定物体的势流绕流问题后，边界层内的压强分布也就找到了。实验也证明，用势流理论求得的边界层外边界上的压强分布与实测物体表面压强分布吻合得很好。

F　边界层的基本方程

（1）普朗特边界层方程形式一。

将上述数量级两式略去小量级项（δ'，δ'^2），并还原成有量纲的形式：

$$\begin{cases} v_x\dfrac{\partial v_x}{\partial x}+v_y\dfrac{\partial v_x}{\partial y}=-\dfrac{1}{\rho}\dfrac{\partial p}{\partial x}+\gamma\dfrac{\partial^2 v_x}{\partial y^2} \\ \dfrac{\partial p}{\partial y}=0 \\ \dfrac{\partial v_x}{\partial x}+\dfrac{\partial v_y}{\partial y}=0 \end{cases} \tag{8-6}$$

上式即为层流边界层的基本方程，它是由著名力学家普朗特于 1904 年导出的，故又称为普朗特边界层方程。

其边界条件为：

在 $y=0$ 时 $v_x=v_y=0$

在 $y=\delta$ 时 $v_x=0.99v_\infty$，$\dfrac{\partial v_x}{\partial y}=0$

（2）普朗特边界层方程形式二。

根据势流的伯努利方程，建立起压强与势流速度的关系，在一般情况下 $v_\infty=v_\infty(x)$

$$z+\frac{p}{\rho g}+\frac{v^2}{2g}=\mathrm{const}$$

$$p+\frac{1}{2}\rho v_\infty^2=常数$$

则有：

$$\frac{\mathrm{d}p}{\mathrm{d}x}=-\rho v_\infty\frac{\mathrm{d}v_\infty}{\mathrm{d}x}$$

在壁面处

当 $v_x=0$，$v_y=0$ 代入方程式（8-6）第一个式子中，得：

$$\left.\frac{\partial^2 v_x}{\partial y^2}\right|_{y=0}=\frac{1}{\rho}\frac{\mathrm{d}p}{\mathrm{d}x}=-\frac{1}{\gamma}\frac{\mathrm{d}v_\infty}{\mathrm{d}x}$$

则有：

$$\begin{cases}\dfrac{\partial v_x}{\partial x}+\dfrac{\partial v_y}{\partial y}=0\\ v_x\dfrac{\partial v_x}{\partial x}+v_y\dfrac{\partial v_y}{\partial y}=v_\infty\dfrac{\mathrm{d}v_\infty}{\mathrm{d}x}+\gamma\dfrac{\partial^2 v_x}{\partial y^2}\end{cases} \tag{8-7}$$

式(8-7)为普朗特边界层方程的另一种形式。

说明1：虽然普朗特边界层方程是在平壁上建立起来的，但对于曲面物体只要壁面上各点的曲率半径与该处的边界层厚度相比很大（如机翼翼型和叶片叶型），该方程仍然适用并有足够精确度。但这时应采用曲线坐标：x 轴沿物体壁面，y 轴垂直于壁面，即正交曲面坐标系。

说明2：欲求解边界层中的速度分布就必须先将势流解求出，把它作为求解边界层方程的一个边界条件。

说明3：边界层基本方程式中只是无量纲物理量的量级为1的条件下才适用的，否则将不适用。例如在边界层的前缘区域，x 与 y 为同一量级，故边界层基本方程一般不能求解平壁的前缘区域。人为规定这不适用区域长度 $x_0=25\gamma/v_\infty$。

说明4：我们以前知道 $v_x\dfrac{\partial v_x}{\partial x}+v_y\dfrac{\partial v_y}{\partial y}$ 与 $\gamma\dfrac{\partial^2 v_x}{\partial y^2}$ 是同数量级，且 v_x 与 v_∞、y 与 δ 同数量级，由此可知：

$$\frac{v_\infty^2}{x}\sim\gamma\frac{v_\infty}{\delta^2}$$

所以 $\delta\sim\sqrt{\dfrac{\gamma x}{v_\infty}}$

可见边界层厚度 δ 与流体的运动黏度 γ 以及边界层所在位置的坐标 x 的平方根成正比，和势流速度的平方根成反比，即流体越黏稠，势流速度越小，边界层越厚，并且边界层的厚度随 x 的增大而不断增加。

8.1.3.2 冯·卡门边界动量积分方程

求解边界层的目的是先求出边界层中的速度分布，进而求出平板表面上的黏性切应力及一段板长上的黏性阻力，并且求出边界层厚度沿平板的变化规律。冯·卡门（Karman）方法是一个边界层近似积分法。

以稳态不可压缩流体绕流平板为例，如图8-7a所示，在边界层中取长度为 $\mathrm{d}x$、厚度为一个单位（z 方向）、高度为边界层厚度的一个控制体，作用在该控制体表面上的力如图8-7b所示。由于边界层较薄，忽略流体静压的影响，近似认为流体的压力 p 沿 y 方向不变，且等于边界层外边界上外流的压力；此外，外边界上速度梯度近似为零，故没有切应力。所以控制体 x 方向的合力为：

$$\mathrm{d}F_x=p\delta-\left(p+\frac{\mathrm{d}p}{\mathrm{d}x}\mathrm{d}x\right)(\delta+\mathrm{d}\delta)+\left(p+\frac{1}{2}\frac{\mathrm{d}p}{\mathrm{d}x}\mathrm{d}x\right)\mathrm{d}\delta-\tau_0\mathrm{d}x$$

式中，τ_0 是壁面切应力。约去上式中的二阶小量，可得：

$$\mathrm{d}F_x=-\left(\delta\frac{\mathrm{d}p}{\mathrm{d}x}+\tau_0\right)\mathrm{d}x$$

对控制体，在 x 方向上，单位时间内流体从 x 处截面输入的动量为：

$$\int_0^\delta\rho u^2\mathrm{d}y$$

单位时间内从 $x+\mathrm{d}x$ 处截面输出控制体的动量为：

$$\int_0^\delta \rho u^2 \mathrm{d}y + \frac{\mathrm{d}}{\mathrm{d}x}\left(\int_0^\delta \rho u^2 \mathrm{d}y\right)\mathrm{d}x$$

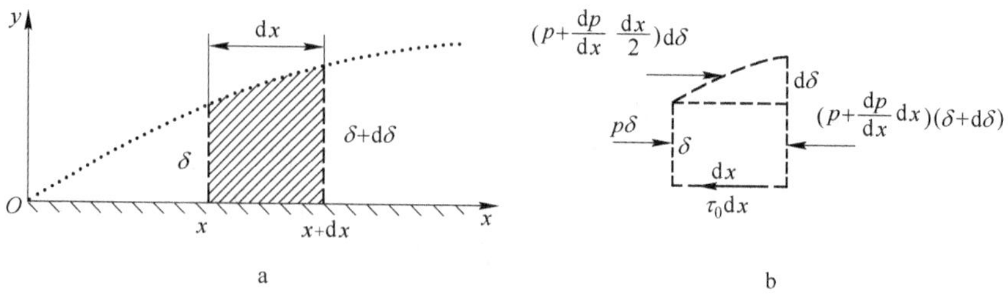

图 8-7　边界层内的控制体

设 u_m 和 v_m 分别为边界层外边界上流体速度在 x 和 y 方向的分量，则从外边界进入控制体的质量流量为 $(\rho_m u_m \mathrm{d}\delta - \rho_m v_m \mathrm{d}x)$，因此单位时间内从外边界输入控制体的 x 方向动量为 $u_m(\rho_m u_m \mathrm{d}\delta - \rho_m v_m \mathrm{d}x)$。

故 x 方向的动量方程为：

$$-\left(\delta \frac{\mathrm{d}p}{\mathrm{d}x} + \tau_0\right)\mathrm{d}x = \frac{\mathrm{d}}{\mathrm{d}x}\left(\int_0^\delta \rho u^2 \mathrm{d}y\right)\mathrm{d}x + u_m \rho_m (v_m \mathrm{d}x - u_m \mathrm{d}\delta) \tag{8-8}$$

在所选控制体上写出连续方程有：

$$(\rho_m u_m \mathrm{d}\delta - \rho_m v_m \mathrm{d}x) = \frac{\mathrm{d}}{\mathrm{d}x}\left(\int_0^\delta \rho u \mathrm{d}y\right)\mathrm{d}x$$

将上式代入式(8-8)，可得：

$$-\delta \frac{\mathrm{d}p}{\mathrm{d}x} - \tau_0 = \frac{\mathrm{d}}{\mathrm{d}x}\left(\int_0^\delta \rho u^2 \mathrm{d}y\right) - u_m \frac{\mathrm{d}}{\mathrm{d}x}\left(\int_0^\delta \rho u \mathrm{d}y\right) \tag{8-9}$$

上式即是冯 · 卡门于 1921 年推导出的边界层动量积分方程的一般形式，适用于各种壁面形状的层流或湍流边界层。

特别地，如果 $\mathrm{d}p/\mathrm{d}x = 0$，$u_m$ 为常数，则上式可改写为：

$$-\tau_0 = \frac{\mathrm{d}}{\mathrm{d}x}\left[\int_0^\delta \rho (u^2 - u_m u)\mathrm{d}y\right]$$

将动量损失厚度代入后有：

$$\frac{\mathrm{d}\delta_m}{x} = \frac{\tau_0}{\rho u_m^2}$$

一般情况下，对于绕平板的稳态不可压缩流动，当利用式(8-9)来确定边界层厚度时，应注意以下几点：

(1) x 方向的压力梯度 $\mathrm{d}p/\mathrm{d}x$ 取边界层外边界上外流(即势流)的值；

(2) 对于平板来说，边界层外边界上的速度 u_m 等于来流速度 u_0；

(3) 假定一个合理的速度分布，通常认为沿 y 方向的速度分布曲线在任意 x 处类似，即认为 u 是 y/δ 的函数；

(4) 根据牛顿剪切定律，用 $\mu(\partial u/\partial y)_{y=0}$ 代替 τ_0。

8.1.3.3　平板层流边界层的精确解

1908 年普朗特的学生普拉修斯(Blasius)发表了半无穷长平板层流边界的精确解。

如图 8-8 所示，设在平板前方未受扰动的流动速度为均匀流速度 v_∞，其方向与平板相切，其速度分布为 $v_x = v_\infty$，$v_y = 0$，即沿平板的速度为常量 v_∞，由于外流为平行直线等速流动，由伯努利方程可知压力沿流动方向不变，所以边界层外边界上 p 为定值，即 $\mathrm{d}p/\mathrm{d}x = 0$，代入普朗特边界层方程，于是边界层方程呈如下形式：

$$\begin{cases}\dfrac{\partial v_x}{\partial x}+\dfrac{\partial v_y}{\partial y}=0\\ v_x\dfrac{\partial v_x}{\partial x}+v_y\dfrac{\partial v_y}{\partial y}=\gamma\dfrac{\partial^2 v_x}{\partial y^2}\end{cases}$$

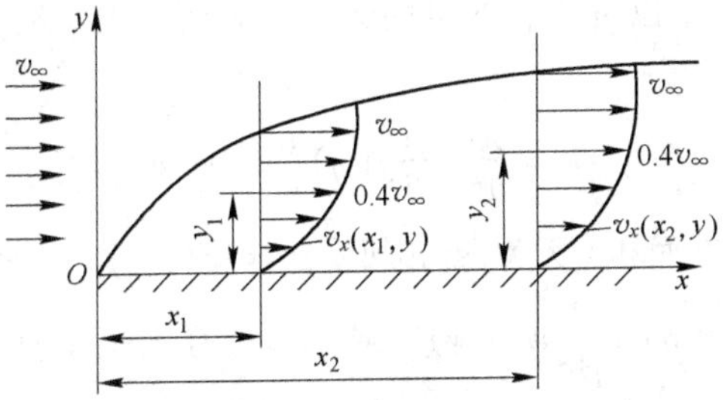

图 8-8 平板层流边界层

这个方程包含两个未知函数 $v_x(x,y)$ 与 $v_y(x,y)$，为抛物型偏微分方程，通过平面流动的流函数 $\psi(x,y)$ 与 v_x, v_y 关系，方程中的第二个式子可写成只含一个未知数 ψ 的方程：

$$\frac{\partial\psi}{\partial y}\frac{\partial^2\psi}{\partial x\,\partial y}-\frac{\partial\psi}{\partial x}\frac{\partial^2\psi}{\partial y^2}=\gamma\frac{\partial^3\psi}{\partial y^3} \tag{8-10}$$

这个方程在20世纪初首先由普拉修斯用一种“相似性解法”求出了解析解。先讨论一下这个相似性解法是怎样一个概念。如图8-8所示，设在边界层中 $x=x_1$ 与 $y=y_1$ 处速度 $v_x=0.4v_\infty$。可见，在 $x=x_2$ 处的边界层内必有一点 $y=y_2$ 处的速度也会达到势流速度 v_∞ 的0.4倍。换句话说，如果定义一个无量纲坐标 η：

$$\eta=\alpha\frac{y}{x^n}$$

式中，α 为一待定常数，它可使 η 成为无量纲数，n 也为一待定常数，则：

$$\frac{y_1}{x_1^n}=\frac{y_2}{x_2^n}\quad 或\quad \eta_1=\eta_2$$

当 η 为某一常数值时，应有 $v_x(x_1,y_1)=v_x(x_2,y_2)$，或者说 v_x/v_∞ 为某一常数值。亦即不管在平板何处（不同的 x），也不管在边界层中的何处（不同的 y），只要由 x 与 y 组成的一个无量纲数 $\eta=\alpha\dfrac{y}{x^n}=\text{const}$，就应有唯一的一个 $\dfrac{v_x(x,y)}{v_\infty}=\text{const}$ 和它相对应。如图8-9所示，在平板的各处都有相似的速度分布形式或速度剖面。这就是相似解法的概念。

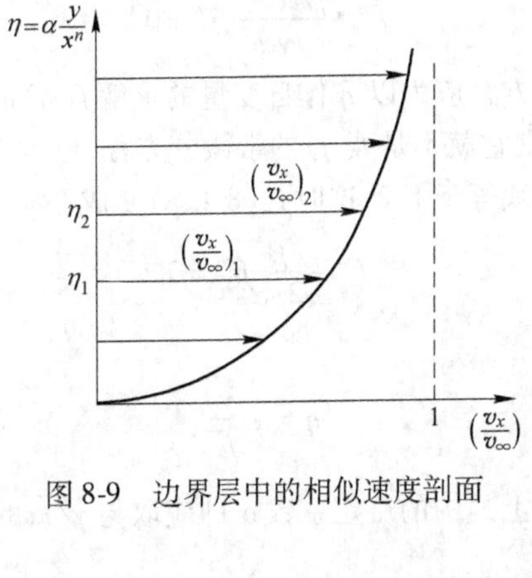

图 8-9 边界层中的相似速度剖面

现在再定义一个以 η 为自变量的无量纲函数，它和要求解的边界层流动的流函数 $\psi(x,y)$ 有下列关系。

$$f(\eta)=\beta_1\psi(x,y)$$

或

$$\psi(x,y)=\frac{1}{\beta_1}f(\eta)$$

式中，β_1 为一待定系数。这个以 η 为自变量的无量纲函数叫无量纲流函数。根据相似解的概念，当 $\eta=\text{const}$ 时应有：

$$v_x=\frac{\partial\psi}{\partial y}=\frac{1}{\beta_1}f(\eta)\frac{\alpha}{x^n}=\text{const}$$

在上式中欲使 v_x 为常数而和 x 无关，就必须使 $\beta_1=1/(\beta x^n)$，于是无量纲流函数就成为：

$$f(\eta)=\frac{1}{\beta x^n}\psi(x,y)\quad 或\quad \psi(x,y)=\beta x^n f(\eta)$$

式中，β 仍是一个待定的常数系数，且它应使 $f(\eta)$ 成为无量纲数。

如果能建立一个符合相似解法概念的求解的 $f(\eta)$ 方程，再确定出 n、α、β 三个待定系数，则边界层流动的流函数就可得到，因而速度 $v_x(x,y)$、$v_y(x,y)$ 随之即可求得。自然，建立这一方程的根据只能是上面已给出的流函数形式的边界层方程。为此，先写出此方程各项与 $f(\eta)$ 与 η 的关系为：

$$\begin{cases}\dfrac{\partial\psi}{\partial x}=\beta\left[nx^{n-1}f+x^nf'\left(-\alpha ny\dfrac{1}{x^{n+1}}\right)\right]=\beta nx^{n-1}(f-\eta f')\\ \dfrac{\partial\psi}{\partial y}=\beta x^nf'\dfrac{\alpha}{x^n}=\beta\alpha f'\\ \dfrac{\partial^2\psi}{\partial y^2}=\beta\alpha f''\dfrac{\alpha}{x^n}=\beta\dfrac{\alpha^2}{x^n}f''\\ \dfrac{\partial^3\psi}{\partial x^3}=\beta\dfrac{\alpha^3}{x^{2n}}f'''\\ \dfrac{\partial^2\psi}{\partial x\,\partial y}=\beta\alpha f''\left(-\alpha ny\dfrac{1}{x^{n+1}}\right)=-\beta\dfrac{n\alpha}{x}\eta f''\end{cases}\tag{8-11}$$

将上面各式代入式(8-10)可得：

$$-\beta\frac{n\alpha^2}{x}(nf'f''+ff''-\eta f'f'')=\gamma\beta\frac{\alpha^3}{x^{2n}}f'''$$

整理后得：

$$f'''+\frac{\beta nx^{2n-1}}{\gamma\alpha}ff''=0\tag{8-12a}$$

根据相似解的概念，这个方程应为以 η 作自变量的求解 $f(\eta)$ 的一常微分方程。如果在此方程中明显地出现变量 x 或 y，则它就不是 $f(\eta)$ 的常微分方程，也就不会有相似解。出自这样的判断，在方程中的待定数 n 就必须等于 1/2，这时式(8-12a)变成：

$$f'''+\frac{\beta}{2\gamma\alpha}ff''=0\tag{8-12b}$$

无量纲自变量即成为：

$$\eta=\alpha\frac{y}{\sqrt{x}}$$

欲使 η 成为无量纲数，在上式中的待定系数 α 即应取与 $y/\sqrt{x}$ 的量纲成倒数的某个由某些流场特征量组成的数。若取 $\alpha = \sqrt{v_\infty/\gamma}$,则正好满足上述要求。于是有:

$$\eta = y \Big/ \sqrt{\frac{\gamma x}{v_\infty}}$$

再来确定待定系数 β,由前述的 $\psi(x,y) = \beta\sqrt{x}f(\eta)$ 可知,欲使 $f(\eta)$ 成为无量纲,$\beta\sqrt{x}$ 的量纲应与 $\psi(x,y)$ 的量纲一样。ψ 的量纲是 L^2/T,$\sqrt{x}$ 的是 $L^{1/2}$,故 β 的应是 $L^{3/2}/T$。此外 β 也须由流场的特征量组成。可发现取 $\beta = \sqrt{\gamma v_\infty}$ 则正合适。于是有:

$$\psi(x,y) = \sqrt{\gamma v_\infty x}f(\eta)$$

把上面已确定的 α 与 β 代入式(8-11)后得:

$$f''' + \frac{1}{2}ff'' = 0 \tag{8-12c}$$

这就是求解无量纲流函数 $f(\eta)$ 的常微分方程。它是一个三阶非线性方程,很难用解析法求解,只好求助于数值法。

求解方程所需的边界条件:在考虑了前述的关系式(8-11)后,边界条件应是当 $y=0$ 或 $\eta=0$ 时,应有:

$$v_x(x,0) = (\partial\psi/\partial y)_{y=0} = (\beta\alpha f')_{\eta=0} = 0$$

$$v_y(x,0) = (-\partial\psi/\partial x)_{y=0} = -\beta[nx^{n-1}(f-\eta f')]_{\eta=0} = 0$$

所以有:

$$f'(0) = 0 \quad 与 \quad f(0) = 0$$

当 $y\to\infty$ 或 $\eta\to\infty$ 时,应有 $v_x(x,y)_{y\to\infty} = (\beta\alpha f')_{\eta\to\infty} = v_\infty$

所以有 $$f'(\eta)_{\eta\to\infty} = v_\infty/(\beta\alpha) = 1$$

方程 $\left(f''' + \frac{1}{2}ff'' = 0\right)$ 在边界条件 $f'(0) = 0$ 与 $f(0) = 0$ 和 $f'(\eta)_{\eta\to\infty} = v_\infty/(\beta\alpha) = 1$ 下的数值解如表 8-1 所示。

表 8-1 平板边界层的相似解

η	$f' = v_x/v_\infty$	η	$f' = v_x/v_\infty$	η	$f' = v_x/v_\infty$	η	$f' = v_x/v_\infty$
0	0	1.6	0.5168	3.2	0.8761	4.8	0.9878
0.2	0.0664	1.8	0.5748	3.4	0.9018	5.0	0.9915
0.4	0.1328	2.0	0.6298	3.6	0.9233	5.2	0.9942
0.6	0.1989	2.2	0.6813	3.8	0.9411	5.4	0.9962
0.8	0.2647	2.4	0.7290	4.0	0.9555	5.6	0.9975
1.0	0.3298	2.6	0.7725	4.2	0.9670	5.8	0.9984
1.2	0.3938	2.8	0.8115	4.4	0.9759	6.0	0.9990
1.4	0.4563	3.0	0.8460	4.6	0.9827	7.0	0.9999

平板上某点 x 处黏性摩擦力为:

$$\tau_0(x) = \mu\left(\frac{\partial v_x}{\partial y}\right)_{y=0} = \mu\left(\frac{\partial^2\psi}{\partial y^2}\right)_{y=1} = \mu\sqrt{\frac{v_\infty^3}{\gamma x}}f''(0)$$

根据表 8-1 可得:

$$f''(0) = \frac{f'(0.2) - f'(0)}{0.2} = 0.332$$

所以，$\tau_0(x)=0.332\mu\sqrt{\dfrac{v_\infty^3}{\gamma x}}=0.332\sqrt{\dfrac{\mu\rho v_\infty^3}{x}}$

切应力系数　$C_f=\dfrac{\tau_0(x)}{\dfrac{1}{2}\rho v_\infty^2}=0.664\Big/\sqrt{\dfrac{v_\infty x}{\gamma}}=0.664/\sqrt{Re_x}$

流体作用于平板一段$(0\sim x)$上的力为：

$$F_D=\int_0^x\tau_0(\xi)\mathrm{d}\xi=\int_0^x 0.332\sqrt{\frac{\mu\rho v_\infty^3}{\xi}}\mathrm{d}\xi=0.664\sqrt{\mu\rho v_\infty^3 x}$$

阻力系数为：

$$C_D=\frac{F_D}{\dfrac{1}{2}\rho v_\infty^2 x}=1.328\Big/\sqrt{\frac{v_\infty x}{\gamma}}=1.328/\sqrt{Re_x}$$

边界层厚度为下法求出。从表 8-1 发现，当 $\eta=5.0$ 时 $v_x/v_\infty=f'\approx0.99$ 时，即 $\eta=5.0$ 对应的是边界层的外边界，

故有　$\eta=\left[\dfrac{y}{\sqrt{\dfrac{\gamma x}{v_\infty}}}\right]_{y=\delta}=5.0$

$\delta=5.0\sqrt{\dfrac{\gamma x}{v_\infty}}$　或　$\dfrac{\delta}{x}=5.0/\sqrt{Re_x}$

其排挤厚度和动量损失厚度为：

$$\frac{\delta^*}{x}=1.72/\sqrt{Re_x},\frac{\delta^{**}}{x}=0.664/\sqrt{Re_x}$$

可见 $\delta^{**}<\delta^*<\delta$。

8.1.4　边界层分离

在实际工程中，物体的边界往往是曲面（流线型或非流线型物体）。当流体绕流非流线型物体时，或流线型物体在非流线切线进入的情况下流动时，物面上的边界层在某个位置开始脱离物面，并在物面附近出现与主流方向相反的回流，这种现象为边界层分离现象，如图 8-10 所示。

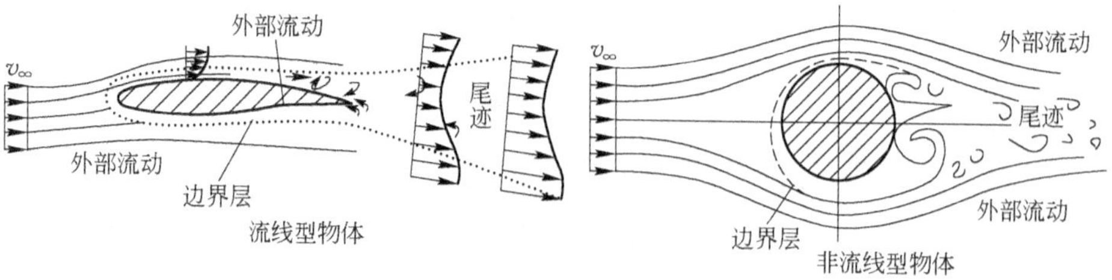

图 8-10　边界层分离现象

8.1.4.1　边界层分离

发生边界层分离的物理原因之一是有逆压力梯度存在。如图 8-11 所示，流体流经曲面物体。采用正交曲线坐标，坐标原点取在前一驻点，x 轴沿物面选取，y 轴与物面垂直，图中虚线表示曲壁边界层的外边界，假定各处壁面的曲率半径与边界层厚度相比很大，当流体绕曲面流动时，边界层之外的流动可视为理想流体势流，边界层内$\dfrac{\partial p}{\partial y}\approx0$。

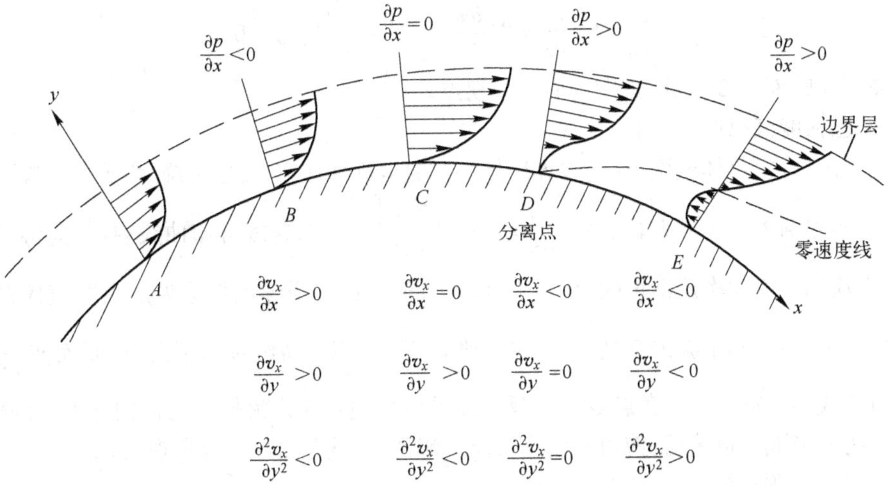

图 8-11 边界层分离

A 外部势流

对于外部的势流，C 点的左半部分流动是加速的，在 C 点处边界层之外的流速达到最大值，该处的压强达到最小值。因此，可以说，在边界层外的势流在绕过任何物体时先出现压强的下降（加速）阶段，当压强达到最低点 C 后，其压强又开始上升（减速），即势流中压力梯度 $\mathrm{d}p/\mathrm{d}x$ 从小于零到等于零又到大于零。

B 边界层内

a 顺压梯度区（即 A-C 段）

压强梯度为负值，因此作用在边界层内流体质点上压力的合力与流动方向一致，它与边界层内阻滞流动的黏性影响起着相反的作用。在降压区 $\mathrm{d}p/\mathrm{d}x<0$，速度 $v_x(x,y)$ 由表面处的零增大到边界层外边界处的势流速度，在表面处有 $\mathrm{d}v_x/\mathrm{d}y>0$，此速度分布应满足边界层方程：

$$v_x\frac{\partial v_x}{\partial x}+v_y\frac{\partial v_x}{\partial y}=-\frac{1}{\rho}\frac{\mathrm{d}p}{\mathrm{d}x}+\gamma\frac{\partial^2 v_x}{\partial y^2}$$

在物体表面 $y=0$ 处应有 $v_x=v_y=0$，于是有：

$$\left(\frac{\partial^2 v_x}{\partial y^2}\right)_{y=0}=\frac{1}{\mu}\frac{\mathrm{d}p}{\mathrm{d}x}$$

降压区中 $\mathrm{d}p/\mathrm{d}x<0$，所以 $(\partial^2 v_x/\partial y^2)_{y=0}<0$，说明速度分布曲线 $v_x(x,y)$ 在表面处的曲率为负，即曲线向流动方向凸出的。边界层内流动具有下列特点：

$$\frac{\mathrm{d}p}{\mathrm{d}x}<0,\frac{\partial v_x}{\partial x}>0,\left.\frac{\partial v_x}{\partial y}\right|_{y=0}>0,\left.\frac{\partial^2 v_x}{\partial y^2}\right|_{y=0}<0$$

这表明边界层内的流体不但是全部沿流动方向前进，而且速度剖面在流动方向呈凸形，流体质点沿曲面前进不会停滞，也不会发生边界层分离现象。

b 压强梯度零点（即 C 点）

C 点 $\mathrm{d}p/\mathrm{d}x=0$，该点处在最大迎流面宽度（即流道面积最小）附近，该处边界层外缘速度最大，压强最低且是压强变化的转折点。在 C 点处 $\mathrm{d}p/\mathrm{d}x=0$，仍有 $\partial v_x/\partial y>0$，但 $\partial^2 v_x/\partial y^2=0$，即在点 C 处速度分布曲线有一拐点。

$$\frac{\mathrm{d}p}{\mathrm{d}x}=0,\frac{\partial v_x}{\partial x}=0,\left.\frac{\partial v_x}{\partial y}\right|_{y=0}>0,\left.\frac{\partial^2 v_x}{\partial y^2}\right|_{y=0}<0$$

这表明在壁面上 C 点处，速度剖面出现拐点。

c　逆压梯度区（即 C-E 段）

在这个区域内，物体壁面下降，边界层外势流通道逐渐加宽，流速下降，边界层外缘区的流速逐渐减小，压强渐增。在 C-D 段，由于$\frac{\mathrm{d}p}{\mathrm{d}x}>0$所以$\left.\frac{\partial^2 v_x}{\partial y^2}\right|_{y=0}<0$，速度分布曲线内凹，向势流的反方向凸出，沿流动方向曲率逐渐增大，拐点上升，这说明正的压强梯度使边界层内的流体在向下游运动时受到了阻止，到下游的某处 D，流体的动能已不足以维持继续向下游流动，而使$\frac{\partial v_x}{\partial y}=0$，即速度分布曲线与 y 轴相切。在点 D 之后反向压差将使边界层内流体产生反向速度，在物体表面与边界层之间形成一道流层，使边界层排挤向势流区，这就是边界层分离现象。

边界层 C 点附近流动的特点：

$$\frac{\mathrm{d}p}{\mathrm{d}x}>0,\left.\frac{\partial^2 v_x}{\partial y^2}\right|_{y=0}<0,\left.\frac{\partial v_x}{\partial y}\right|_{y=0}>0$$

边界层 D 点附近流动特点：

$$\frac{\partial p}{\partial x}>0,\frac{\partial v_x}{\partial y}=0,\left.\frac{\partial^2 v_x}{\partial y^2}\right|_{y=0}=0$$

边界层 E 点附近流动特点：

$$\frac{\partial p}{\partial x}>0,\frac{\partial v_x}{\partial y}<0,\left.\frac{\partial^2 v_x}{\partial y^2}\right|_{y=0}>0$$

因此可以看出，在须压区和逆压区开始区段，壁面处的速度梯度始终大于零，即$\left.\frac{\partial v_x}{\partial y}\right|_{y=0}>0$，但在逆压区，由于边界层外的主流减速，才使得边界层内$\frac{\partial v_x}{\partial x}<0$，虽然在开始区段$\left.\frac{\partial v_x}{\partial y}\right|_{y=0}>0$，但却是逐渐减小的，故有可能在某个位置上出现$\left.\frac{\partial v_x}{\partial y}\right|_{y=0}=0$，即图中 D 点，称为边界层的分离点，显然在分离点处 $\tau=0$。

d　分离区

在分离点以后，壁面附近被黏性和逆压梯度滞止的流体质点逐渐增多，压强的进一步升高将使被滞止的流体质点发生回流，而排挤上游来流边界层使其与壁面分离。图中的 DT 线上的一系列流体质点速度等于零，成为顺流与回流的分界面，该分界面极不稳定，稍经扰动便破裂形成旋涡被主流带走。这样，分离点后的旋涡不断地产生，又不断地被主流带走，在绕流物体的尾部便形成了尾涡区。

边界层分离点以后的区域，已不属于边界层区域，而分离点下游物面上的流动也不再具备边界层流动的特点。

C　边界层分离的原因

从物理上讲，在边界层内由于流体的黏性必然产生能量耗散。设想如果不能连续地向边界层内提供能量，则边界层内流体的动能将会很快被耗掉，流动就会滞止。边界层之所以能够维持，其根本原因在于有一部分主流区的流体不断地进入边界层中，给边界层中的流体输入新的动能。在顺压梯度区，由于顺压差和层外势流的加速，使得边界层内的流体始终保持向下游运动，不会出现滞止现象。但在逆压梯度区,逆压差和层外势流的减速使得边界层中的流动减速,而近壁处流体的动能也愈来愈小,故在黏性和逆压梯度的双重作用下,流体质点可能首先在壁面某处被滞止。因此,可以说逆压梯度越大,则越易产生边界层分离,在逆压梯度区足够长时,最终必将发生边界层分离,而在绕流物体的尾部形成尾涡区。

综上所述可得如下结论:黏性流体在顺压梯度区流动(降压加速流动)时,决不会出现边界层分离。在逆压梯度区流动(升压减速流动)时在黏性滞止和逆压梯度作用下才有可能出现边界层分离。尤其是在逆压梯度足够大或逆压梯度区足够长的情况下,就一定会发生边界层分离。

8.1.4.2 压差阻力

浸没在流体中的固体将受到阻力 F_D 和升力 F_L 的作用,如果来流速度 v_∞ 的方向为 x,则阻力平行于来流方向,而升力垂直于来流方向,所以该固体所受到流体的作用力为

$$\boldsymbol{F} = \boldsymbol{F}_D + \boldsymbol{F}_L = F_D\boldsymbol{i} + F_L\boldsymbol{j}$$

总阻力 F_D 包括流体的摩擦阻力 F_μ 和压差阻力 F_P 两个部分,F_μ 是指物体表面切应力在来流方向的总和;F_P 是由物体表面上的压力所引起的合力在来流方向上的分量,例如,图 8-12 所示的平板所承受的力就是压差阻力。总阻力可用下式表示:

$$F_D = C_D A_D \rho \frac{v_\infty^2}{2}$$

式中,A_D 为物体在来流方向的投影面积,C_D 为总阻力系数。由于 $F_D = F_\mu + F_P$。

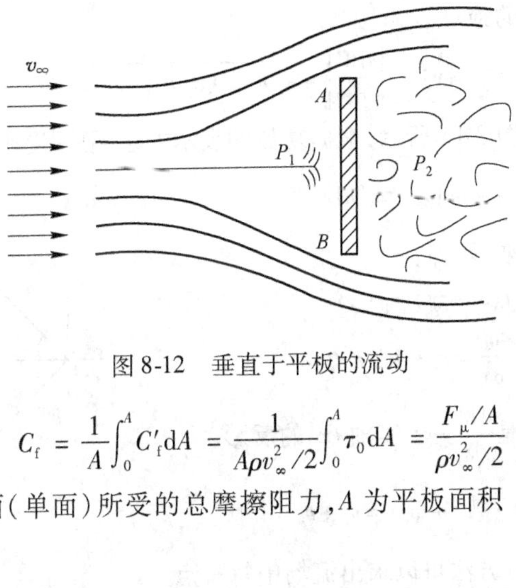

图 8-12 垂直于平板的流动

总摩擦阻力系数为 $$C_f = \frac{1}{A}\int_0^A C'_f \mathrm{d}A = \frac{1}{A\rho v_\infty^2/2}\int_0^A \tau_0 \mathrm{d}A = \frac{F_\mu/A}{\rho v_\infty^2/2}$$

式中,F_μ 是整个平面表面(单面)所受的总摩擦阻力,A 为平板面积 ,F_μ/A 显然是壁面平均切应力。

压差阻力计算:

$$F_P = C_D A_D \rho \frac{v_\infty^2}{2} - C_f A\rho \frac{v_\infty^2}{2} = (C_D A_D - C_f A)\rho \frac{v_\infty^2}{2} \tag{8-13}$$

8.2 流体绕物流动

8.2.1 复势与复速度

对于不可压缩理想流体的平面无旋运动,可同时引进速度势函数和流函数 ψ,由于它们都是调和函数,满足拉普拉斯方程,即:

$$\frac{\partial^2 \Phi}{\partial x^2} + \frac{\partial^2 \Phi}{\partial y^2} = 0$$

$$\frac{\partial^2\psi}{\partial x^2}+\frac{\partial^2\psi}{\partial y^2}=0$$

由速度势函数 Φ 与流函数 ψ 之间关系：

$$\frac{\partial\Phi}{\partial x}=\frac{\partial\psi}{\partial y}$$

$$\frac{\partial\Phi}{\partial y}=-\frac{\partial\psi}{\partial x}$$

可以看出，Φ 与 ψ 是互为共轭的调和函数。现在将平面势流的速度势函数 Φ 作为某一复变函数的实部，把其流函数 ψ 作为虚部，即 $W=\Phi+i\psi=f(z)$，满足柯西-黎曼条件的两个调和函数可构成一个解析的复变函数，这个复变函数 $W(z)$ 叫做该平面势流的复势。反之，若有一个复变函数是解析的（即其实部与虚部满足柯西-黎曼条件），则实部就代表某一理论上存在的平面势流的速度势函数，而虚部则代表那个流动的流函数。

若已知一平面势流的复势，则流场中任意点处的速度就可求出，实际上将复势对复自变量微分，根据复变函数求导公式得：

$$\frac{dW}{dz}=f(z)=\frac{\partial\Phi}{\partial x}+i\frac{\partial\psi}{\partial x}=\frac{\partial\psi}{\partial y}-i\frac{\partial\Phi}{\partial x}=v_x-iv_y=v$$

即复势的导数实部为流速的 x 轴（实轴）分量，而虚部则为流速的 y 轴（虚轴）分量的负值，该导数用符号 $\boldsymbol{v}$ 表示，叫做该平面势流的复速度。

复速度的模等于速度的绝对值，即：

$$|\boldsymbol{v}|=\left|\frac{dW}{dz}\right|=\sqrt{v_x^2+(-v_y)^2}=|v|$$

复速度的几何表示如图 8-13 所示，根据复数的表示方法，复速度也可表示为：

$$\boldsymbol{v}=\frac{dW}{dz}=|v|(\cos\alpha-i\sin\alpha)=|v|e^{-i\alpha}$$

如果 $\overline{W}$ 为 W 的共轭复变数，即：

$$\overline{W}=\Phi-i\psi=f(x-iy)=f(\bar{z})$$

$$\frac{d\overline{W}}{d\bar{z}}=\frac{\partial\Phi}{\partial x}-i\frac{\partial\psi}{\partial x}=v_x+iv_y=\bar{\boldsymbol{v}}$$

在速度复平面上，$\frac{d\overline{W}}{d\bar{z}}$ 是 $\frac{dW}{dz}$ 关于实轴 Ox 的反影。

又 $\frac{dW}{dz}\cdot\frac{d\overline{W}}{d\bar{z}}=(v_x-iv_y)\cdot(v_x+iv_y)=v_x^2+v_y^2=|v|^2$

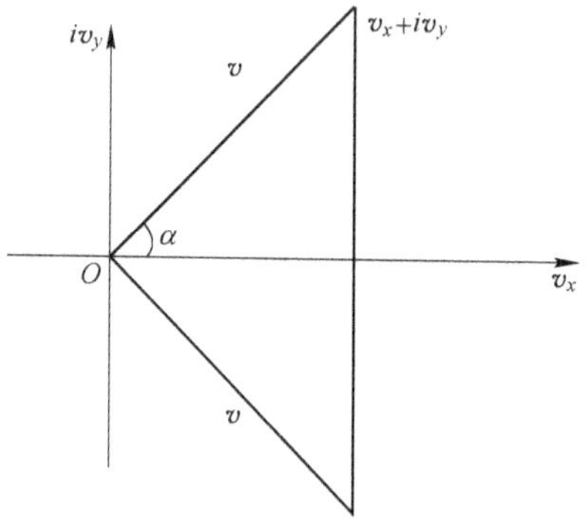

图 8-13　复速度的几何表示

所以根据共轭复变数的运算方法可以求出流场中每一点处的速度。把平面无旋运动归结为寻求流场的复势 $W(z)$ 或复速度 dW/dz 的问题，如果求得流场的复势或复速度，那么速度场便可求得。

8.2.2　绕圆柱的无环量流动

8.2.2.1　绕圆柱无环量流动的极坐标形式

绕圆柱无环量流动是均匀直线流动与偶极流叠加而成。

将平行于 x 轴的均匀流与布置在原点的偶极流叠加，得到的速度势函数和流函数分别为：

$$\Phi=v_\infty\cos\theta\left(r+\frac{M}{2\pi v_\infty}\frac{1}{r}\right)$$

$$\psi = v_\infty \sin\theta\left(r - \frac{M}{2\pi v_\infty}\frac{1}{r}\right)$$

相应的速度分布为：

$$v_r = \frac{\partial \Phi}{\partial r} = v_\infty\left(1 - \frac{M}{2\pi v_\infty}\frac{1}{r^2}\right)\cos\theta$$

$$v_\theta = \frac{\partial \Phi}{r\,\partial \theta} = -v_\infty\left(1 + \frac{M}{2\pi v_\infty}\frac{1}{r^2}\right)\sin\theta$$

下面寻找该复合流动的边界条件。令 $v_r = 0$ 和 $v_\theta = 0$，得到两个驻点坐标，即 $\theta = 0, r = \sqrt{M/(2\pi v_\infty)}$ 和 $\theta = \pi, r = \sqrt{M/(2\pi v_\infty)}$。代入流函数表达式，得 $\psi = 0$，即所谓零流线方程：

$$v_\infty\left(1 - \frac{M}{2\pi v_\infty}\frac{1}{r^2}\right)r\sin\theta = 0$$

这个零流线方程的解为：

$$\theta = 0, \theta = \pi, r = \sqrt{\frac{M}{2\pi v_\infty}}$$

由此可知，零流线是半径 $r = \sqrt{M/(2\pi v_\infty)}$ 的圆周和 x 轴构成的图形，该流线在前驻点 A 分为两股沿上下两个半圆周到后驻点 B 汇合，如图 8-14 所示。

显然，一个置于均匀流中的半径为 $r_0 = \sqrt{M/(2\pi v_\infty)}$ 的圆柱体的绕流，物面条件与上述零流线圆周重合。因此，均匀流与 $M = 2\pi r_0^2 v_\infty$ 的偶极流叠加复合成的零流线及外部绕流，既满足无穷远均匀来流条件，又满足圆柱体的物面条件，可以代替半径为 $r_0 = \sqrt{M/(2\pi v_\infty)}$ 的圆柱体的平面绕流流动。于是，均匀流绕圆柱体流动的速度势函数、流函数及流速分布分别为：

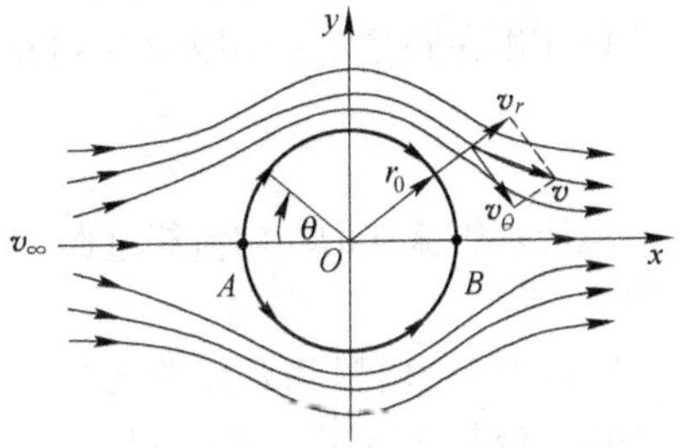

图 8-14 均匀流绕圆柱体的流动

$$\begin{cases} \Phi = v_\infty \cos\theta\left(r + \dfrac{r^2}{r}\right) \\ \psi = v_\infty \sin\theta\left(r - \dfrac{r_0^2}{r}\right) \\ v_r = v_\infty\left(1 - \dfrac{r_0^2}{r^2}\right)\cos\theta \\ v_\theta = -v_\infty\left(1 + \dfrac{r_0^2}{r^2}\right)\sin\theta \end{cases} \tag{8-14}$$

明显看出上述式中 $r \geqslant r_0$。当 $r < r_0$ 时，在圆柱体内，无实际意义；当 $r \to \infty$ 时，$\boldsymbol{v} = v_\infty \boldsymbol{i}$ 为均匀流动，如图 8-15 所示。而在圆柱表面上（$r = r_0$）的速度分布为：

$$\begin{cases} \boldsymbol{v}_r = 0 \\ \boldsymbol{v}_0 = -2\boldsymbol{v}_\infty \sin\theta \end{cases} \tag{8-15}$$

由于该复合流动为简单势流的叠加，因此叠加后的流动仍为势流，沿圆柱体的圆周线的速度环量为零，即有：

$$\Gamma = \oint v_\theta \mathrm{d}s = -v_\infty\left(1 + \frac{r_0^2}{r^2}\right)r\oint \sin\theta \mathrm{d}\theta = 0$$

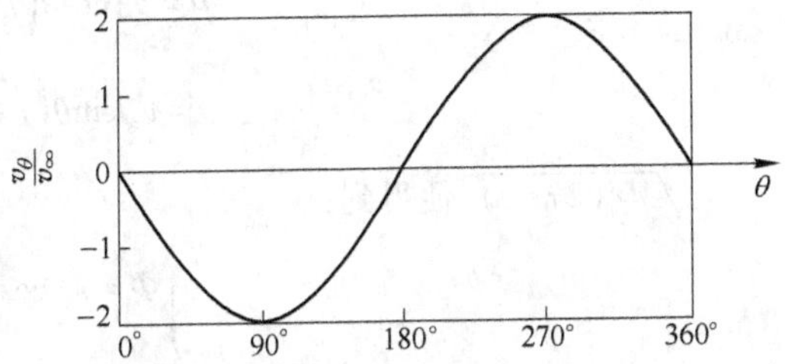

图 8-15 圆柱面上的速度分布曲线图

因此，流场的压强分布可利用势流的伯努利方程求解，即：

$$p = p_\infty + \frac{1}{2}\rho(v_\infty^2 - v^2)$$

在圆柱体表面上，则有：

$$p_w = p_\infty + \frac{1}{2}\rho(v_\infty^2 - v_\theta^2) = p_\infty + \frac{1}{2}\rho v_\infty^2(1 - 4\sin^2\theta)$$

工程上常采用无因次压强系数 C_p 来表示流体作用在物体任一点处的压强大小，其定义式为：

$$C_p = \frac{p_w - p_\infty}{\frac{1}{2}\rho v_\infty^2}$$

式中，p_w 为物体壁面上的压强。对于圆柱体绕流，上式又可写成：

$$C_p = 1 - 4\sin^2\theta \tag{8-16}$$

θ 角一般从前驻点 A 沿顺时针方向增大。在前驻点 A，$\theta = 0$，$v = 0$，该处的压强为驻点压强达最大值，$p_A = p_\infty + \frac{1}{2}\rho v_\infty^2$，$C_p = 1$；在 $\theta = \pm\pi/2$ 处（最大迎流断面），流速最大，动压最高，静压最低，$C_p = -3$；在后驻点 B，$\theta = \pi$，流速等于零，压强又恢复到前驻点的压强大小，$C_p = 1$。

由于圆柱面上的压强分布与 x、y 轴对称，因此，流体在圆柱面上的合力等于零。流体作用在圆柱面上的总压力沿 x 轴和 y 轴的分量，即圆柱受到的与来流方向平行和垂直的作用力，分别称为流体作用在圆柱体上的阻力 D 和升力 L。即：

$$D = F_x = 0$$

$$L = F_x = 0$$

说明理想流体的均匀流绕过圆柱体的无环量的流动中，圆柱体既不受阻力作用，也不产生升力。

8.2.2.2　绕圆柱无环量流动的复势形式

均匀流与偶极流叠加的复势为：

$$W(z) = v_\infty z + \frac{M}{2\pi}\frac{1}{z}$$

将上式的实部和虚部分离，得：

$$\begin{aligned} W(z) &= v_\infty\left[z + \frac{M/(2\pi v_\infty)}{z}\right] \\ &= v_\infty\left[x + \frac{xM/(2\pi v_\infty)}{x^2 + y^2} + i\left(y - \frac{yM/(2\pi v_\infty)}{x^2 + y^2}\right)\right] \\ &= v_\infty\cos\theta\left(r + \frac{M}{2\pi v_\infty}\frac{1}{r}\right) + i\left[v_\infty\sin\theta\left(r - \frac{M}{2\pi v_\infty}\frac{1}{r}\right)\right] \end{aligned}$$

于是得该复合流动的 Φ 和 ψ 分别为：

$$\Phi = v_\infty\cos\theta\left(r + \frac{M}{2\pi v_\infty}\frac{1}{r}\right)$$

$$\psi = v_\infty\sin\theta\left(r - \frac{M}{2\pi v_\infty}\frac{1}{r}\right)$$

令 $r_0 = \sqrt{M/(2\pi v_\infty)}$，便得到：

$$\begin{cases} \Phi = v_\infty\cos\theta\left(r + \dfrac{r^2}{r}\right) \\ \psi = v_\infty\sin\theta\left(r - \dfrac{r_0^2}{r}\right) \end{cases} \tag{8-17}$$

8.2.3 绕圆柱的有环量流动

绕圆柱体有环量的流动可将均匀流绕圆柱体的流动与涡流叠加复合而成，如图 8-16 所示。

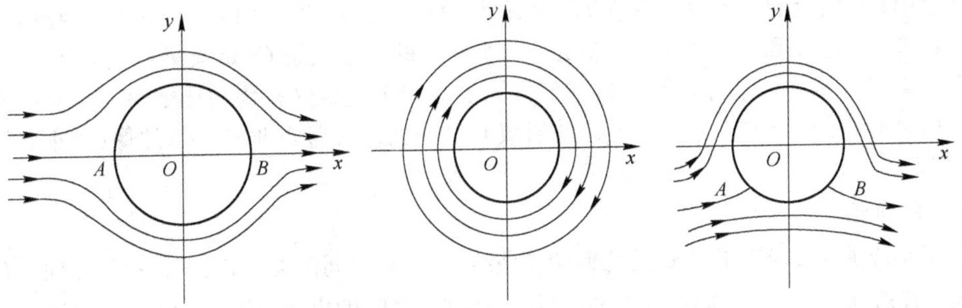

图 8-16 均匀等速流、偶极子流和纯环流叠加

得该复合流动的复位势：

$$W(z)=v_{\infty}z+\frac{M}{2\pi}\frac{1}{z}+\frac{i\Gamma}{2\pi}\ln z \tag{8-18}$$

分离上式的实部和虚部，可得：

$$\begin{cases}\Phi=v_{\infty}\cos\theta\left(r+\dfrac{r_0^2}{r}\right)-\dfrac{\Gamma}{2\pi}\theta\\[2ex] \Psi=v_{\infty}\sin\theta\left(r-\dfrac{r_0^2}{r}\right)+\dfrac{\Gamma}{2\pi}\ln r\end{cases} \tag{8-19}$$

圆柱表面的压强分布为：

$$\begin{aligned}p&=p_{\infty}+\frac{1}{2}\rho v_{\infty}^2-\frac{1}{2}\rho\left(-2v\sin\theta-\frac{\Gamma}{2\pi r_0}\right)^2\\&=p_{\infty}+\frac{1}{2}\rho v^2\left(1-4\sin^2\theta-\frac{2\Gamma\sin\theta}{\pi\alpha v}-\frac{\Gamma^2}{4\pi^2r_0^2v^2}\right)\end{aligned}$$

式中后两项是由环量引起的，沿单位长圆柱表面积分上式可得压强合力在 x、y、z 方向的分量分别为：

$$F_x=0$$

$$F_y=F_l=\rho v\Gamma$$

说明 x 方向的压强合力仍为零，但 Y 方向产生了升力，其大小为 $\rho v\Gamma$。这就是库塔-儒可夫斯基(Kutta-Joukowski)升力公式。

飞机机翼的主要功能是为了产生升力，现代大型飞机数百吨的重量全靠两支机翼的升力悬浮在空中。研究表明，小黏度流体(如空气)绕无限长机翼做贴近整个机翼表面的大雷诺数流动(称为无分离流动)时，可用平面势流理论描述，儒可夫斯基升力定理同样适用。机翼升力通常用升力因数来表示：

$$C_l=\frac{F_l}{\dfrac{1}{2}\rho v^2A}$$

式中，A 为机翼在垂直来流方向的最大投影面积。

8.2.4　保角映射方法的基本思想

8.2.4.1　概念

A　映射的概念

如果用 z 平面上的点表示自变量 z 的值，而用另一个平面（W 平面）上的点表示函数 W 的值，那么函数 $W=f(z)$ 在几何上就可以看做是把 z 平面上的一个点集 G（定义集合），变到 W 平面上的一个点集 G^*（函数值集合）的映射（或变换），这个映射通常简称为由函数 $W=f(z)$ 所构成的映射。如果 G 中的点 z 被映射 $W=f(z)$ 映射成 G^* 中的点 W，那么 W 称为 z 的像（映射），而 z 称为 W 的原像。

B　保角性

如图 8-17 所示，相交于点 z_0 的任何两条曲线 c_1 与 c_2 之间的夹角，在其大小和方向上都等于经过 $W=f(z)$ 映射后跟 c_1 与 c_2 对应的曲线 Γ_1 与 Γ_2 之间的夹角，这种映射具有保持两曲线间夹角的大小与方向不变的性质，称为保角性。

C　伸缩率的不变性

解析函数 $f(z)$ 在 z_0 的导数的模 $|f'(z_0)|$ 的几何意义：

设 $z-z_0=re^{i\theta}$，$w-w_0=\rho e^{i\varphi}$，且用 Δs 表示 c 上的点 z_0 与 z 之间的一段弧长，$\Delta\sigma$ 表示 Γ 上的对应点 w_0 与 w 之间的弧长，如图 8-18 所示。由：

$$\frac{w-w_0}{z-z_0}=\frac{f(z)-f(z_0)}{z-z_0}=\frac{\rho e^{il}}{re^{i\theta}}=\frac{\Delta\delta}{\Delta s}\cdot\frac{\rho}{\Delta\sigma}\cdot\frac{\Delta s}{r}e^{i(\varphi-\theta)}$$

得　$|f'(z_0)|=\lim\limits_{z\to z_0}\dfrac{\Delta\sigma}{\Delta s}\quad\left(\lim\limits_{z\to z_0}\dfrac{\rho}{\Delta\sigma}=1,\lim\limits_{z\to z_0}\dfrac{\Delta s}{r}=1\right)$

这个极限值称为曲线 C 在 z_0 的伸缩率。

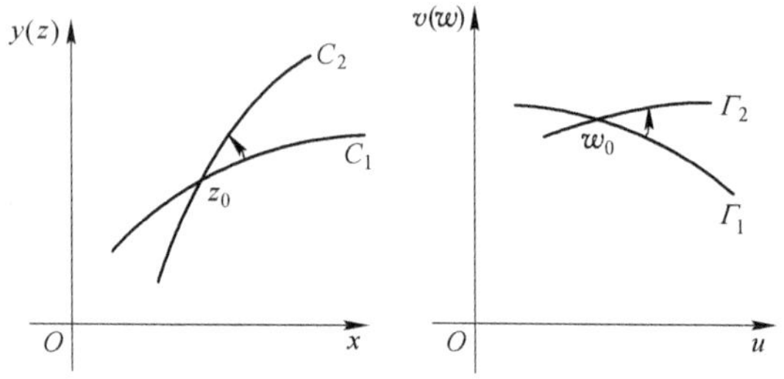

图 8-17　保角性

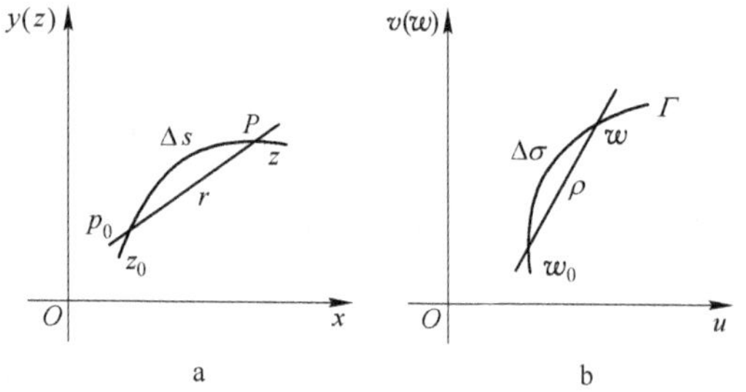

图 8-18　伸缩率不变性

结论：$|f'(z_0)|$ 是经过映射 $W=f(z)$ 后通过点 z_0 的任何曲线 C 在 z_0 的伸缩率，它与曲线 C 的形状及方向无关，即伸缩率的不变性。

D　保角映射

凡具有保角性和伸缩率不变性的映射称为保角映射（或称为第一类保角映射）。

定理：如果函数 $W=f(z)$ 在 z_0 处解析，且 $f'(z_0)\neq 0$，那么映射 $W=f(z)$ 在 z_0 是保角的，而且 $Argf'(z_0)$ 表示这个映射在 z_0 的转动角，$|f'(z_0)|$ 表示伸缩率。仅保持角度的绝对值不变而方向相反的映射称为第二类保角映射。

8.2.4.2　保角映射方法

如果把圆柱所在平面作为复平面 $\xi(\xi=\xi+i\eta)$，并且可找到一合适的关于 ξ 解析的复变函数

$z=f(\xi)$，则通过该函数 $z=f(\xi)$ 即可将平面上的圆域变换成 z 平面上某个封闭曲线包围的域，我们的目的是由 ξ 平面上的已知流动来寻求 z 平面上的未知流动。

保角映射方法求解不可压平面无旋绕流问题的基本思想是：将绕流物体的剖面 C 借助解析函数变换到圆 K 上去，剖面 C 外区域与圆 K 外区域对应，由于圆柱体绕流问题的解是清楚的，于是便可以求出任意物体绕流问题的解，其变换区域对应关系如图 8-19 所示。

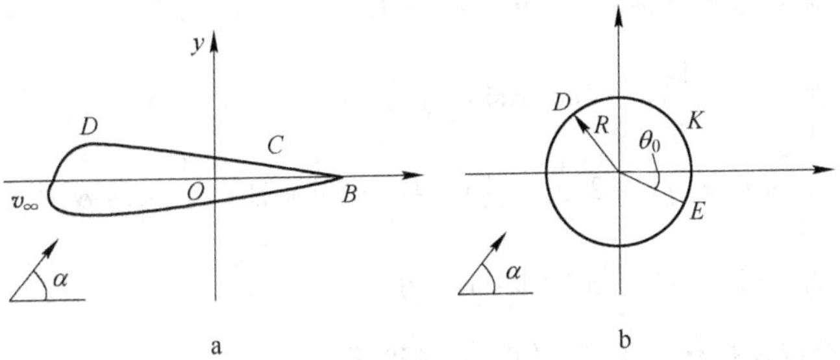

图 8-19　保角变换区域对应关系

若设 $z=f(\xi)$ ［$\xi=F(z)$ 是它的反函数］是一个单值的解析函数，它将半径为 R 的圆 K 外的区域互为单值地且保角地映射到任意剖面 C 外区域上去，且满足：(1) ∞ 点对应 ∞ 点；(2) $\left.\dfrac{dz}{d\xi}\right|_\infty = k$（$k$ 为一正实数），于是无穷远处来流速度为 kv_∞ 的圆柱绕流问题的解为：

$$\omega(\xi)=k\bar{v}_\infty\xi+\frac{kv_\infty R^2}{\xi}+\frac{i\Gamma}{2\pi}\ln\xi$$

则

$$W(z)=k\bar{v}_\infty F(z)+\frac{kv_\infty R^2}{F(z)}+\frac{i\Gamma}{2\pi}f(z)$$

就是无穷远处来流速度为 v_∞ 的任意物体剖面绕流问题的复位势。由此，任意物体剖面 C 的不脱体绕流问题便可归结为寻求任意剖面 C 外区域和圆外区域的保角映射函数 $z=f(\xi)$ 问题，只要求出该函数，便可求得复位势 $W(z)$。

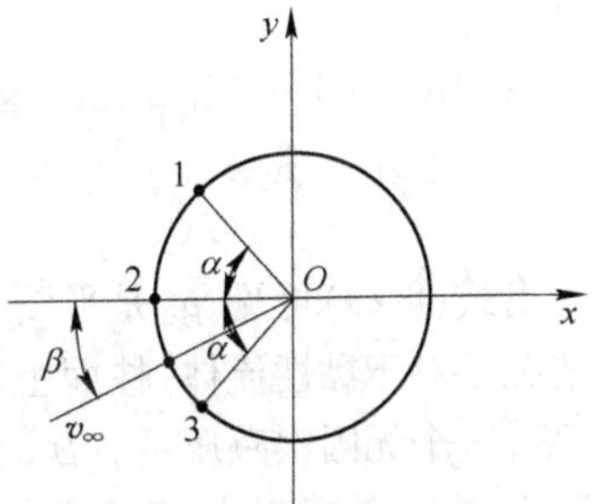

图 8-20　圆柱测压孔

［例 8-2］　在平面不可压流场中垂直放入一根直径很小的圆柱管，圆柱的迎流面上开设了三个静压测孔，并用传压管将压强引出接到测压计上。2 孔在 1、3 孔的角平分线上，如图 8-20 所示。流场的速度为 v_∞，压强为 p_∞，密度为 ρ，1、2、3 孔感受的压强分别用 p_1、p_2、p_3 表示。若取平分角 $\alpha=45°$，试证明流速 v_∞ 的方向角 β 与测压值 p_1、p_2、p_3 有如下关系：

$$\beta=\frac{1}{2}\arctan\left[\frac{p_3-p_1}{2p_2-(p_3+p_1)}\right]$$

并求出 v_∞ 和压强 p 的计算式。

解： 由式绕圆柱无环量流动的极坐标形式可知，在柱面上 $v=v_\theta=-2v_\infty\sin\theta$，则柱面的压强根据伯努利方程为：

$$p=p_\infty+\frac{1}{2}\rho(v_\infty^2-v_\theta^2)=p_\infty+\frac{1}{2}\rho v_\infty^2(1-4\sin^2\theta)$$

因此 1、2、3 孔的压强值分别为：

$$p_1 = p_\infty + \frac{1}{2}\rho v_\infty^2 [1 - 4\sin^2(\alpha + \beta)]$$

$$p_2 = p_\infty + \frac{1}{2}\rho v_\infty^2 [1 - 4\sin^2\beta]$$

$$p_3 = p_\infty + \frac{1}{2}\rho v_\infty^2 [1 - 4\sin^2(\alpha - \beta)]$$

于是

$$p_3 - p_1 = \frac{1}{2}\rho v_\infty^2 (4\sin 2\alpha \sin 2\beta) \tag{8-20}$$

$$p_3 + p_1 = 2p_\infty + 2\,\frac{1}{2}\rho v_\infty^2 [1 - 4(\sin^2\alpha\cos^2\beta + \sin^2\beta\cos^2\alpha)]$$

$$2p_2 = 2p_\infty + 2\,\frac{1}{2}\rho v_\infty^2 [1 - 4\sin^2\beta]$$

将上述三个组合静压值代入下式，并取 $\alpha = 45°$，得：

$$\frac{p_3 - p_1}{2p_2 - (p_3 + p_1)} = \frac{4\sin 2\alpha \sin 2\beta}{8(\sin^2\alpha\cos^2\beta + \sin^2\beta\cos^2\alpha - \sin^2\beta)} = \frac{\sin^2\beta}{1 - 2\sin^2\beta}$$

即

$$\frac{p_3 - p_1}{2p_2 - (p_3 + p_1)} = \tan 2\beta \tag{8-21}$$

因此，流速方向角 β 与测压值 p_1、p_2、p_3 的关系为：

$$\beta = \frac{1}{2}\arctan\left[\frac{p_3 - p_1}{2p_2 - (p_3 + p_1)}\right]$$

证明完毕。

将上式求得的 β 值代入式(8-20)，可得 v_∞ 的计算式为：

$$v_\infty = \sqrt{\frac{1}{2\rho}\frac{p_3 - p_1}{\sin 2\beta}} \tag{8-22}$$

再利用式(8-20)和 2 孔测压值可得 p_∞ 的计算式为：

$$p_\infty = p_2 - \frac{p_3 - p_1}{4\sin 2\beta}(1 - 4\sin^2\beta) \tag{8-23}$$

由式(8-23)可见，p_∞ 是平面不可压流场流速方向角 β 的单值函数，当然这是理想流体的绕流情况。对于黏性流体，柱面上各点的压强不仅与 β 有关，而且还与雷诺数 Re 有关。若将式(8-23)这个无因次感压系数 β 记作 K_β，则 $K_\beta = f(\beta, Re)$，通过试验可获取该关系式或修正曲线。实际上，在计算过程中，隐含着一个试算过程。通常将这种用来测定流速方向、大小及静压值的细小圆柱称作三孔圆柱形探针或三孔圆柱形测压管。上述例题介绍的是三孔探针的一种使用方法，称作间接测量法。

8.2.5　卡门涡街

8.2.5.1　绕圆柱的流动

在一定条件下的定常来流绕过某些物体时，物体两侧会周期性交替地脱落出，旋转方向相反，并排列成有规则的双列旋涡，这是 1911 年匈牙利科学家冯 · 卡门(Karman)在德国专门研究了这种圆柱背后涡流的运动规律，故称之为卡门涡街(Karman Vortex Street)。

由于黏性作用，圆柱表面附近的流动相当复杂，流场的速度分布与压力分布都与雷诺数有关，至今尚不能用分析方法求解，然而其流型仅用雷诺数 Re 就可判断。

（1）低雷诺数下的绕流。当 $Re<1$ 时，如图 8-21 所示，整个流场呈稳定层流状态，且上、下游流场对称。低雷诺数时，圆柱体对流场的影响区域较大，在距离圆柱体表面数倍柱体直径的地方，流体的速度仍与来流速度不同。此时，圆柱体受到的阻力仅有摩擦阻力。

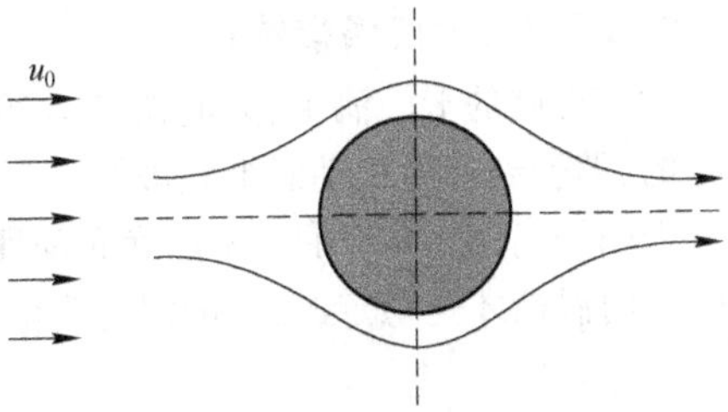

图 8-21　低雷诺数下绕圆柱体的流动

（2）中雷诺数下的绕流。随着雷诺数的增大，上下游对称消失，迎流面的流动与理想流体相似，但背流面出现边界层分离，产生尾迹流，这种情况下物体阻力是由摩擦阻力和压差阻力组成的，并具有同等重要性。

在 $3\sim5<Re<30\sim40$ 的范围内，尾迹区有较弱的对称旋涡，如图 8-22 所示。

在 $30\sim40<Re<80\sim90$ 范围内，尾迹区出现摆动，但其流动仍呈层流状态，如图 8-23 所示。这时物体阻力由摩擦阻力和压差阻力组成。

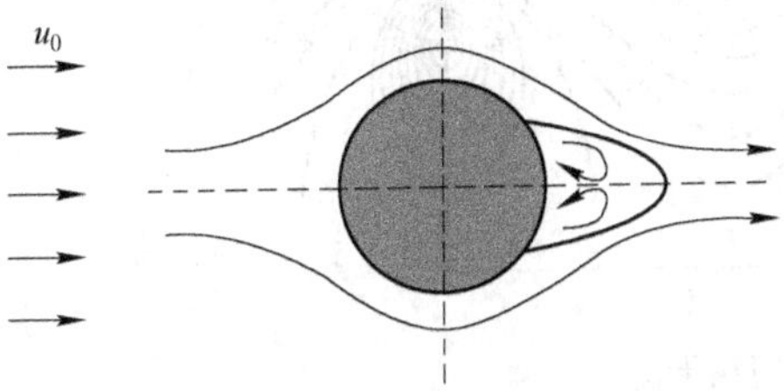

图 8-22　中雷诺数下绕圆柱体的流动

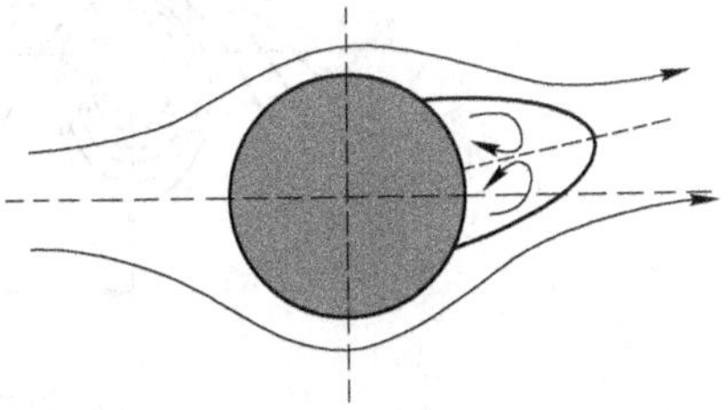

图 8-23　尾部摆动

当 $80\sim90<Re<150$ 时，边界层分离点仍在圆柱体的背流面，且在圆柱体背流面出现稳定的、非对称的、排列有规则的、旋转方向相反的、交替从物体脱落的旋涡，形成两行排列整齐地向下游运动的涡列，通常称为卡门涡街，如图 8-24 所示。这时除了存在摩擦阻力和压差阻力外，交替脱落的旋涡将会在圆柱体上产生横向交变作用的力，迫使柱体振动，称为诱导振动。当诱导振动频率与物体的固有频率一致时，将会引起具有破坏性的共振。这时物体的阻力以压差阻力为主。

当 $Re>150$ 时，背流面的涡列不再稳定，而当 $Re>300$ 时，整个尾迹区变成湍流状态，如图 8-25 所示。

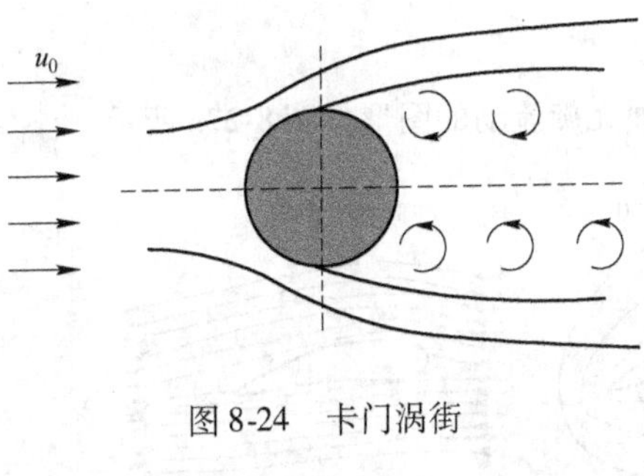

图 8-24　卡门涡街

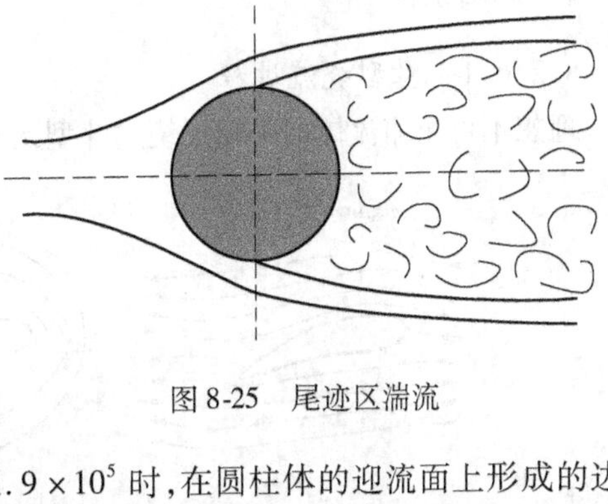

图 8-25　尾迹区湍流

（3）大雷诺数下的绕流。当 $150\sim300<Re<1.9\times10^5$ 时，在圆柱体的迎流面上形成的边界层为层流，边界层与物面的分离点在迎流面，分离点与来流的夹角为 85°左右，这种情况称为亚临界状态。此时物体的阻力以压差阻力为主。在雷诺数大于 1.9×10^5 的条件下，边界层中的流

动逐渐向湍流过渡。当 $Re>6.7\times10^5$ 时，边界层在分离前已由层流转变为湍流，且分离点向后移动至背流面，分离点与来流的夹角为135°左右，这种状态称为超临界状态。这时摩擦阻力有所增大，而压差阻力有所减小，但摩擦阻力与压差阻力相比可忽略不计。

8.2.5.2　卡门涡街特征

对有规则的卡门涡街，只能在 $Re=60\sim5000$ 的范围内观察到，而且在多数情况下涡街是不稳定的，即受到外界扰动涡街就破坏了。

卡门涡街的稳定条件：两行旋涡间距与同行相邻两旋涡间距之比 $h/l=0.281$，此时 $Re\approx150$，卡门涡街才是稳定的，卡门涡街流谱如图8-26所示。

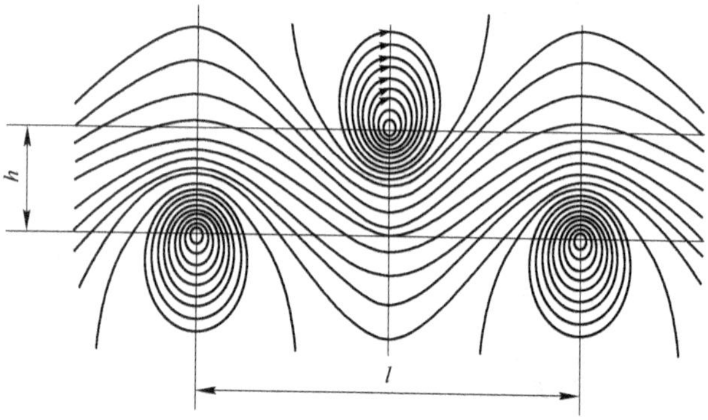

图8-26　卡门涡街流谱

当流体绕流单根圆柱体时，在 $250<Re<1.5\times10^5$ 范围内，圆柱后脱落的旋涡频率为：

$$f=0.198\frac{v_\infty}{d}\left(1-\frac{19.7}{Re}\right)$$

式中，f 为涡街脱落频率，1/s；d 为圆柱直径，m；v_∞ 为来流速度，m/s。

上式中的 f、d、v_∞ 组成一无因次系数，用 St 表示，即：

$$St=\frac{fd}{v_\infty}$$

式中，St 称做斯特罗哈数。根据罗斯柯1954年实验结果，在 $Re=1000\sim1.5\times10^5$ 范围内，St 数近似等于常数，即 $St\approx0.21$；当 $Re>3.5\times10^6$ 时，又形成卡门涡街，这时 $St\approx0.27$。

8.2.6　库塔条件

8.2.6.1　翼型绕流过程

理想不可压缩流体的平行流绕过叶型无环流平面无旋流动的图形如图8-27a所示。

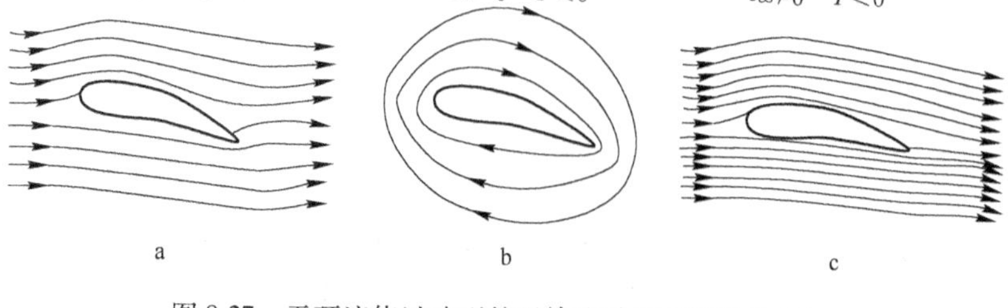

图8-27　无环流绕过叶型的无旋流动和纯环流的叠加

在无穷远处流速为 v_∞ 的平行流以一定的冲角(翼型弦线与来流速度的夹角)流向叶型,在叶型的前驻点分成两股,沿叶型的上、下表面流过。如果沿下表面的一股气流能绕过后缘点,在上表面的后驻点处与沿上表面流动的一股气流重新会合,那么,与平行流无环流绕过圆柱体一样,对叶型既没有升力,也没有阻力。但是,当理想流体绕流尖后缘点时,由于该点的曲率半径接近零,后缘点的气流速度将会很大,而压强将会很低。当下表面的气流绕过后缘点流向上表面的后驻点时,由于气体是由低压区流向高压区,气流必然会发生分离。为了使流体在后缘点不发生分离,可减小冲角,使后驻点(图 8-29 中的 B 点)与后缘点(图 8-29 中的 A 点)重合,流体就能平滑地流过后缘点,不发生分离(图 8-28)。符合于这个条件的冲角只有一个,这个冲角(一般是负值)便是零升角 α_0。另外,也可以将平行流绕过叶型无环流的无旋流动(图 8-27a)和一个纯环流(图 8-27b)叠加。纯环流的环量为负值($\Gamma<0$),叠加结果后驻点向后缘点移动。一定有一个速度环量,其大小正好使后驻点后移到后缘点上,如图 8-27c 所示。这时,沿叶型上、下表面流来的流体在后缘处会合,平滑地离去。

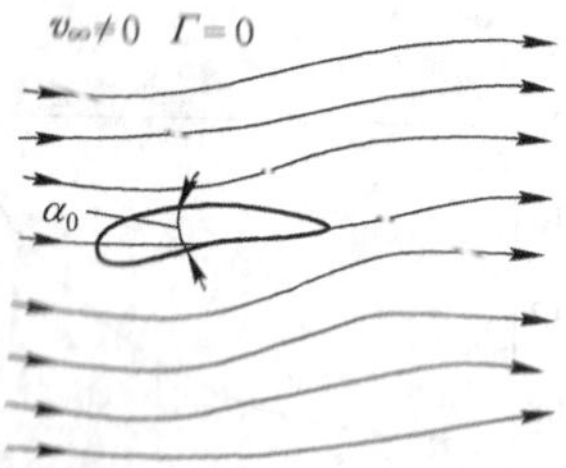

图 8-28 在零升角下流体平滑地流过叶型后缘点

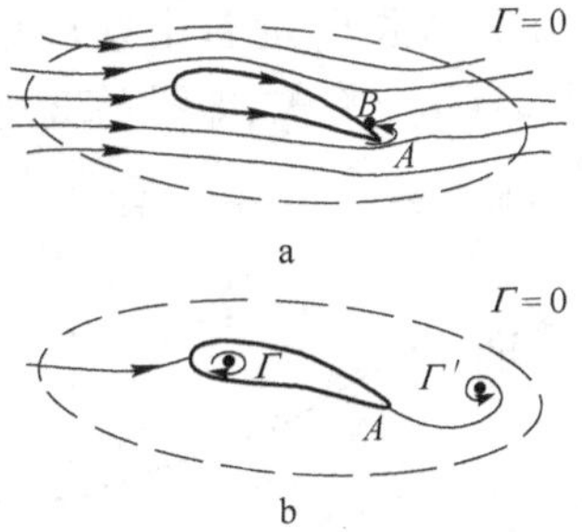

图 8-29 启动涡与绕叶型环流的产生

8.2.6.2 库塔条件

运动翼型上的后驻点和后缘点重合,沿上下翼面的流动速度在后缘点平滑衔接是确定翼型绕流环量 Γ 的条件,此条件就是库塔条件。

8.2.6.3 库塔条件的理论解释

在流动开始时,理想不可压缩流体是无环流的无旋流。设想在流场中作一包围叶型的、延伸到足够远的封闭周线,则周线的速度环量等于零。根据汤姆孙定理,在流动过程中沿该周线的速度环量应始终等于零。当流动开始不久,由于沿下表面流动的流体绕流后缘点 A 时,流速很高,压强很低,故在向压强高的后驻点 B 流动时,流动与上表面分离,形成如图 8-29a 中所示的逆时针方向的旋涡。根据汤姆孙定理,沿封闭周线的总环量应为零,所以,在叶型上也必然同时形成一个强度相等而转向相反的移动。这一过程继续进行,直到 B 点移动到后缘点 A 为止,如图 8-30b 所示。这样形成的脱离叶型被流体带向下游的旋涡称为启动涡(Γ')(见图 8-30),而附着在叶型上的旋涡称为附着涡($\Gamma=-\Gamma'$),它代表的正是绕流叶型的速度环量。这个速度环量使

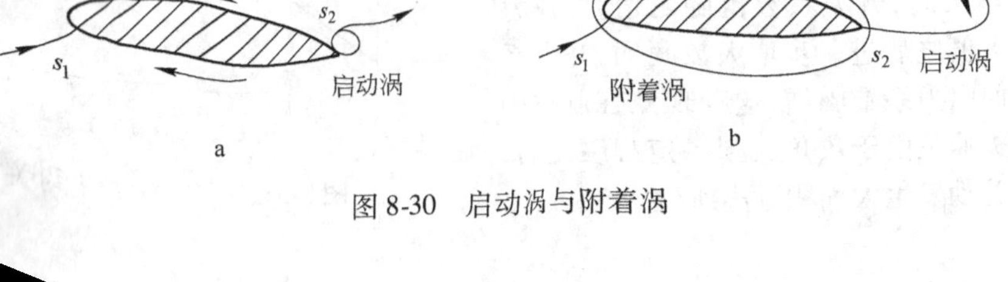

图 8-30 启动涡与附着涡

叶型上部区域的速度增加，压强减小，而使下部区域的速度减小，压强增加，结果上下的压强差对叶型产生了升力。

当翼型以速度 v 匀速运动时，由库塔条件确定绕流环量为 Γ，根据儒可夫斯基升力定理，翼型升力为 $\rho v\Gamma$，一般情况下认为环量 Γ 与翼型形状和来流攻角有关。这种关系除少数理论叶型（例如儒可夫斯基叶型）可以从理论上给出外，对大多数的实际叶型只能根据实验得到。

8.2.7　圆柱绕流力

8.2.7.1　圆柱绕流总阻力

根据动量定理对卡门涡街进行理论计算，得到作用在单位长度圆柱体上的阻力为：

$$F_D = C_D d\rho \frac{v_\infty^2}{2} \tag{8-24}$$

式中，阻力系数 C_D 是雷诺数 Re 的函数，通过大量实验得到的圆柱体绕流阻力系数如图 8-31 所示；也与攻角 α 有关，如图 8-32 所示。

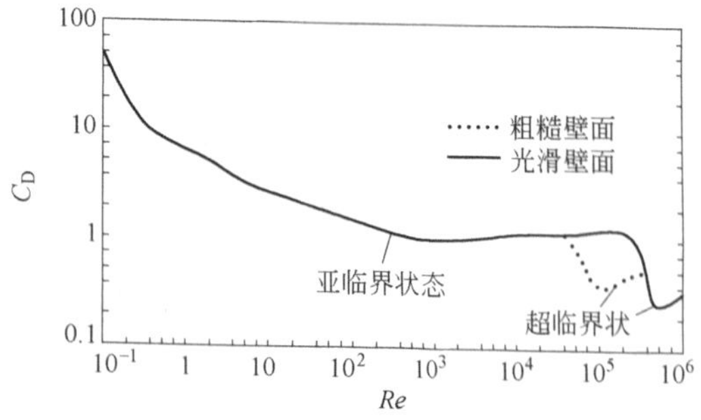

图 8-31　圆柱体绕流阻力系数 C_D 与雷诺系数 Re 的关系

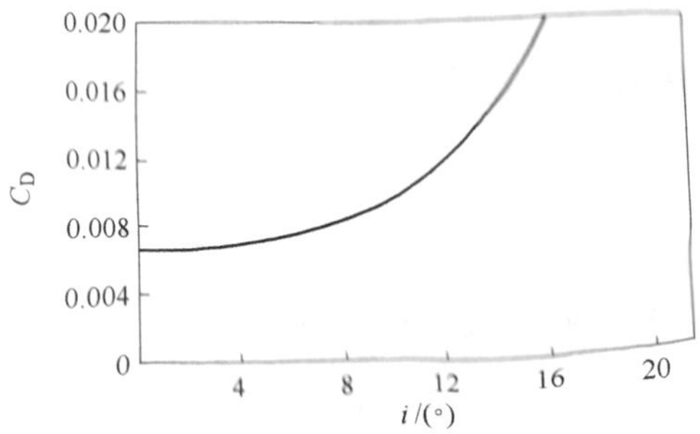

图 8-32　C_D 与攻角 i 的关系

由图可见，在 $Re = 1.9 \times 10^5$ 处，系数 C_D 发生骤然下降；而在 $Re = 6.7 \times 10^5$ 处阻力系数又开始明显回升。阻力系数骤然下降点称为临界点，临界点以前的状态是亚临界状态，临界点以后是超临界状态。

由于在物体两侧不断产生新的旋涡，形成卡门涡街，必然耗损流动的机械能，从而使物体遭受阻力，当旋涡脱落频率接近于物体固有频率时，共振响应可能会引起结构的破坏。

8.2.7.2　流物体的升力

作用在单位长度圆柱体上的升力为：

$$F_L = C_L d\rho \frac{V_\infty^2}{2} \tag{8-25}$$

式中升力系数 C_L 随攻角 i 的关系曲线如图 8-33 所示。

当攻角增大时，升力系数也随之增大，升力系数达到最大值之后进一步增大攻角时，升力系数陡然下降而阻力系数骤增，这种现象在航空中称为失速。失速是由于攻角大到一定程度之后，翼型上表面流动发生大面积分离所致。

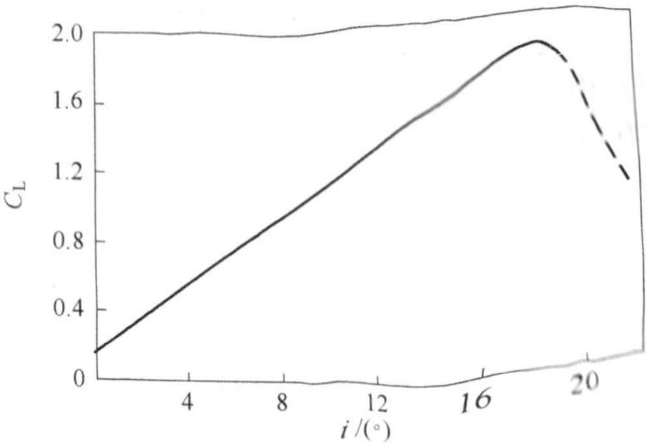

图 8-33　C_L 与攻角 i 的关系

依靠与流体的相对运动产生的升力物体一般都为流线型物体，通常具有圆弧形的头部和尖的后缘，整个外形是连续的光滑曲面（线），如飞机的机翼，螺旋桨的桨叶，叶轮机械叶片、船舵等。在设计要求状态下绕流时，边界层厚度很小且不发生分离，在物体下游形成的尾迹流也很窄。边界层和尾迹之外的流动情况与理想流体绕流同一物体的流动情况相差不大，因此，作为初级近似，在求解绕流物体的升力问题时可采用理想流体模型，有必要时再考虑黏性影响作适当的修正。

[**例 8-3**]　求塔设备所受到的风力

风以 $u_0 = 10\ \mathrm{m/s}$ 的速度吹过直径 $d = 1.25\ \mathrm{m}$ 的圆柱形塔设备，试确定塔设备单位长度上所承受的风力。假设塔高远大于其直径，取空气的运动黏度 $\gamma = 1.4 \times 10^{-5}\ \mathrm{m^2/s}$，密度 $\rho = 1.25\ \mathrm{kg/m^3}$。

解：由已知条件计算雷诺数：

$$Re = \frac{u_0 d}{\gamma} = \frac{10 \times 1.25}{1.4 \times 10^{-5}} = 8.929 \times 10^5$$

由图 8-31 查得阻力系数为 0.6。所以塔设备单位长度上所受的风力为：

$$F_{\mathrm{D}} = C_{\mathrm{D}} d\rho \frac{u_0^2}{2} = 0.6 \times 1.25 \times 1.25 \frac{10^2}{2} = 46.88\ (\mathrm{N/m})$$

8.3　风轮的空气动力学特性

8.3.1　风轮几何定义

(1) 风轮轴：风轮旋转运动的轴线。

(2) 旋转平面：与风轮轴垂直，叶片在旋转时的平面。

(3) 风轮直径：风轮扫掠面的直径。

(4) 叶片轴：叶片纵向轴，绕此轴可以改变叶片相对于旋转平面的偏转角（安装角）。

(5) 在半径 r 处的叶截面：叶片与半径为 r，并以风轮轴为轴线的圆柱相交的截面。

(6) 安装角或桨矩角：在半径 r 处翼型弦线与旋转面的夹角 α，如图 8-34 所示。

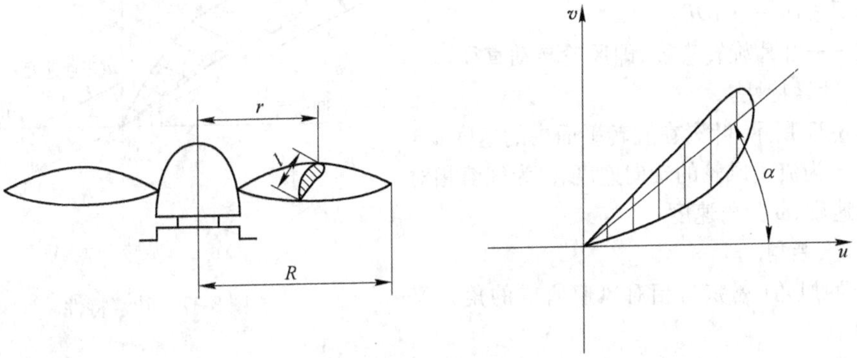

图 8-34　风轮安装角或桨矩角

v—风速；u—叶素圆周线速度

(7) 叶素：风轮叶片在半径 r 处的一个基本单元，即取一长度为 dr 的叶素（即叶片上的一小段，由相邻的两同心圆切得），如图 8-35 所示。

(8) 叶尖速比（尖速比）即风轮叶片尖端的线速度 u_{R} 与风速 v 之比，用 λ 表示。

$$\lambda = \frac{u_R}{v} = \frac{2\pi Rn}{60v}$$

式中　u_R——叶片尖端线速度,m/s;

v——风速,m/s;

n——风轮转速,r/min;

R——风轮转动半径,m。

尖速比表示风轮在不同风速中的状态,低速风轮 λ 取小值,高速风轮 λ 取大值。

(9) 翼型的几何参数,如图 8-36 所示。

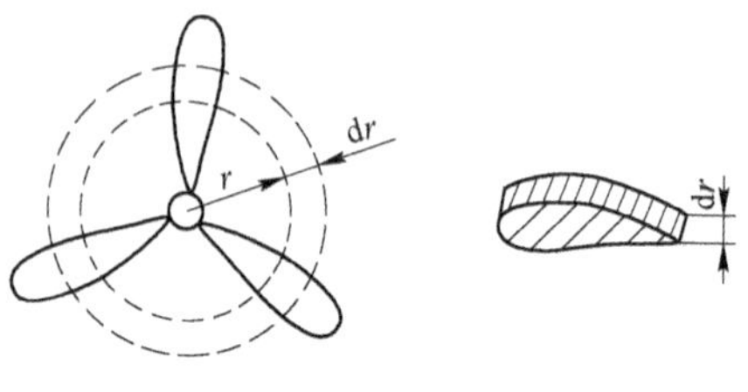

图 8-35　叶素

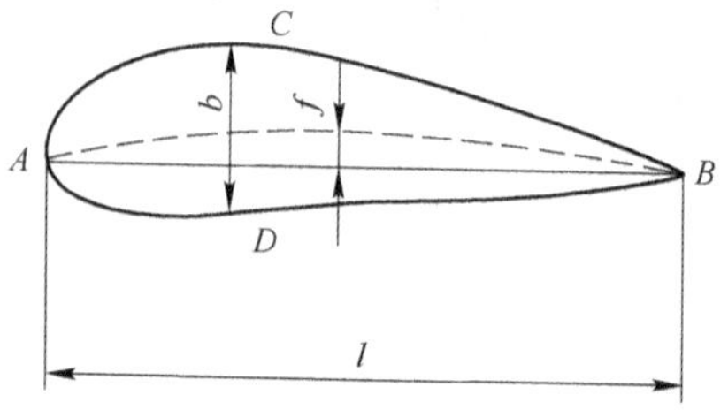

图 8-36　翼型的几何参数

B 点——后缘,翼的尾部 B 为尖型。

A 点——前缘,翼的前头 A 为一圆头。

l——翼型的弦长,是两个端点 A、B 连线方向上翼型的最大长度。

b——最大厚度,即弦长法线方向翼型最大厚度。

$\bar{b}$——翼型相对厚度,$\bar{b} = b/l$,通常为 10% ~15% 。

翼型中线——从前缘点开始,与上、下表面相切的诸圆之圆心的连线。

f——翼型中线最大弯度。

$\bar{f}$ ——翼型相对弯度 $\bar{f} = f/l$。

翼的上表面——ACB。

翼的下表面——ADB。

翼展——叶片旋转直径,即风轮转动直径。

(10) 叶素特性。

如图 8-37 所示,叶素在旋转平面内的速度 $u = 2\pi rn = \omega r$,v 为流过风轮的轴向速度,w 为气流相对于叶片的速度,ω 为角速度。

α——安装角。

i——迎风角(翼弦与相对风速所成的角),又称攻角。

I——倾角(w 和风轮旋转面的夹角),$I = \alpha + i$。

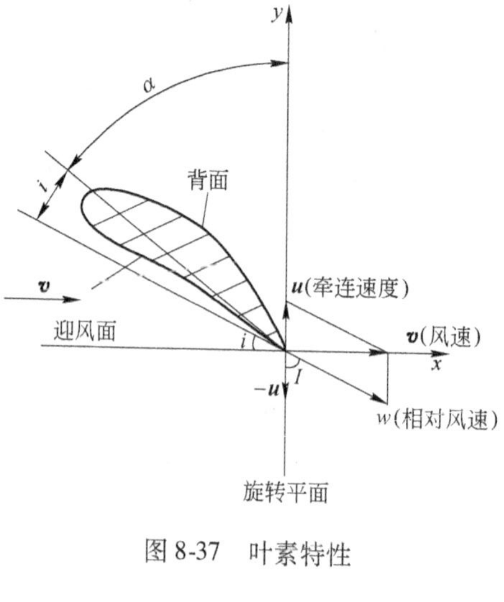

图 8-37　叶素特性

8.3.2　贝茨理论

1919 年由 A · 贝茨(Betz)建立贝茨理论,贝茨理论的假设为:(1)全部接受风能(没有轮廓,叶片无限多,像一个平面圆盘),对空气没有阻力。(2)空气流是连续的,不可压缩的。(3)叶片扫掠面上气流是均匀的,且气流通过风轮前后的速度为轴向方向。这样的风轮称为理想风轮。

(1) 风能计算。

气流的动能 $E=\frac{1}{2}mv^2$,质量流量为 $m=\rho Sv$,气体具有动能为 $E=\frac{1}{2}\rho Sv^3$(S 为风轮的扫掠面积)。

(2) Betz 推导。

如图 8-38 所示,由连续条件得(不可压缩):

$$S_1v_1=Sv=S_2v_2$$

式中,v_1 为上游风速,v_2 为下游风速,v 为通过风轮的实际速度。

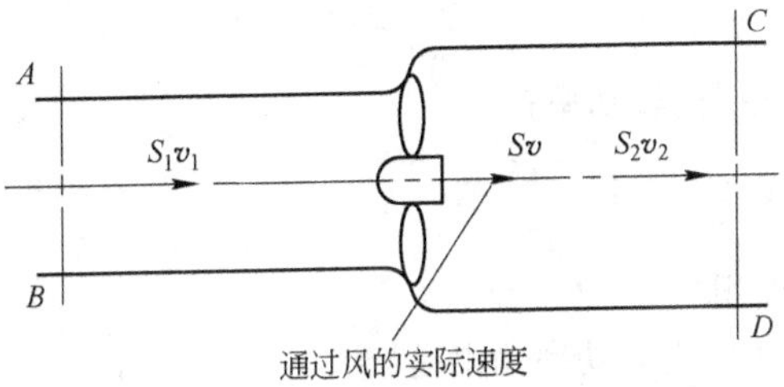

图 8-38 通过风轮的速度

风作用在风轮上的力可由 Eler 理论写出:

$$F=\rho Sv(v_1-v_2)$$

故风轮吸收的功率为

$$N=Fv=\rho Sv^2(v_1-v_2)$$

此功率是由动能转换而来的,从上游至下游动能变化为:

$$\Delta E=\frac{1}{2}\rho Sv(v_1^2-v_2^2)$$

由能量守恒,得:

$$v=\frac{v_1+v_2}{2}$$

作用在风轮上的力和提供的功率可写为:

$$F=\frac{1}{2}\rho S(v_1^2-v_2^2)$$

$$N=\frac{1}{4}\rho Sv(v_1^2-v_2^2)(v_1+v_2)$$

对于给定的上游速度 v_1,可写出以 v_2 为函数功率变化关系:

$$\frac{dN}{dv_2}=\frac{1}{4}\rho Sv(v_1^2-2v_1v_2-3v_2^2)$$

令 $\frac{dN}{dv_2}=0$

其解为 1) $v_2=-v_1$ 没有物理意义。

2) $v_2=v_1/3$,对应于最大功率即 $N_{max}=\frac{8}{27}\rho Sv_1^3$

将此式除以气流通过扫掠面 S 时风所具有的动能,可推得风力机的理论最大效率(或称理论风能利用系数 C_p):

$$\eta_{\max}=\frac{N_{\max}}{\frac{1}{2}\rho v_1^3 S}=\frac{(8/27)S\rho v_1^3}{\frac{1}{2}S\rho v_1^3}=\frac{16}{27}\approx 0.593$$

即为贝茨理论的极限值，其意义是风力机从自然风中所能索取的能量是有限的，其功率损失可解释为留在尾流中的旋转动能。风力机实际风能利用系数 $C_p<0.593$，一般取 0.25～0.45。

（3）风能利用系数 C_p。

风力机从自然风能中吸取能量的大小程度用风能利用率系数 C_p 表示：

$$C_p=\frac{N}{\frac{1}{2}\rho v^3 S}$$

式中　N——风力机实际获得的轴功率；

ρ——空气密度；

v——上游风速；

S——风轮的扫掠面积。

可见风力机实际能得到的有效功率输出是：

$$N_s=\frac{1}{2}v_1^3 S C_p$$

对每平方米扫风面积输出功率为：

$$N=\frac{1}{2}\rho v_1^3 C_p$$

8.3.3　空气总动力

8.3.3.1　空气总动力的产生

物体在空气中运动或空气流过物体时，物体将受到空气的作用力，称为空气动力，通常空气动力由两部分组成：一部分是由于气流绕物流动时在物体表面处的流动速度发生变化引起气流压力的变化，即物体表面各处气流的速度和压力不同，从而对物体产生合成的压力。另一部分是由于气流绕物流动时，在物体边界层内由于气流黏性作用产生的摩擦力。整个物体表面的这些力的合力即为空气动力。

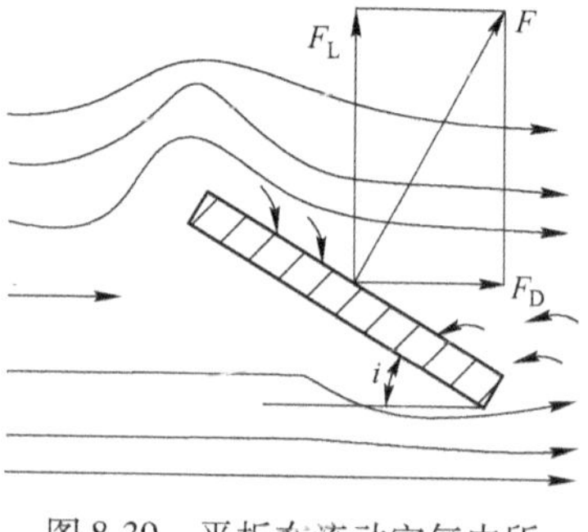

图 8-39　平板在流动空气中所受到的空气动力

例如平板在流动空气中所受到的空气动力，如图 8-39 所示。平板与气流方向形成 i 攻角，由于平板上方气流速度大于下方气流速度，因此平板上、下方所受的压力也不同，下方压力大于上方压力，总的合力 F 即为平板在流动空气中所受到的空气动力，其方向垂直于板面。此力可分解为两个力：一个力 F_L 与气流方向垂直，它使平板上升，称为升力；另一个分力 F_D 与气流方向相同，称为阻力。升力是使风力机有效工作的力，而阻力则形成对风轮的正面压力，为了风力机很好地工作，所需要叶片具有特定的翼型断面，使其能得到最大的升力和最小的阻力。

8.3.3.2　升力系数和阻力系数

风吹过叶片时所受的空气动力，其上表面压力为负，下表面压力为正，合力为：

$$F = \frac{1}{2}\rho C S v^2$$

式中，C 为总的气动力系数。

将 F 力分为与相对风速垂直的升力与相对风速平行的阻力 F_D，如图 8-40 所示，则：

$$F_L = \frac{1}{2}\rho C_L S v^2$$

$$F_D = \frac{1}{2}\rho C_d S v^2$$

式中，C_L 和 C_d 分别是翼型的升力系数和阻力系数，因为 F_L 和 F_D 互相垂直，所以 $F^2 = F_L^2 + F_D^2$，且 $C^2 = C_L^2 + C_d^2$。某翼型的升力系数和阻力系数与攻角的变化曲线如图 8-41、图 8-42 所示，C_d-i 和 C_L-i 曲线与翼型有关。将 C_d 和 C_L 表示成对应变化关系，称为埃菲尔极线（Eiffel polaor），如图 8-43 所示。

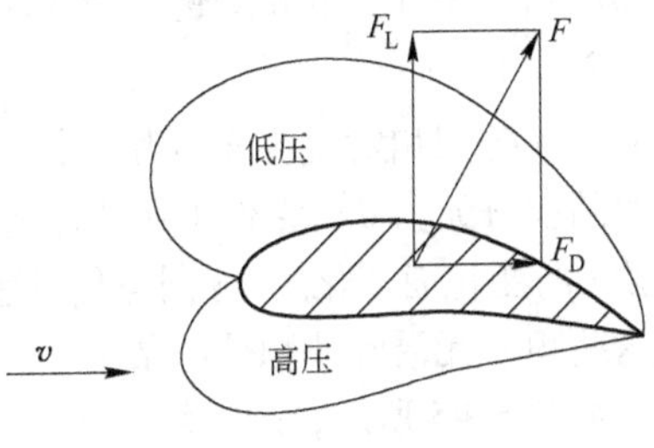

图 8-40 作用在翼叶上的力

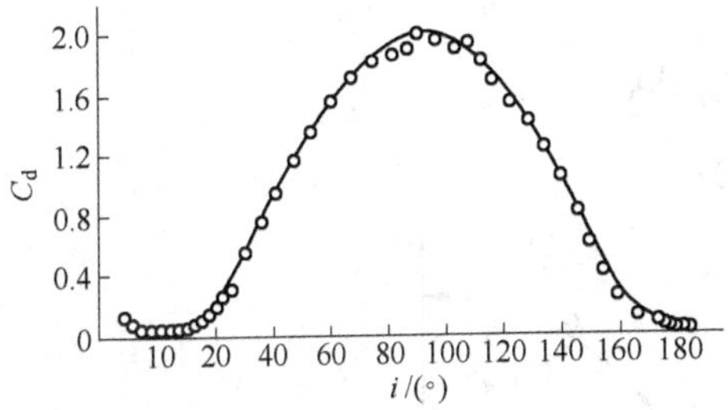

图 8-41 C_d 与攻角 i 的关系曲线

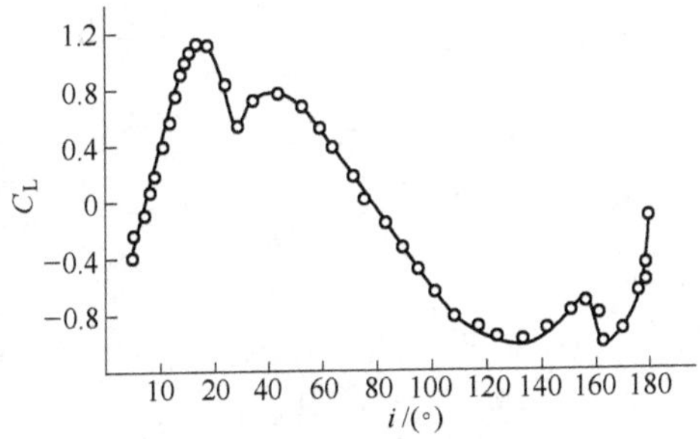

图 8-42 C_L 与攻角 i 的关系曲线

8.3.3.3 升阻比

升力与阻力之比称为翼型的升阻比，即：

$$\frac{F_L}{F_D} = \frac{C_L}{C_d}$$

升力随迎角 i 的增加而增加，阻力随迎角 i 的增加而减小，当迎角增加到某一临界值 i_{cr} 时，升力突然减小，而阻力急剧增加，此时风轮叶片突然丧失支撑力，这种现象叫失速。

在负迎角时，升力系数随负角的增加而减小，达到最小值 C_{Lmin}，阻力系数随负角的减小而降低，对于不同翼型叶片其都能对应一个最小值，而后随迎角的增大而增大，如图 8-44 所示。

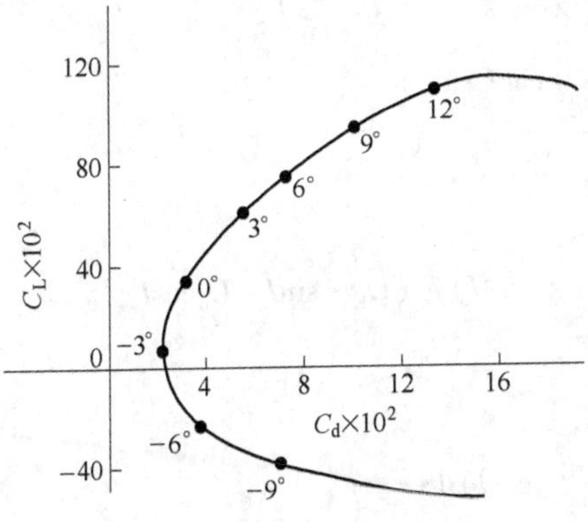

图 8-43 C_d 与 C_L 的关系曲线

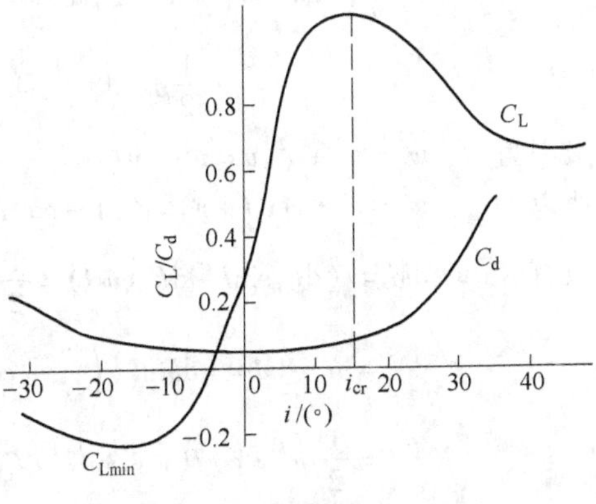

图 8-44 桨叶的升力和阻力系数

8.3.3.4　叶片受力与风轮转动

A　风轮转动

如图 8-37 所示，以转轴为绝对坐标，风对风轮的速度为 v，以叶素为相对坐标，牵连速度为 u，这样风相对于叶片的相对速度为 $\boldsymbol{w}$，则 $\boldsymbol{v}=\boldsymbol{u}+\boldsymbol{w}$

B　叶片受力

叶素受到相对气流 $\boldsymbol{w}$ 的作用，产生一个空气动力 dF，将叶片一部分视为一个积分元，空气总动力的积分元为 dF，它作用在叶片上的升力积分元 $\mathrm{d}F_{\mathrm{L}}$ 及阻力积分元 $\mathrm{d}F_{\mathrm{D}}$、$\mathrm{d}F_{\mathrm{L}}$ 和 $\mathrm{d}F_{\mathrm{D}}$ 都随叶片迎角 i 的变化而变化，并分别与相对速度 w 垂直和平行。叶片转动的转矩 dM 及风轮功率 dN 都是这些积分元沿叶片积分的结果。

如图 8-45 所示，在半径 r 处取一 dr 叶素，则：

$$\mathrm{d}F=\frac{1}{2}\rho Cv^2\mathrm{d}S$$

$$\mathrm{d}F_{\mathrm{L}}=\frac{1}{2}\rho C_{\mathrm{L}}v^2\mathrm{d}S$$

$$\mathrm{d}F_{\mathrm{D}}=\frac{1}{2}\rho C_{\mathrm{D}}\rho v^2\mathrm{d}S$$

$$u=\omega r=2\pi rn$$

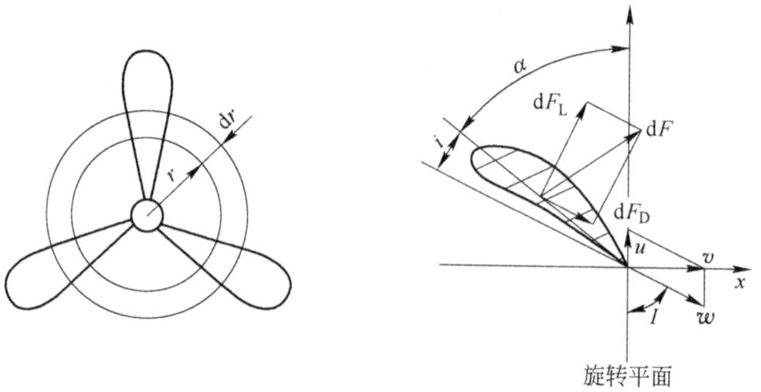

图 8-45　叶片受力情况

由于 $\boldsymbol{w}=\boldsymbol{u}+\boldsymbol{v}$，即 $w^2=v^2+u^2=v^2+\omega^2r^2$，且 $\omega r=v\cdot\cot I$，式中 ω 为风轮角速度。

$\mathrm{d}F_{\mathrm{L}}$ 和 $\mathrm{d}F_{\mathrm{D}}$ 在旋转平面的投影之代数和再取扭矩得：

$$\mathrm{d}M=r\left(\sin I\cdot\frac{1}{2}\rho w^2\mathrm{d}S\cdot C_{\mathrm{L}}-\frac{1}{2}\rho w^2\mathrm{d}S\cdot C_{\mathrm{d}}\cdot\cos I\right)$$

$$=r\cdot\frac{1}{2}\rho w^2\mathrm{d}S\cdot(\sin I\cdot C_{\mathrm{L}}-\cos I\cdot C_{\mathrm{d}})$$

又因为　$w^2=u^2+v^2,\ u=v\cdot\cot I$

所以　$w^2=v^2\cdot\cot^2I+v^2=v^2(1+\cot^2I)$

故有　$\mathrm{d}M=r(\mathrm{d}F_{\mathrm{L}}\sin I-\mathrm{d}F_{\mathrm{D}}\cos I)=\frac{1}{2}\rho v^2r(1+\cot^2I)\cdot(C_{\mathrm{L}}\cdot\sin I-C_{\mathrm{d}}\cos I)\mathrm{d}S$

$$\mathrm{d}N=\omega\cdot\mathrm{d}M=(\mathrm{d}M)\cdot\left(\frac{v}{r}\cdot\cot I\right)$$

$$=\frac{1}{2}\rho v^3\cdot\cot I(1+\cot^2I)(C_{\mathrm{L}}\sin I-C_{\mathrm{d}}\cos I)\mathrm{d}S$$

$\mathrm{d}F_{\mathrm{a}}$ 为 dF 在转轴上的投影，则：

$$dF_a = dF_L\cos I + dF_D\sin I = \frac{1}{2}\rho v^2(1+\cot^2 I)(C_l\cos I + C_d\sin I)dS$$

C 推力 F，扭矩 M，功率 N 和效率 η 之间关系

功率 $N = \sum d\boldsymbol{F}\cdot\boldsymbol{v} = F_a v$

轴功率 $N_u = M\omega$

效率 $\eta = \frac{N_u}{N} = M\omega/F_a v$

式中 N——叶片接收的风能功率；

N_u——叶片接收风能的有效功率；

M——叶片接受风能使风轮转动的扭矩或转矩。

8.3.3.5 影响升力、阻力的因素

(1) 攻角的影响。攻角 i 对 C_d 和 C_L 的影响见图 8-41 和图 8-42。

(2) 弯度的影响。翼型的弯度加大后，导致上、下弧流速差加大，从而使压力差加大，故升力增加；与此同时，上弧流速加大，摩擦阻力上升，并且由于迎流面积加大，故压差阻力加大，导致阻力上升。因此，同一攻角时，随着弯度增加，其升力、阻力都将显著增加，但阻力比升力的增加更快，使升、阻比有所下降。

(3) 厚度的影响。翼型弯度增加后，其影响与弯度类似。同一弯度的翼型，厚度增加时，对应于同一攻角的升力有所提高，但对应于同一升力的阻力也较大，使升、阻比有所下降。

(4) 前缘的影响。试验表明，当翼型的前缘抬高时，在负攻角情况下阻力变化不大，前缘低垂时，则在负攻角时会导致阻力迅速增加。

(5) 表面粗糙度和雷诺数的影响。表面粗糙度和雷诺数对桨叶空气动力特性有着重要影响，如图 8-46 所示。

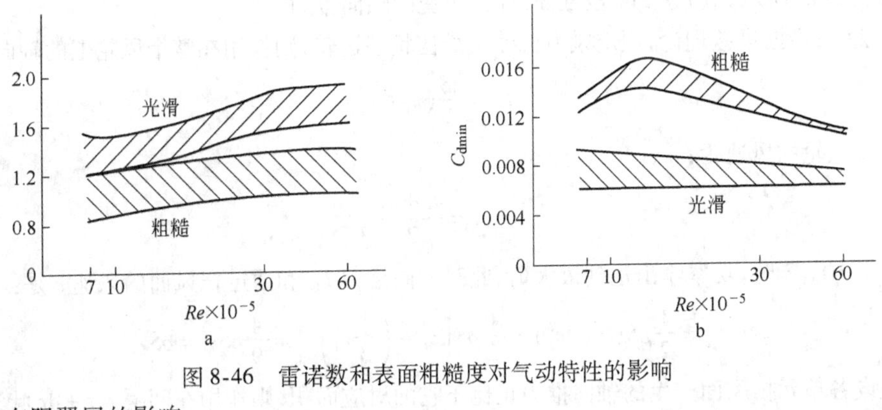

图 8-46 雷诺数和表面粗糙度对气动特性的影响

(6) 有限翼展的影响。

以前我们所讨论的结果仅适用于桨叶无限长时，对于有限长度的叶片，其结果必须修正。

由于升力翼的下表面压力大于大气压力，上表面小于大气压力，因此叶片两端气流企图从高压侧向低压侧流动，结果在两端形成涡流。实际上，由于叶尖的影响，两端形成一系列的小涡流，这些小涡流又汇合成两个大涡流，卷向叶尖内侧，如图 8-47 所

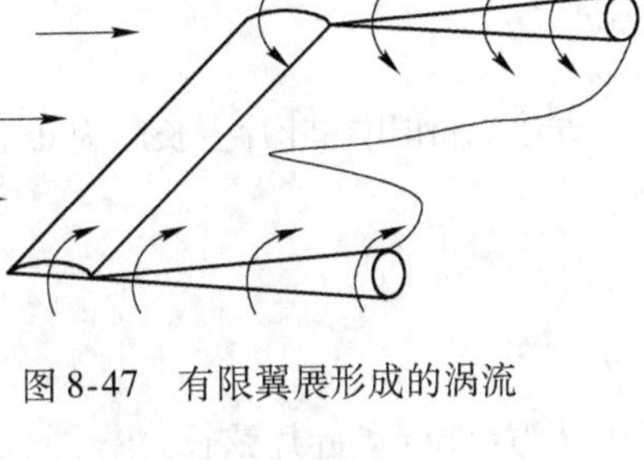

图 8-47 有限翼展形成的涡流

示。涡流形成的后果，造成阻力增加，引起一诱导阻力。

8.3.4　风力机主要尺寸设计

作用在桨叶表面上的空气压力是不均匀的，上表面压力减少，下表面压力增加，按照伯努利理论，桨叶上表面的气流速度较高，下表面的气流速度则比来流低。因此，围绕桨叶的流动可看成由两个不同的流动组合而成：一个是将翼型置于均匀流场中时围绕桨叶的零升力流动，另一个是空气环绕桨叶表面的流动。而桨叶升力则是由于在桨叶表面上存在一个速度环量，如图 8-48 所示。

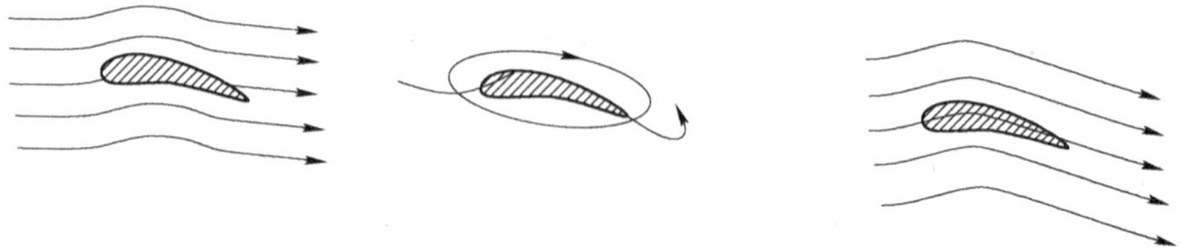

图 8-48　气流绕翼叶的流动

翼型对风力机叶片来说是很重要的，它直接影响风轮的启动及接受风能的效率，叶片翼型基本上可分为平板型、风帆型和扭曲型。

所谓扭曲叶片，就是沿叶片长度叶片翼型扭转一定角度，使得叶片翼型各处的安装角 α_i 不一致，角度由叶根至叶尖逐渐减少，使叶片各处都处在最佳迎角状态，以获得最佳升力。同时，为了使设计的叶片在接受空气动力时能平均分配到整个叶片上，叶片不仅需要扭曲，还需要有不同的翼型弦长，以满足叶片各处有相同的升阻比，从而取得较高的接受风能的效率。

8.3.4.1　*确定叶片弦长 l*

如图 8-45 所示，取 r、$r+\mathrm{d}r$ 段截面，计算所受的轴向推力。

方法一：根据贝兹理论，假定风力机处于最佳状态运转，则作用在整个风轮上的轴向推力为：

$$F_{\mathrm{a}}=\frac{\rho S}{2}(v_1^2-v_2^2)$$

通过风轮的风速为：

$$v=\frac{v_1+v_2}{2}$$

当 $v_2=v_1/3$ 时，功率输出达到最大值，此时轴向推力 F_{a} 和通过扫风面的风速 v 是：

$$F_{\mathrm{a}}=\frac{1}{2}\rho S(v_1^2-v_2^2)=\frac{1}{2}\rho S\left[v_1^2-\left(\frac{1}{3}v_1\right)^2\right]=\frac{4}{9}\rho S v_1^2=\rho S v^2$$

假设各单元扫风面产生的轴向推力正比于它的对应面积，则作用在间隔 r、$r+\mathrm{d}r$ 叶素的轴向力为：

$$\mathrm{d}F_{\mathrm{a}}=\rho v^2\mathrm{d}S=2\pi\rho v^2 r\mathrm{d}r \tag{8-26}$$

方法二：作用在叶片上长度为 $\mathrm{d}r$ 的升力和阻力为

$$\mathrm{d}F_{\mathrm{L}}=\frac{1}{2}\rho C_{\mathrm{L}}w^2 l\mathrm{d}r$$

$$\mathrm{d}F_{\mathrm{D}}=\frac{1}{2}\rho C_{\mathrm{d}}w^2 l\mathrm{d}r$$

式中，l 为半径 r 处叶片弦长。

其合力为

$$dF = dF_L / \cos\varepsilon$$

式中，ε 为 dF 与 dF_L 之间的夹角。

又由于

$$\omega = v / \sin I$$

所以

$$dF = \frac{1}{2}\rho C_L \frac{w^2}{\cos\varepsilon} l dr = \frac{1}{2}\rho C_L \frac{v^2}{\sin^2 I} \cdot \frac{l dr}{\cos\varepsilon}$$

将 dF 投影到转轴上，则 r、$r + dr$ 段产生的轴向力为 dF_a

$$dF_a = \frac{1}{2}\rho C_L b \frac{v^2}{\sin^2 I} \frac{\cos(1-\varepsilon)}{\cos\varepsilon} l dr \tag{8-27}$$

式中 b——叶片段。

从上述两个方法中可以看出，推导出的结果是相同的，令式(8-26)和式(8-27)相等，则有：

$$2\pi\rho v^2 r dr = \frac{1}{2}\rho C_L b \frac{v^2}{\sin^2 I} \cdot \frac{\cos(I-\varepsilon)}{\cos\varepsilon} l dr$$

整理得

$$C_L bl = 4\pi r \frac{\sin^2 I \cos\varepsilon}{\cos(I-\varepsilon)}$$

8.3.4.2 确定倾角 I

展开 $\cos(I-\varepsilon)$，得：

$$C_L bl = 4\pi r \frac{\sin^2 I \cdot \cos\varepsilon}{\cos(I-\varepsilon)} = 4\pi r \frac{\sin^2 I \cos\varepsilon}{\cos I \cdot \cos\varepsilon + \sin I \cdot \sin\varepsilon}$$

$$= 4\pi r \frac{\tan^2 I \cdot \cos I}{1 + \tan\varepsilon \tan I}$$

在最佳运转条件下，通过风轮的风速为：

$$v = \frac{2}{3} v_L$$

因此倾角由下式确定：

$$\cot I = \frac{\omega r}{v} = \frac{3}{2}\frac{\omega r}{v_L} = \frac{3}{2}\lambda$$

于是有：

$$C_L bl = \frac{16\pi}{9} \frac{r}{\lambda\sqrt{\lambda^2 + \frac{4}{9}\left(1 + \frac{2}{3\lambda}\tan\varepsilon\right)}}$$

在正常运行情况下，$\tan\varepsilon = dF_D / dF_L = C_d / C_L$ 一般是很小量，对于攻角在最佳值附近的普通翼型，其 $\tan\varepsilon \approx 0.02$，则简化上式有：

$$C_L bl = \frac{16\pi}{9} \frac{r}{\lambda\sqrt{\lambda^2 + \frac{4}{9}}} \tag{8-28}$$

叶尖和半径 r 处的速度比分别为 $\lambda_0 = \frac{\omega R}{v_L}$（$R$ 为叶尖处半径）及 $\lambda = \frac{\omega r}{v_L}$，消去 ω 和 v_L 后得到：

$$\lambda = \lambda_0 \frac{r}{R}$$

将值代入式(8-28)有：

$$C_L bl = \frac{16\pi}{9} \frac{R}{\lambda_0\sqrt{\lambda_2^2 \frac{r^2}{R^2} + \frac{4}{9}}}$$

此式为计算半径 r 处弦长的简化公式。

叶尖速比 λ_0 和风轮直径确定后，任一半径 r 处的倾斜角 I 为：

$$\tan I = \frac{3}{2}\lambda = \frac{3}{2}\lambda_0 \frac{r}{R}$$

由此可见，如果叶片安装角确定了，则攻角 i 也确定了，即 $i = I - \alpha$。由翼型气动力特性曲线即可确定 C_L，当叶片数给定后，可用 $C_L bl$ 的表达式来确定任一 r 处的叶片截面的弦长。

讨论：

（1）当给定半径 r 处的弦长，随叶尖速比 λ_0 的增加而减小，因而处于高额定转速下工作的风轮，其重量也就较轻。

（2）对于给定的叶尖速比 λ_0，弦长从叶尖向叶根增加，这一规律使叶片形成曲线边缘，但在某些风力发电机组中 C_L 沿叶片长度并不保持为常数，因而弦长也不需要从叶尖向叶根递增。

8.3.4.3　叶素的理论气动效率和最佳攻角

计算 r、$r+\mathrm{d}r$ 段叶片的气动效率：

$$\eta = \frac{\mathrm{d}N_u}{\mathrm{d}N_a} = \frac{\omega \mathrm{d}M}{v\mathrm{d}F_a} = \frac{u\mathrm{d}F_u}{v\mathrm{d}F_a}$$

式中　$\mathrm{d}F_u$——气动力 $\mathrm{d}F$ 在旋转平面上的投影值；

$\mathrm{d}F_a$——气动力 $\mathrm{d}F$ 在转轴上的投影值；

$\mathrm{d}N_u$——$\mathrm{d}r$ 段叶片产生的风轮功率；

$\mathrm{d}N_a$——流过 $\mathrm{d}r$ 段叶片风的功率。

因

$$\mathrm{d}F_u = \mathrm{d}F_L \sin I - \mathrm{d}F_D \cos I$$
$$\mathrm{d}F_a = \mathrm{d}F_L \cos I + \mathrm{d}F_D \sin I$$
$$\cot I = u/v$$

则得到

$$\eta = \frac{\mathrm{d}F_L \sin I - \mathrm{d}F_D \cos I}{\mathrm{d}F_L \cos I + \mathrm{d}F_D \sin I} \cdot \cot I$$

以 $\tan\varepsilon = \frac{\mathrm{d}F_D}{\mathrm{d}F_L} = \frac{C_d}{C_l}$ 代入，得：

$$\eta = \frac{1 - \tan\varepsilon \cdot \cot I}{\cot I + \tan\varepsilon} \cdot \cot I = \frac{1 - \tan\varepsilon \cot I}{1 + \tan\varepsilon \tan I}$$

讨论：当 $\tan\varepsilon$ 较低时，效率是较高的，如果 $\tan\varepsilon$ 在等于零的极限情况下，气动效率将等于 1。实际的 $\tan\varepsilon$ 值取决于攻角的大小，如图 8-49 所示，当直线 OM 与菲尔极线相切时，与该点对应的攻角使得 $\tan\varepsilon$ 成为最小，在这个特定的攻角时，气动效率达到最大值。

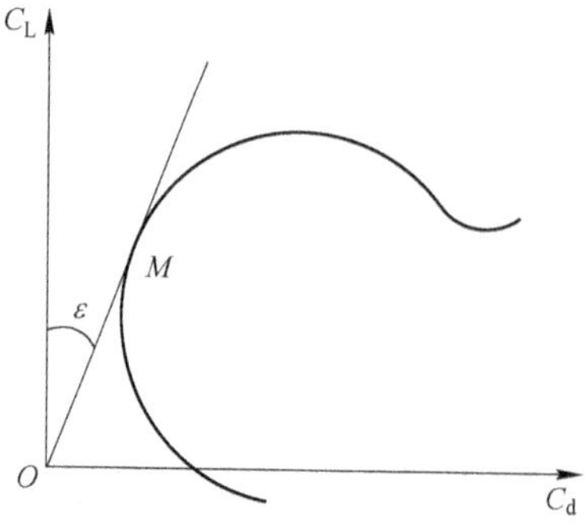

图 8-49　最佳攻角位置的确定

9 湍流与射流

9.1 湍流

9.1.1 层流与湍流

（1）层流：在管道中流体运动规则、稳定，流体层之间没有宏观的横向掺混（但分子扩散是存在的），流线保持光滑直线。

湍流：也称紊流，在管道中流体在总体上沿管道向前流动，同时还在各个方向作随机脉动，流体层之间出现显著的横向掺混，流线抖动弯曲，直至断裂冲散。

（2）流态判定。

用雷诺数来判定	$Re = du\rho/\mu$
层流	$Re < 2300$
过渡区	$2300 < Re < 4000$
湍流	$Re > 4000$

（3）雷诺数可作为判别流态的准则原因：

$$\frac{惯性力}{黏性力} = \frac{\rho l^2 v^2}{\mu l v} = \frac{vl}{\gamma} = Re$$

1）在 Re 较小的情况下，黏性力对流体质点的运动起主导作用，限制了流体质点的湍流运动，因而流动是层流。

2）在 Re 较大的情况下，惯性力起主导作用，黏性力虽仍存在但作用较小，控制不了流体质点的紊乱状态，因而流动是湍流。

3）对于理想流体，不存在黏性应力，也没有层流、湍流的概念，讨论雷诺数是无意义的。

（4）湍流运动的特点。湍流是每个流体质点在宏观空间尺度上和在时间上作随机运动的流动，湍流的特点除了随机性外，还有流体质点间的掺混性和流场的涡旋性，这些特点使流体质点的质量、动量和能量传输强度超过分子运动的几个数量级，例如湍流的表观黏度可比层流的牛顿黏度增加成千上万倍。近期的研究发现在湍流中除了由黏性决定的小尺度随机运动外，还存在着一种有结构的大尺度涡结构运动，这种大涡结构被称为“拟序结构”，它与流动环境有关，具有某种规律和重复性，所以湍流运动是由各种大小和不同涡量的涡旋叠加而形成的流动，在湍流中随机运动和拟序运动并存。

（5）湍流的基本特征。

1）稳态层流流动：其速度不随时间变化，只随空间位置变化，在某一测量点处测得的速度随时间变化，如图 9-1 所示。

2）湍流流动：流体质点在随主流流动的过程中，流体质点不断地互相混杂和碰撞产生不规则运动。对于湍流流动，如果空间某点的流体物理量（如速度、压强等）的时均值不随时间变化，则称为时均定常流动（或稳态湍流流动），否则称为非定常（或非稳态湍流流动）。

1）稳态湍流流动：如图 9-2 所示，速度 u 瞬时变化无规律可循，但由于是稳态流场流动，所以瞬时速度的时间平均值 $\bar{u}$ 是常量,因此,湍流瞬时速度 u 就为一个不随时间变化的常量 $\bar{u}$(时均速度)与一个随时间随机变化的脉动量 u'相叠加的结果。

即

$$u = \bar{u} + u'$$

式中,u'为 u 方向上的脉动量。

2) 非稳态湍流流动:湍流的时均速度 $\bar{u}$ 也随时间发生变化,非稳态流场中主体流动本身是随时间变化的,与随机脉动无关,如图 9-3 所示。

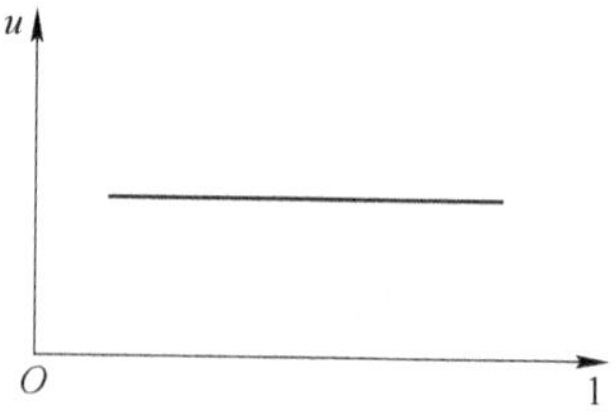

图 9-1　稳态层流流动

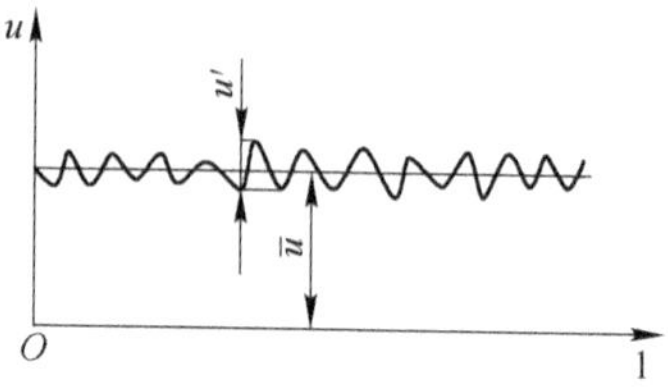

图 9-2　稳态湍流流动

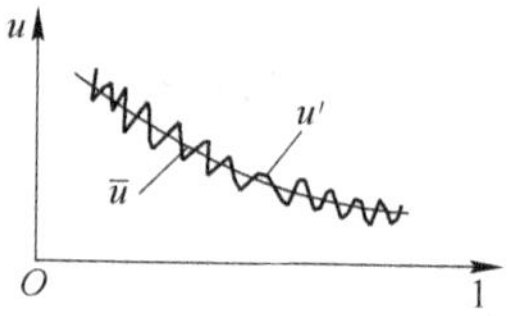

图 9-3　非稳态湍流流动

9.1.2　湍流的描述

湍流中的各物理量均是随机函数,因此,描述湍流的运动特征通常采用统计平均法,如图 9-4所示。

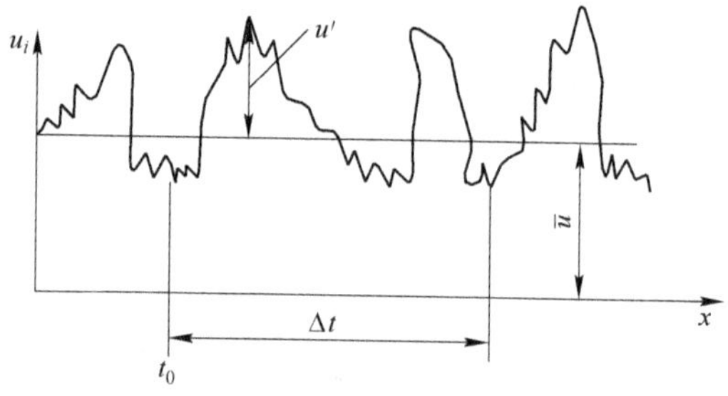

图 9-4　湍流描述

通常用一定时间间隔内的统计平均值代替真实速度,定义时均速度为:

$$\bar{u}(x,y,z,t) = \frac{1}{\Delta t}\int_{t_0}^{t_0+\Delta t} u_i(x,y,z,t)\,dt \tag{9-1}$$

式中,Δt 表示时间平均周期;u_i 为瞬时速度;t_0 为初时时刻;$\bar{u}$ 为时均速度。

空间某点的瞬时速度为:$u_i = \bar{u} + u'$,其中 u'为脉动速度,有 $u' = u_i - \bar{u}$,则 u'的统计平均为:

$$\overline{u'} = \frac{1}{T}\int_{t_0}^{t_0+T} u'\,dt = \frac{1}{T}\int_{t_0}^{t_0+T}(u_i - \bar{u})\,dt = \frac{1}{T}\int_{t_0}^{t_0+T} u_i\,dt - \frac{1}{T}\int_{t_0}^{t_0+T}\bar{u}\,dt = \bar{u} - \bar{u} = 0$$

可见脉动速度的时均值$\overline{u'}$为零。

流体质点不仅沿轴向有脉动,而且沿垂直于流动轴的截面(即径向)也有脉动,因此在黏性流体的湍流运动中各物理量均处于脉动状态,各瞬时值都可以表示为时均值与脉动值之和,以压强、温度为例,则有:

$$P_i = P + P'$$

$$T_i = T + T'$$

9.1.3 湍流流动切应力

9.1.3.1 湍流流动时的切应力

黏性流体作层流运动时,摩擦切应力可由牛顿内摩擦定律确定,对黏性流体作湍流运动,除了黏性摩擦切应力外,由于流体质点存在脉动现象,在流体层与层之间引起动量交换,从而增加了流体的能量损失。这个由于流体质点的脉动现象引起流层间动量交换而产生的流动阻力所增加的能量损失,用湍流附加切应力来描述。因此湍流流动时的切应力由两部分组成,即:

$$\tau = \tau_1 + \tau_2 \tag{9-2}$$

式中 τ_1——黏性剪切应力,由牛顿内摩擦定律计算得到,即

$$\tau_1 = \mu \frac{\mathrm{d}u}{\mathrm{d}y}$$

τ_2——湍流附加切应力或雷诺应力,可按普朗特动量传递理论进行推导。

9.1.3.2 湍流附加切应力

普朗特动量传递理论的基本观点是:在湍流的流层中,由于存在脉动流速,流层之间在一定的距离之内会产生动量交换,便会在流层之间的交界面上产生沿流向的切应力。

如图9-5所示,假想在湍流流动中,有1、2两层流体,1层流体的时均速度为$\bar{u}$,2层流体的时均速度为$\bar{u} + l\frac{\mathrm{d}u}{\mathrm{d}y}$。

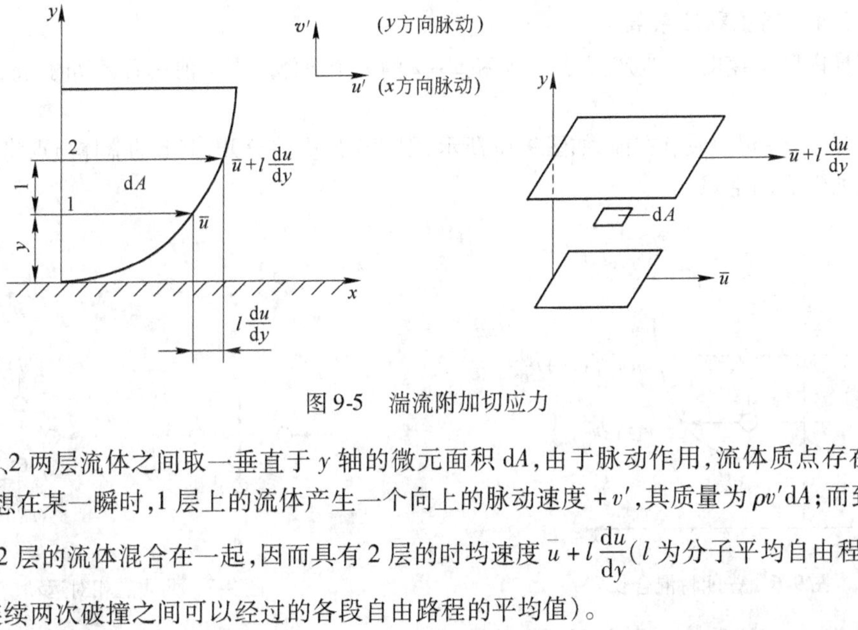

图9-5 湍流附加切应力

取1、2两层流体之间取一垂直于y轴的微元面积dA,由于脉动作用,流体质点存在横向脉动,可设想在某一瞬时,1层上的流体产生一个向上的脉动速度$+v'$,其质量为$\rho v'\mathrm{d}A$;而到达2层后,即与2层的流体混合在一起,因而具有2层的时均速度$\bar{u} + l\frac{\mathrm{d}u}{\mathrm{d}y}$($l$为分子平均自由程,即一个分子在连续两次破撞之间可以经过的各段自由路程的平均值)。

由于质量流量为$\rho v'\mathrm{d}A$的流体在1层时,沿x方向的动量为$\rho v'\mathrm{d}A\bar{u}$,而达到2层后,沿$x$方向的动量为$\rho v'\mathrm{d}A\left(\bar{u} + l\frac{\mathrm{d}u}{\mathrm{d}y}\right)$。那么1层流体由于脉动跳跃到2层后,与2层流体相混合,必然会使整个2层的流体在x方向的动量略有降低,其反映为2层流体上会出现一个瞬时脉动速度$-u'$,“$-$”号表示脉动速度与x轴方向相反。

假设在某瞬时,1层与2层流体沿x方向的脉动速度为零。dt时间后,1层流体介入使2层流体沿x方向产生脉动速度$-u'$,则dt时间内,质量为$\rho v'\mathrm{d}A\mathrm{d}t$的流体在$x$方向的脉动动量变化

为 $\rho v'\mathrm{d}A\mathrm{d}t(-u')-0=-\rho v'u'\mathrm{d}A\mathrm{d}t$。这个动量变化必然由外力作用引起，根据动量定理：

$$\mathrm{d}F\mathrm{d}t=\rho v'\mathrm{d}A\mathrm{d}t[(-u')-0]$$

$$\mathrm{d}F=-\rho u'v'\mathrm{d}A$$

式中，$\mathrm{d}F$ 为作用在面积 $\mathrm{d}A$ 上的切向力。

则

$$\tau_2=\frac{\mathrm{d}F}{\mathrm{d}A}=-\rho u'v' \tag{9-3}$$

9.1.3.3　普朗特混合长 l 的确定

如图 9-6 所示，假定某瞬时位于 y 处的流体质点，在 x 方向其时均速度为 $u(y)$，由于存在横向脉动速度 v'，该流体质点在 y 方向移动一段类似分子自由程的距离 l 后跟 $y+l$ 处的流体混合。此时，在 x 方向其时均速度为 $u(y+l)$，则单位时间通过垂直于 y 方向的单位面积的质量为 $\rho v'$ 的流体在 x 方向的动量变化为：

$$\rho v'[u(y+l)-u(y)]=\rho v'l\frac{\mathrm{d}u}{\mathrm{d}y}$$

普朗特认为，这种由于湍流脉动而产生的两层流体之间的时均速度之差 $l\frac{\mathrm{d}u}{\mathrm{d}y}$ 应与脉动速度 u' 同一数量级，即：

$$-u'\sim l\frac{\mathrm{d}u}{\mathrm{d}y}$$

式中，“～”表示同一数量级，l 为普朗特混合长。

9.1.3.4　湍流黏性系数

对于横向脉动速度 v'，当速度为 $u+u'$ 和 $u-u'$ 的两个流体质点一前一后运动时，将出现两种可能：

（1）如果 $u+u'$ 的质点在前，如图 9-7a 所示，则两个质点将分开，上下的流体质点将以 $\pm v'$ 的速度涌入所形成的空隙。

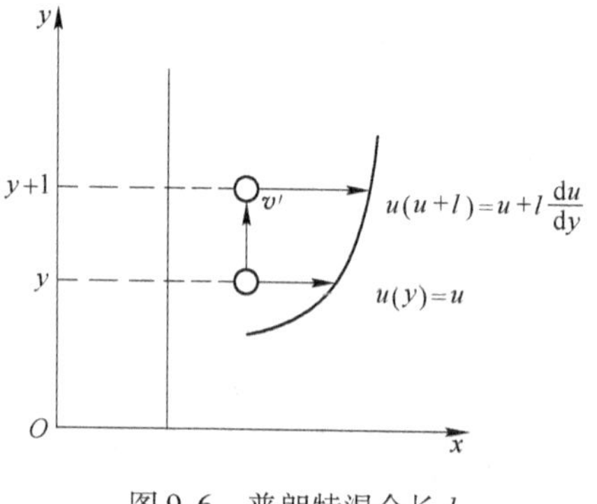

图 9-6　普朗特混合长 l

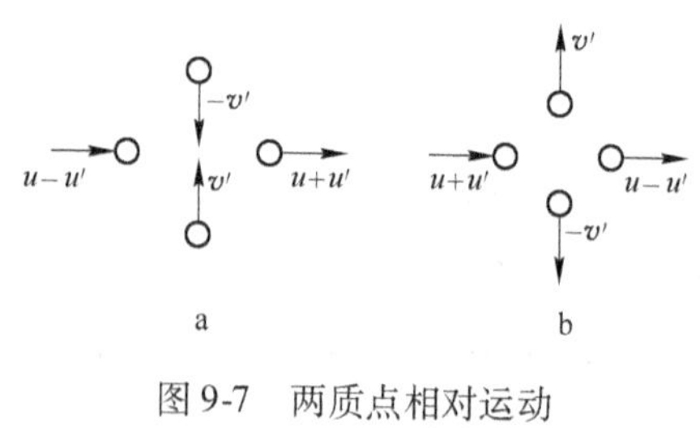

图 9-7　两质点相对运动

（2）若 $u+u'$ 的质点在后，如图 9-7b 所示，两个质点将相撞，则原来在两质点之间的其他流体质点将以 $\pm v'$ 的速度向两边分开，并且 u' 越大，流场中空出来的空间也就越大，或者流体质点之间碰撞越猛烈。因此，填空的过程或者分流的速度也就越快，即 v' 也就越大，反之亦然。从质量守恒的角度来看，u' 与 v' 必为同一数量级，因此有：

$$v'\sim-u'\sim l\frac{\mathrm{d}u}{\mathrm{d}y}$$

代入 $\tau_2=-\rho u'v'$ 中得：

$$\tau_2=\rho l^2\left(\frac{\mathrm{d}u}{\mathrm{d}y}\right)^2=\mu_t\frac{\mathrm{d}u}{\mathrm{d}y} \tag{9-4}$$

式中，$\mu_t=\rho l^2\left(\frac{\mathrm{d}u}{\mathrm{d}y}\right)$。

μ_t 称为湍流黏性系数或虚黏度，μ_t 不单由流体的物性决定，而是和流动有关的量，在数值上，μ_t 要比流体的动力黏度 μ 大几个数量数。

在具体应用时，通常 l 由实验确定，也可根据流动情况进行假设。

9.1.3.5　湍流切应力

对于湍流，沿流动方向总的切应力为：

$$\tau=\tau_1+\tau_2=\mu\frac{\mathrm{d}u}{\mathrm{d}y}+\mu_t\frac{\mathrm{d}u}{\mathrm{d}y}=(\mu+\mu_t)\frac{\mathrm{d}u}{\mathrm{d}y} \tag{9-5}$$

混合长理论尽管在物理上还存在缺陷，但对某些情况只要对黏性系数加以修正，就能与实验较好地符合，所以这仍是一种有用的理论模型基础。

9.1.4　湍流的基本方程

描述黏性流体运动的 N-S 方程，应同样适用于湍流。

9.1.4.1　随机变量平均运算法则

在采用平均法处理随机变量时，两个变量的平均运算规律，可利用平均的定义关系 $u=\bar{u}+u'$ 和 $\overline{u'}=\lim\limits_{T\to\infty}\int_{t_0}^{t_0+T}u'\mathrm{d}t=0$，确定运算法则：

(1) $\overline{f+g}=\bar{f}+\bar{g}$

(2) $\overline{af}=a\bar{f}$（a 为常数）

(3) $\overline{f\cdot g}=\bar{f}\cdot\bar{g}+\overline{f'g'}$（$f'$、$g'$ 为脉动值）

(4) $\overline{\frac{\partial f}{\partial s}}=\frac{\partial\bar{f}}{\partial s}$，$s=x,y,z,t$

式中，f 及 g 代表两个变量。

9.1.4.2　湍流的连续性方程

一维不可压缩流体的连续性方程为：

$$\frac{\partial u_i}{\partial x_i}=0$$

因 $u=\bar{u}+u'$，代入上式，并进行时间平均得：

$$\overline{\frac{\partial u_i}{\partial x_i}}=\overline{\frac{\partial(u_i+u'_i)}{\partial x_i}}=\frac{\partial\bar{\bar{u}}_i}{\partial x_i}-\frac{\partial\overline{u'_i}}{\partial x_i}=0$$

因为 $\overline{u'_i}=0$，由上式得不可压缩流体的湍流时均流动的连续性方程为：

$$\frac{\partial\bar{u}_i}{\partial x_i}=0$$

由式 $u=\bar{u}+u'$ 和 $\frac{\partial u_i}{\partial x_i}=0$，有：

$$\frac{\partial(\bar{u}_i+u'_i)}{\partial x_i}=\frac{\partial\bar{u}_i}{\partial x_i}+\frac{\partial u'_i}{\partial x_i}=0$$

代入 $\frac{\partial\bar{u}_i}{\partial x_i}=0$ 得：

$$\frac{\partial u'_i}{\partial x_i}=0$$

即脉动流速也满足同样形式的连续性方程。

9.1.4.3　湍流运动方程(即雷诺方程)

A　雷诺方程张量形式

不可压缩黏性流体的N-S方程为:

$$\frac{\partial u_i}{\partial t}+u_j\frac{\partial u_i}{\partial x_j}=f_i-\frac{1}{\rho}\frac{\partial p}{\partial x_i}+\gamma\frac{\partial^2 u_i}{\partial x_j\partial x_j} \tag{9-6}$$

因 $u_i=\overline{u_i}+u'_i, p=\overline{p}+p'$ 代入式(9-6),得:

$$\frac{\partial}{\partial t}(\overline{u_i}+u'_i)+(u'_j+u'_j)\frac{\partial}{\partial x_j}(\overline{u_i}+u'_i)=f_i-\frac{1}{\rho}\frac{\partial}{\partial x_i}(\overline{p}+p')+\gamma\frac{\partial^2}{\partial x_j^2}(\overline{u_i}+u'_i)$$

对上式取时间平均,并注意平均运算法则及除去若干等于零的项,得:

$$\frac{\partial\overline{u_i}}{\partial t}+\overline{u_j}\frac{\partial\overline{u_i}}{\partial x_j}+\overline{u'_j\frac{\partial u'_i}{\partial x_j}}=f_i-\frac{1}{\rho}\frac{\partial\overline{p}}{\partial x_i}+\gamma\frac{\partial^2\overline{u_i}}{\partial x_j^2} \tag{9-7}$$

式(9-7)等号左端第三项可改写为:

$$\overline{u'_j\frac{\partial u'_i}{\partial x_j}}=\overline{\frac{\partial}{\partial x_j}(u'_iu'_j)}-\overline{u'_i\frac{\partial u'_j}{\partial x_j}} \tag{9-8}$$

根据式$\frac{\partial u'_i}{\partial x_i}=0$,有$\frac{\partial u'_j}{\partial x_j}=0$,则式(9-8)右端第二项为零,

故

$$\overline{u'_j\frac{\partial u'_i}{\partial x_j}}=\frac{\partial}{\partial x_j}(\overline{u'_iu'_j})$$

代入式(9-7),整理得:

$$\frac{\partial\overline{u_i}}{\partial t}+\overline{u_j}\frac{\partial\overline{u_i}}{\partial x_j}=f_i-\frac{1}{\rho}\frac{\partial\overline{p}}{\partial x_i}+\frac{1}{\rho}\frac{\partial}{\partial x_j}\left(\mu\frac{\partial\overline{u_i}}{\partial x_j}-\rho\,\overline{u'_iu'_j}\right) \tag{9-9}$$

此式即不可压缩湍流时均流动的运动方程,称其为雷诺方式。

把式(9-9)雷诺方程与N-S方程比较可知,雷诺方程中增加了一项$\rho\,\overline{u'_iu'_j}$,它代表了湍流脉动对时均流动产生的影响,称为雷诺应力。当$i\neq j$时,雷诺应力为切应力,当$i=j$时,则为压应力。

B　雷诺方程分量形式

忽略重力,不可压缩流体湍流时均值运动方程可写成:

$$\frac{\partial\overline{u}}{\partial x}+\frac{\partial\overline{v}}{\partial y}+\frac{\partial\overline{w}}{\partial z}=0 \tag{9-10}$$

$$\rho\left[\frac{\partial\overline{u}}{\partial t}+\overline{u}\frac{\partial\overline{u}}{\partial x}+\overline{v}\frac{\partial\overline{u}}{\partial y}+\overline{w}\frac{\partial\overline{u}}{\partial z}\right]=-\frac{\partial\overline{p}}{\partial x}+\mu\nabla^2\overline{u}-\left[\frac{\partial(\rho\,\overline{u'u'})}{\partial x}+\frac{\partial(\overline{\rho u'u'})}{\partial y}+\frac{\partial(\rho\,\overline{u'w'})}{\partial z}\right]$$

$$\rho\left[\frac{\partial\overline{v}}{\partial t}+\overline{u}\frac{\partial\overline{v}}{\partial x}+\overline{v}\frac{\partial\overline{v}}{\partial y}+\overline{w}\frac{\partial\overline{v}}{\partial z}\right]=-\frac{\partial\overline{p}}{\partial y}+\mu\nabla^2\overline{v}-\left[\frac{\partial(\rho\,\overline{v'u'})}{\partial x}+\frac{\partial(\overline{\rho v'v'})}{\partial y}+\frac{\partial(\rho\,\overline{v'w'})}{\partial z}\right]$$

$$\rho\left[\frac{\partial\overline{w}}{\partial t}+\overline{u}\frac{\partial\overline{w}}{\partial x}+\overline{v}\frac{\partial\overline{w}}{\partial y}+\overline{w}\frac{\partial\overline{w}}{\partial z}\right]=-\frac{\partial\overline{p}}{\partial z}+\mu\nabla^2\overline{w}-\left[\frac{\partial(\rho\,\overline{w'u'})}{\partial x}+\frac{\partial(\rho\,\overline{w'v'})}{\partial y}+\frac{\partial(\rho\,\overline{w'w'})}{\partial z}\right]$$

此式为不可压缩流体湍流时均值运动方程,又称雷诺方程,与N-S方程比较,右边多三项附加项,反映不同方向的湍流脉动速度引起的力效应,通常将$-\rho\,\overline{u'u'}$, $-\rho\,\overline{u'v'}$……雷诺应力,其组成一个对称的二阶张量:

$$\begin{bmatrix} -\rho u'u' & -\rho u'v' & -\rho u'w' \\ -\rho v'u' & -\rho v'v' & -\rho v'w' \\ -\rho w'u' & -\rho w'v' & -\rho w'w' \end{bmatrix}$$

C　雷诺应力的物理意义

从因次方面，在 $\mu \dfrac{\partial \bar{u}_x}{\partial y} - \rho\,\overline{u_i u_j}$ 项中，$\mu \dfrac{\partial \bar{u}}{\partial y}$ 由牛顿内摩擦定律可知，是流体内摩擦应力，则 $-\rho\,\overline{u_i u_j}$ 也是应力的因次。

从物理方面，以二维流动为例，如图 9-8 所示，$\bar{u} = \bar{u}(y)$，$\bar{v} = \bar{w} = 0$，$\dfrac{d\bar{u}}{dy} > 0$。当 y_1 处一个流体微团由于向上的脉动速度 $+v'$ 的作用而运动到一个新的位置时，它原来的时均流速 $\bar{u}_1$ 较新位置处的流速 $\bar{u}$ 小（因为 $\dfrac{d\bar{u}}{dy} > 0$），从而使得新位置处在 x 方向的流速出现负的扰动，脉动速度为 $-u'$。反之，如果 y_1 处的垂直向脉动流速为 $-v'$，则该处一个流体微团将运动到比 y_1 还低的一个位置。由于流体微团在原 y_1 处的时均流速 $\bar{u}_1$ 大于新位置处的时均速度，因此该处将产生一个 $+u'$ 的脉动。可见一点处 u' 与 v' 总是符号相反，这个结论也可以从微小六面体的连续性得到证明。

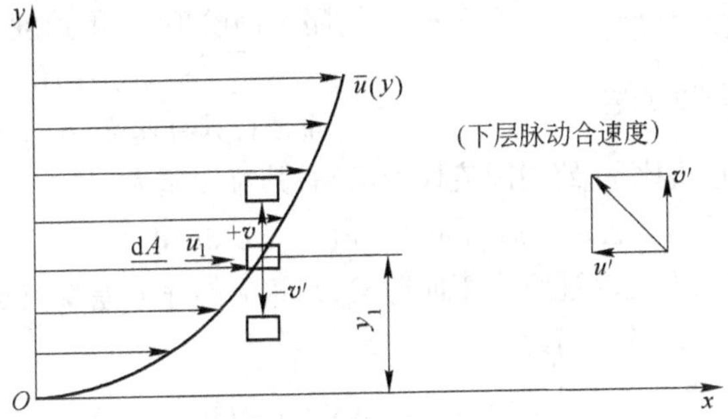

图 9-8　二维流动脉动速度

沿流动方向取微小面积 dA，其下层质点的脉动速度为 u'、v'，由于湍动穿到上层的质量（由于 v' 时正时负，取其绝对值）

$$\Delta m = \rho |v'| dA$$

这微元质量的动量变化等于作用力 F，即：

$$\Delta m u' = \rho |v'| u' dA = F$$

则

$$\tau_2 = \frac{F}{dA} = \rho |v'| u'$$

去掉绝对值符号后取平均值有：

$$\overline{\tau_2} = -\rho\,\overline{v'u'}$$

故 $-\rho\,\overline{v'u'}$ 不仅具有应力的因次，而且在物理上得到证实。

由此可见：雷诺应力是湍动引起动量交换的结果，它是以流场中的速度不相等为条件的。如果各点速度都相等，虽然有湍动，也没有动量交换，因为两层之间交换的动量都相等，互相抵消，等于动量没有交换；如果各点之间速度不相等，因为有迁移加速度的存在，就产生雷诺应力。因此，没有迁移加速度的均匀湍流里就没有雷诺应力存在，只有各处速度不相同的湍流流场中，才有雷诺应力存在。

雷诺应力作用的结果总是使流动均匀化，也就是使上层流速较快的流动变缓，而使下层流速慢的流动加速。

9.1.5　普朗特经验混合长度理论

9.1.5.1　混合长度模型

核心观点是认为湍流剪切应力系由流体微团的动量交换来确定。1925 年，Prandtl 借用气体分子运动自由程的概念，设想流体质点在横向的脉动过程中，动量保持不变，直到抵达新的位置时，才与周围流体质点相混合，动量才突然改变，并与新位置上原有流体质点所具有的动量一致。

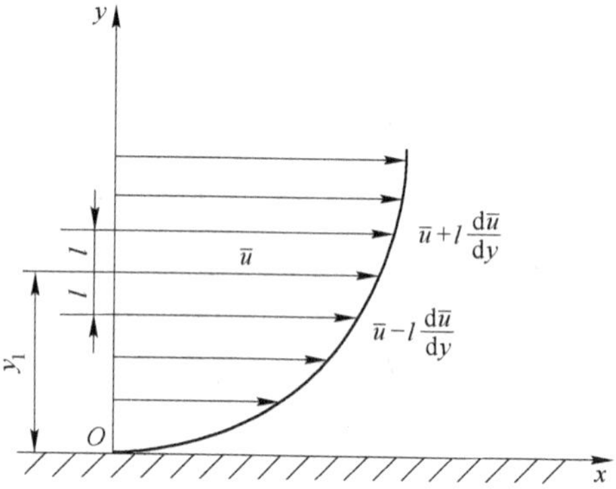

图 9-9　混合长度模型

如图 9-9 所示，为一简单平行流动，其时均速度 $\bar{u}=\bar{u}(y)$，$\bar{v}=0$，$\bar{w}=0$，该情况下应力张量只有唯一的切向分量 p_{xy}，记 $p_{xy}=\tau$，则有：

$$\tau=-\rho u'v' \tag{9-11}$$

设在 (y_1-l) 处，具有速度为 $u(y_1-l)$ 的流体微团与流动方向成垂直地横向移动一微小距离 l。假定微团保持其 x 方向的动量，则到达新流层 y_1 处时，它的流速就较周围的流体慢，按泰勒级数展开，略去高阶项，求得速度差为：

$$\Delta\overline{u_1}=\bar{u}(y_1)-\bar{u}(y_1-l)=l(\mathrm{d}\bar{u}/\mathrm{d}y)_1$$

同理，具有速度 $u(y_1+l)$ 的流体微团从 (y_1+l) 处向 y_1 处流层移动，它将比 y_1 处周围流体速度高，其流速差为：

$$\Delta\overline{u_2}=\bar{u}(y_1+l)-\bar{u}(y)=l(\mathrm{d}\bar{u}/\mathrm{d}y)_1$$

将上述流体微团的上下运动理解为横向脉动，则相应的速度差就应是在 y_1 流层处由于流团横向脉动引起的湍流脉动速度，应有：

$$|u'|=\frac{1}{2}(|\Delta\overline{u_1}|+|\Delta\overline{u_2}|)=l|(\mathrm{d}\bar{u}/\mathrm{d}y)_1| \tag{9-12}$$

考虑到湍流运动各向同性的特性，横向脉动速度 v' 和纵向脉动速度 u' 应具有相同的量级，即：

$$|v'|=常数\times|u'|=常数\times l(\mathrm{d}\bar{u}/\mathrm{d}y) \tag{9-13}$$

引用弹性力学的概念，可以想象湍流微团因脉动而沿 x 方向拉伸（即 x 方向脉动速度增大）时，则沿 y 方向必缩短（即 y 方向的脉动速度减小）。故 u' 与 v' 符号相反，即 $-v'\propto u'$，于是有：

$$u'v'=-k|u'||v'| \tag{9-14}$$

式中系数的值介于 0 与 1 之间，与相关系数有关。

将式(9-12)与式(9-13)代入式(9-14)，有：

$$u'v'=-常数\times l^2(\mathrm{d}\bar{u}/\mathrm{d}y)^2$$

将上式中常数与未定距离 l 归并在一起，得：

$$u'v'=-l^2(\mathrm{d}\bar{u}/\mathrm{d}y)^2 \tag{9-15}$$

式中，l 为普朗特混合长度。

由式(9-12)可以看出，混合长度是这样一段微小距离，流团移动此距离所产生的速度差等于湍流纵向脉动速度绝对值的时均值。

将式(9-15)代入式(9-11)中，得：

$$\tau=\rho l^2(\mathrm{d}\bar{u}/\mathrm{d}y)^2$$

考虑到 τ 的符号随 $\mathrm{d}\bar{u}/\mathrm{d}y$ 而变，准确地应写成：

$$\tau=\rho l^2\left|\frac{\mathrm{d}\bar{u}}{\mathrm{d}y}\right|\frac{\mathrm{d}\bar{u}}{\mathrm{d}y} \tag{9-16}$$

不难看出，湍流运动流体微团之间的横向脉动，使单位时间内通过“流层界面”单位面积上的流体脉动质量为$\rho v'$，并且在混合长度l距离内产生纵向脉动速度u'，即产生动量$\rho v'u'$的转移，从而有式(9-16)所表示的湍流切应力。总之，在普朗特混合长度理论中，τ是由流体微团纵向脉动动量分量的横向转移来确定的。

在湍流射流中，一般不受限制，可以认为$l(y)$ = 常数，省去均时符号“$\bar{\ }$”，则式(9-16)可写出湍流剪切应力的表达式为：

$$\tau=\rho l^2\left|\frac{\partial u}{\partial y}\right|\frac{\partial u}{\partial y} \tag{9-17}$$

9.1.5.2　涡黏性模型

该模型是布辛涅斯克(T. V. Boussinesq，1877)提出的最早的湍流经验理论，把湍动应力与黏性应力相对比，认为黏性应力既然等于黏滞系数和变形率的乘积，即：$\gamma\left(\frac{\partial \bar{u}_i}{\partial x_j}+\frac{\partial \bar{v}_j}{\partial x_i}\right)$，那么，湍动应力也可表示为类似的形式，即：

$$-u'_iu'_j=\gamma_t\left(\frac{\partial u_i}{\partial x_j}+\frac{\partial u_j}{\partial x_i}\right) \tag{9-18}$$

式中，γ_t称为湍动黏滞系数。

说明，布辛涅斯克把γ_t和黏滞系数γ比拟，看作一个常数，实际上两者有本质的区别，黏滞系数是代表流体的一种物理特性，其值只取决于流体的性质，而与流动状况无关；γ_t代表湍动的特性，显然和流动状况及边界条件密切相关，各处流动状况不同，其值将不同。一般不看作常数。这两个概念不能互相类比。

分析式(9-18)可知，当$i=j$时，式中左端成为$\overline{u'_iu'_i}$，等于单位质量流体的湍动动能的2倍，而右端为$2\gamma_t\frac{\partial \bar{u}_i}{\partial x_i}$，对于不可压缩流体$\frac{\partial \bar{u}_i}{\partial x_i}=0$，$\gamma_t$为有限值，则右边等于零；左端动能不等于零(除非没有脉动)。因此，该式是不合理的。

虽然涡黏性模型有这些缺点，但这个模型简单，在解决一般简单问题中也起一定作用，而且后来许多改进的模型常以它为基点，所以有一定的价值。

9.1.5.3　混合长度l

比较

$$-\rho u'_iu'_j=\rho l^2\left|\frac{\mathrm{d}\,\overline{u_1}}{\mathrm{d}x_2}\right|\frac{\mathrm{d}\,\overline{u_1}}{\mathrm{d}x_2} \tag{9-19}$$

和

$$-u'_iu'_j=\gamma_t\left(\frac{\partial u_i}{\partial x_j}+\frac{\partial u_j}{\partial x_i}\right) \tag{9-20}$$

可知，混合长度模型实际上是令黏滞系数：

$$\gamma_t=l^2\frac{\mathrm{d}\,\overline{u_1}}{\mathrm{d}x_2}$$

为了使式(9-19)便于应用，还必须知道l，为此 Prandtl 作出假定：在固体壁面附近：

$$l=KX_2 \tag{9-21}$$

式中，X_2为离开壁面的法向距离，K为常数，由实验资料确定，目前多用$K=0.4$。

9.1.5.4　雷诺计算式

在远离壁面的自由湍流(如射流)，假定在横断面上l是一个常数，且与断面上混合区的宽度

b 成正比,取流速梯度近似等于断面上最大流速和最小流速之差除以宽度 b,即:

$$\frac{\mathrm{d}\,\overline{u_1}}{\mathrm{d}x_2}\approx\frac{1}{b}(\overline{u_{\max}}-\overline{u_{\min}})$$

则有:

$$-\rho u'_i u'_i=\rho kb(\overline{u_{\max}}-\overline{u_{\min}})\frac{\mathrm{d}\,\overline{u_i}}{\mathrm{d}x_2}\tag{9-22}$$

分析:混合长度理论是一个应用最广的湍流模型,按存在的问题,比如:

(1) 假定流体微团要经过一定距离才发生混合,这与实际混合是一个连续过程不符。

(2) 湍流是由许多尺度差别很大的旋涡组成,混合长度 l 代表哪一种旋涡的尺度是不明确的。

(3) 在推理中把脉动流速 u'_1 看作只和时均速度梯度有关,以及假定 $u'_2\sim u'_1$,也与实际不符。

9.1.6 湍流模式

湍动是流动的一种特定形态并不是流体本身固有的一种性质(如黏性)。因此,湍动的规律对各种流体都适用。

应用时均湍流的连续性方程和雷诺方程解决湍流问题时,未知数包括 3 个时均流速、1 个时均压强以及 6 个雷诺应力,共 10 个,远超过方程的数目。这就造成了时均湍流基本方程组的不封闭。因此,要应用这些方程必须首先解决方程组的封闭问题(closure problem)。根据湍流的运动规律以寻求附加的条件和关系式,从而使方程组封闭可解就是近年来所形成的各种湍流模型(turbulence model)。

最初的湍流模型理论是布辛涅斯克提出的用涡黏度(eddy viscosity)将雷诺应力与时均流速联系起来。后来又发展了一系列以普朗特混合长度理论为代表的半经验理论,并得到了广泛的应用。这些湍流模型都只是应用湍流的时均方程,并未引入任何有关脉动量的微分方程,因而被称为零方程模型。

而后,又发展了一方程模型、二方程模型和多方程模型等,即除时均的雷诺方程和连续方程外,增加了有关脉动量的微分方程。若增加一个关于代表湍动动能 $k=\frac{1}{2}\overline{u'_i u'_i}$ 的微分方程,称为 k 方程(k-equation)。进一步再增加一个关于能量耗散率 $\varepsilon=\gamma\overline{\frac{\partial u'_i}{\partial x_j}\frac{\partial u'_i}{\partial x_j}}$ 的微分方程,称为 ε 方程(ε-equation)。这样的二方程模型通称为 k-ε 模型。

9.1.6.1　零方程模型

所谓零方程模型是指不使用微分方程,而是用代数关系式把湍动黏度与时均值联系起来的模型。它只用湍流的时均连续方程和 Reynolds 方程组成方程组,把方程组中 Reynolds 应力用平均速度场的局部速度梯度来表示。

零方程模型方案有多种,最著名的是 Prandtl 提出的混合长度模型(mixing length model)。Prandtl 假定湍动黏度 μ_t 正比于时均速度 u_i 的梯度和混合长度 l 的乘积。例如,在二维问题中,有:

$$\mu_t=l^2\left|\frac{\partial u}{\partial y}\right|$$

湍流切应力表示为:

$$-\rho\,\overline{u'u'}=\rho l^2\left|\frac{\partial u}{\partial y}\right|\frac{\partial u}{\partial y}$$

式中混合长度 l 由经验公式或实验确定。

混合长度理论的优点是直观简单,对于如射流、混合层、扰动和边界层等带有薄的剪切层的流动比较有效,但只有在简单流动中才比较容易给定混合长度 l,对复杂流动则很难确定 l,而且不能用于模拟带有分离及回流的流动,因此,零方程模型在实际工程中很少使用。

9.1.6.2　一方程模型(k 方程模型)

在零方程模型中,湍动黏度 μ_t 和混合长度 l 都把 Reynolds 应力和当地平均速度梯度相联系,是一种局部平衡的概念,忽略了对流和扩散的影响。为了弥补混合长度假定的局限性,人们建议在湍流的时均连续性方程和 Reynolds 方程的基础上,在建立一个湍动动能 k 的输运方程,而 μ_t 表示成 k 的函数,从而可使方程组封闭。

雷诺方程中的雷诺应力仍用涡黏性模型,它的普通形式可类比黏性应力与变形率的关系式写为:

$$-\overline{u'_i u'_j} = \gamma_t\left(\frac{\partial \overline{u_i}}{\partial x_j} + \frac{\partial \overline{u_j}}{\partial x_i}\right) - \frac{2}{3}k\delta_{ij} \tag{9-23}$$

式中,γ_t 为涡黏性系数,k 为单位质量流动的湍动动能;δ_{ij} 为克罗内尔符号,$i=j$ 时 $\delta_{ij}=1$,$i\neq j$ 时 $\delta_{ij}=0$。

湍动动能为:

$$k = \frac{1}{2}\overline{u'_i u'_i} \tag{9-24}$$

式中,$u'_i u'_i = u'^2_1 + u'^2_2 + u'^2_3$,为单位质量流体的湍动动能。

将涡黏性系数 γ_t 与湍动动能 k 联系起来,采用柯尔莫戈罗夫-普朗特表示式,即:

$$\gamma_t = C'_\mu \sqrt{k}L \tag{9-25}$$

式中,C'_μ 为经验常数;L 为特征长度。为此要补充一个 k 的微分方程,即 k 方程模型。略去黏性应力做功的扩散项,则单位质量流体湍动动能 k 的传输方程写为:

$$\underset{\text{当地变化}}{\frac{\partial k}{\partial t}} + \underset{\text{迁移传递}}{\overline{u_j}\frac{\partial k}{\partial x_j}} = \underset{\text{扩散传递}}{-\frac{\partial}{\partial x_j}\overline{\left[u'_j\left(\frac{u'_i u'_i}{2} + \frac{p'}{\rho}\right)\right]}} \underset{\text{湍动产生}}{- \overline{u'_i u'_j}\frac{\partial \overline{u_i}}{\partial x_j}} \underset{\text{黏性耗损}}{- \gamma\overline{\left(\frac{\partial u'_i}{\partial x_j} + \frac{\partial u'_j}{\partial x_i}\right)\frac{\partial u'_i}{\partial x_j}}} \tag{9-26}$$

上式中的扩散和耗损项通常采用下列假设:

$$-\overline{u'_j\left(\frac{u'_i u'_i}{2} + \frac{p'}{\rho}\right)} = \frac{\gamma_t}{\sigma_k}\frac{\partial k}{\partial x_j} \tag{9-27}$$

$$\varepsilon = C_D\frac{k^{3/2}}{L} \tag{9-28}$$

式中,σ_k 和 C_D 是经验常数。式(9-27)包含一个扩散梯度的假设。而式(9-28)则是柯尔莫戈罗夫的观点。按照这些模式,k 方程可写为:

$$\frac{\partial k}{\partial t} + \overline{u_j}\frac{\partial k}{\partial x_j} = \frac{\partial}{\partial x_j}\left(\frac{\gamma_t}{\sigma_k}\frac{\partial k}{\partial x_j}\right) + \gamma_t\left(\frac{\partial \overline{u_i}}{\partial x_j} + \frac{\partial \overline{u_j}}{\partial x_i}\right)\frac{\partial \overline{u_i}}{\partial x_j} - C_D\frac{k^{3/2}}{L} \tag{9-29}$$

这就是湍动能量方程模型中应用最多的高雷诺数形式的 k 的传输方程,多数文献建议:$\sigma_k=1$,$C'_\mu=0.09$,而 C_D 的取值在不同的文献中结果不同,从 0.08 到 0.38 不等,$C'_\mu C_D=0.08$。

特征长度 L 的确定,可用类似于混合长度情况的经验关系,例如在近壁区(黏性底层除外),为得到断面上流速按对数分布,要求:

$$L = \left(\frac{C_D}{C'^3_\mu}\right)^{1/4} kx_2 \tag{9-30}$$

湍动动能 k 方程模型考虑了湍动动能的迁移和扩散的传递以及湍动流速尺度的历史影响,因此比混合长度模型优越,后者只考虑局部平衡关系。但应用此模型仍只限于较简单的剪切层内,因为对于较复杂的流动,从经验去确定特征长度 L 的分布仍是很困难的。

9.1.6.3　二方程模型——k-ε 方程模型

在湍动动能 k 方程外，再增加一个确定湍动特征长度 L 的偏微分方程，即为二方程模型。下面介绍应用广泛的 k-ε 方程模型。

目前提出的方程多不是以 L 为自变量，而是以 $Z=k^mL^n$ 为自变量。其中应用较多的是取 $Z=\varepsilon, m=3/2, n=-1$，即：

$$\varepsilon \propto \frac{k^{3/2}}{L} \tag{9-31}$$

式中，$\varepsilon=\gamma\overline{\frac{\partial u'_i \partial u'_i}{\partial x_j \partial x_j}}$为湍动能量耗损率。由式(9-25)，涡黏性系数 γ_t 可写为：

$$\gamma_t = C_\mu \frac{k^2}{\varepsilon} \tag{9-32}$$

现要补充一个求解 ε 的微分方程：

ε 方程的建立仍是从 N-S 方程出发，可得准确的 ε 传输方程，这里略去推导过程。洛迪(W. Rodi)认为在高雷诺数情况下，可考虑局部各向同性而将 ε 传输方程写为：

$$\underbrace{\frac{\partial \varepsilon}{\partial t}}_{\text{当地变化}} + \underbrace{\overline{u}_j\frac{\partial \varepsilon}{\partial x_j}}_{\text{迁移传递}} = \underbrace{-\frac{\partial}{\partial x_j}(\overline{u'_j\varepsilon'})}_{\text{扩散传递}} \underbrace{-2\gamma\overline{\left(\frac{\partial u'_i \partial u'_i}{\partial x_k \partial x_j}\frac{\partial u'_k}{\partial x_j}\right)}}_{\text{涡旋拉伸引起的湍动产生}} \underbrace{-2\overline{\left(\gamma\frac{\partial^2 u'_i}{\partial x_j \partial x_j}\right)^2}}_{\text{黏性耗损}} \tag{9-33}$$

式中的扩散项、产生项和耗损项都是要求进行湍动模化才能封闭方程组。对扩散项常取梯度假定，令 ε'为湍动耗损率，可写为：

$$-\overline{u'_j\varepsilon'} = \frac{v_t}{\sigma_\varepsilon}\frac{\partial \varepsilon}{\partial x_j} \tag{9-34}$$

对其他两项采用下列模型假定，并可作为剪切流动中的源项：

$$-2\gamma\overline{\left(\frac{\partial u'_i}{\partial x_k}\frac{\partial u'_i}{\partial x_j}\frac{\partial u'_k}{\partial x_j}\right)} - 2\overline{\left(\gamma\frac{\partial^2 u'_i}{\partial x_j \partial x_j}\right)^2} = \left(C_{1\varepsilon}\frac{\pi}{\varepsilon} - C_{2\varepsilon}\right)\frac{\varepsilon^2}{k} \tag{9-35}$$

式中，π 是 k 的产生项$\left(-u'_iu'_j\frac{\partial u'_i}{\partial x_j}\right)$，$C_{1\varepsilon}$、$C_{2\varepsilon}$为经验常数。采用这些假定后，$\varepsilon$ 方程成为：

$$\underbrace{\frac{\partial \varepsilon}{\partial t}}_{\text{当地变化}} + \underbrace{\overline{u}_j\frac{\partial \varepsilon}{\partial x_j}}_{\text{迁移传递}} = \underbrace{\frac{\partial}{\partial x_j}\left(\frac{v_t}{\sigma_\varepsilon}\frac{\partial \varepsilon}{\partial x_j}\right)}_{\text{扩散传递}} + \underbrace{\left(C_{1\varepsilon}\frac{\pi}{\varepsilon} - C_{2\varepsilon}\right)\frac{\varepsilon^2}{k}}_{\text{产生与耗损}} \tag{9-36}$$

k-ε 模型中的经验常数可由实验求得。下列数值系朗德尔(Launder)和史帕丁(Spalding)的建议，可供参考。

C_μ	$C_{1\varepsilon}$	$C_{2\varepsilon}$	σ_k	σ_ε
0.09	1.44	1.92	1.0	1.3

9.2　射流

9.2.1　自由湍流射流的基本概念

边界层一般有两种形成形式：一是沿固壁形成的边界层流动，二是由于速度很大的射流射入周围流体时沿交界面形成的边界层，这就是流动剪切层。

此剪切射流符合边界层特点：(1)虽然射流的横向尺度(相当于平板边界层的厚度)沿流动方向增长，但横向尺度远小于射流的纵向尺度；(2)横向的速度梯度远大于纵向速度梯度；(3)横向的压强梯度为零(一般情况下纵向压强梯度也为零，因此整个射流区域内压强保持常数)。

9.2.1.1 分类

(1) 伴随射流与自由射流：当射流周围的流体本身具有速度时称为伴随射流，当周围流体处于静止状态时，则称为自由射流。

(2) 自由湍流射流：在无界的静止流体中的射流，当射流雷诺数稍大时，射流即为湍流状态，称为自由湍流射流。

(3) 狭缝射流和圆孔射流：根据喷口的形状，可分为狭缝射流和圆孔射流两类，前者按平面流动处理，后者属轴对称流动。

9.2.1.2 平面自由湍流射流的结构

A 湍动射流的基本过程

研究发现，射流的能量传递、动量输运、流体卷吸和混掺扩散等物理机制与喷管出口处存在的速度间断面所产生的自由剪切层中涡结构的发展和演变过程密切相关，如图9-10所示。由喷管出口射入静止环境中的流体与其周围流体之间存在着速度间断面，此速度间断面是不稳定的，一旦受到扰动将失去稳定而产生旋涡。这些旋涡通过分裂、变形、卷吸和合并等物理过程，除形成大量的随机运动小尺度湍动涡体外，还存在一部分有序的大尺度涡结构，即剪切层中的大涡拟序结构。人们发现这些大尺度涡的拟序结构与剪切层的厚度同量级，不仅有明显的涡结构、高度的规律性和重复性，而且对湍流的产生、能量传递、动量输运和湍动混掺等均产生直接的影响。剪切层中的大涡拟序结构由纵向涡和展向涡组成，且剪切层的发展主要由大尺度的展向涡结构控制，而非小尺度涡湍动扩散作用的结果。这些展向涡几乎以不变的速度向下游移动，并通过涡的相互作用、合并和卷吸，使涡的尺度和涡距不断增大，从而控制着剪切层的发展，导致射流断面沿程扩大、流速沿程减小，且通过大涡卷吸作用使流量沿程增大。

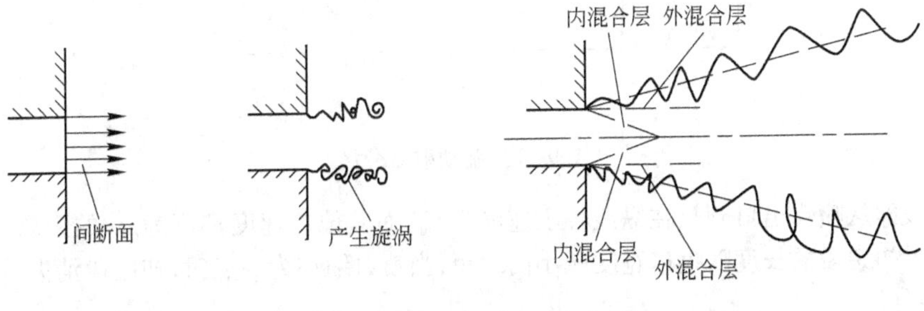

图9-10 湍动射流的基本过程

B 紊动射流的结构特点

一般分为：初始段、过渡段、主体段，如图9-11a所示，由于过渡段较短，在分析中为简化起见常被忽略，仅将射流分为初始段和主体段。

a 初始段

从喷口边缘发出的射流外边界与周围静止流体形成速度间断面，由于黏性和湍流涡旋作用，两边的流体质点进行动量和质量交换，外部流体不断被卷入，一方面使射流流量增加，截面积扩张，另一方面射流中靠近边界的流体质点减速，形成上下两个射流边界区域 ACD 和 BCE，在上方边界层区内从内边界 AC 到外边界 AD 水平方向的速度从 u_0 递减为零，上下两条内边界所围区域称为核心区(ACB)，区内射流未受外界影响保持速度 u_0。随着边界层的发展，核心区逐渐收缩，至 C 点完全消失，上下边界层汇合，称汇合点的截面 DCE 为转折截面。在转折截面前为射流，在转折截面后为射流主体段。

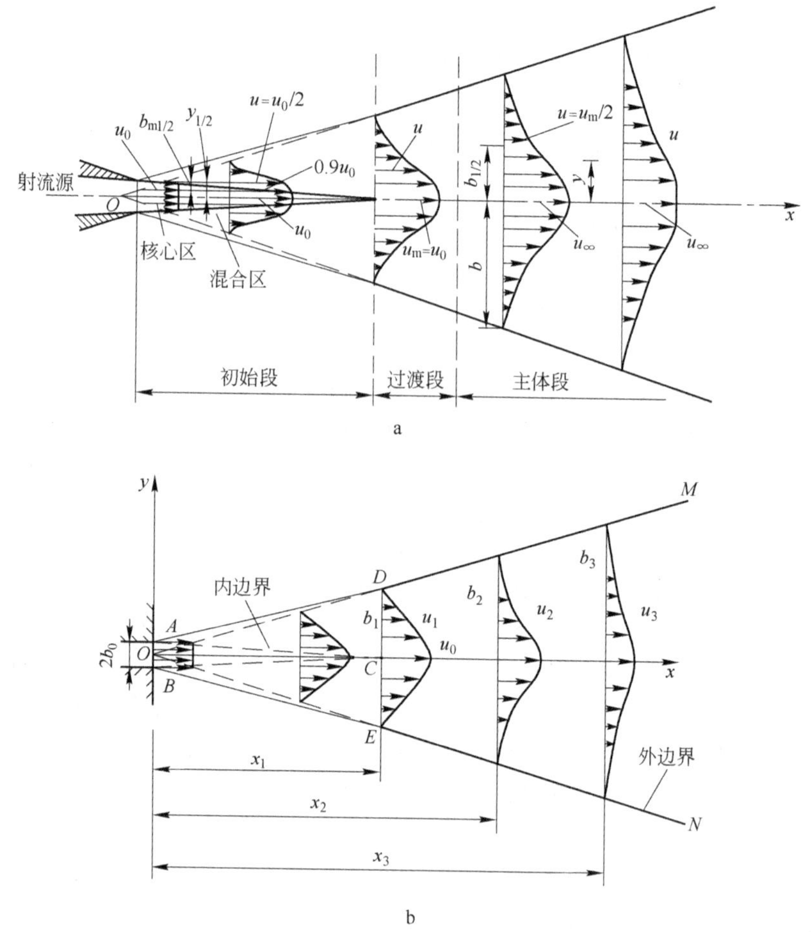

图 9-11　湍动射流分区

初始段即从喷嘴出口到只在纵线轴上速度为 u_0，而其他点速度都不为 u_0 的距离，此时内边界层消失。初始段的长度随喷口宽度减小而缩短，当喷口缩小为一点时，初始段消失。

b　主体段

转折截面后的射流主体段完全由上下两个边界组成，除了具有边界层流动特点外，还有如下性质：

（1）边界线性。由于射流与周围流体的掺混，射流流量继续增加，外边界继续扩张，但基本保持直线，且斜率比初始段外边界略大。将上下外边界逆向延长相交于 O 点，称为极点，可以想象将射流主体段看作在极点上放置一点源形成的射流。实验测量表明对狭缝和小圆孔自由湍流射流，极点大致位于喷口附近，通常将其取在喷口中心点，并作为坐标原点建立坐标系如图 9-11b所示。设射流边界层在任意 x 位置的厚度为 $b(x)$，外边界的方程为：

$$b = \pm cx \tag{9-37}$$

上式中常数 c 与喷口形状有关，由实验测定。对狭缝和圆孔自由湍流射流的主体段通常取 $c \approx 0.22$（对初始段，一般取 $c \approx 0.27$）。

（2）横截面面积动量不变性。射流与周围流体掺混造成的另一后果是，从周围静止流体中卷吸进来的流体吸收一部分射流动量，且一直影响到轴线上。随着射程的增加，轴线速度逐渐减小,其他各点速度也相应减小,因此截面上的速度分布曲线趋于平坦。但根据动量定理,由于无外力作用,射流在每一截面 A 上的总动量保持守恒:

$$\int_A \rho u^2 \mathrm{d}A = \text{常数} \tag{9-38}$$

该性质构成用积分方法分析射流问题的基础。

(3) 自模性。随着外边界的扩张,射流截面上的速度分布发生变化,但实验测量表明主体段每一截面上的速度分布具有相似性。设任一截面的轴线速度为 u_m,当用无量纲速度 u/u_m 和无量纲坐标 y/b 表示速度剖面时,所有截面的速度剖面均重合,这是自由射流的重要特性(又称为自模性)。

9.2.2 湍动射流的微分方程组

9.2.2.1 不可压缩平面射流基本方程

根据湍动射流的基本特性,对不可压缩流体运动的 Reynolds 方程组进行适当简化,可得到控制湍动射流的微分方程,也称边界层(薄剪切层)方程。在直角坐标系中,描述不可压缩流体瞬时运动的 N-S 方程组为:

瞬时运动方程:
$$\frac{\partial u_i}{\partial t} + u_j \frac{\partial u_i}{\partial x_j} = F_i - \frac{1}{\rho}\frac{\partial p}{\partial x_i} + \frac{1}{\rho}\frac{\partial}{\partial x_j}\left(\mu \frac{\partial u_i}{\partial x_j}\right) \tag{9-39}$$

连续方程:
$$\frac{\partial u_i}{\partial x_i} = 0 \tag{9-40}$$

式中,u_i 和 p 分别为湍流场的瞬时流速分量和压强;ρ 和 μ 分别为流体的密度和动力黏度;F_i 为单位质量力的瞬时分量,Reynolds 基于时均值的概念,将瞬时量分解为时均量有脉动量之和,从不可压缩的 N-S 方程出发导出了表征湍流时均运动的 Reynolds 方程组,即:

$$u_i = \bar{u}_i + u'_i \qquad p = \bar{p} + p'$$

时均运动方程:
$$\frac{\partial \bar{u}_i}{\partial t} + \bar{u}_j \frac{\partial \bar{u}_i}{\partial x_j} = -\frac{1}{\rho}\frac{\partial \bar{p}}{\partial x_i} + \frac{1}{\rho}\frac{\partial}{\partial x_j}\left(\mu \frac{\partial \bar{u}_i}{\partial x_j} - \rho \overline{u'_i u'_j}\right) + F_i \tag{9-41}$$

连续方程:
$$\frac{\partial \bar{u}_i}{\partial x_i} = 0 \tag{9-42}$$

式中 $i,j = 1,2,3$;$\bar{u}_i$ 为时均速度分量;u'_i 为脉动速度分量;$\bar{p}$为时均压强;F_i 为单位质量体积力的时均值;$-\rho \overline{u'_i u'_j}$为脉动速度的二阶相关项,也称 Reynolds 项或湍动应力项,物理上被解释为由脉动运动引起的动量交换项。

现选取 x 为射流的纵轴,y、z 为射流的横轴,u、v、w 分别为 x、y、z 方向的时均速度,则由湍动射流基本特性可知:

(1) 湍动射流的横向尺度远小于纵向尺度 L,即 $2b \ll L, y \ll x, z \ll x$。

(2) 湍动射流的横向时均速度远小于纵向时均速度,即:$v \ll u, w \ll u$。

(3) 湍动射流时均物理量的纵向梯度远小于横向梯度,即:$\frac{\partial}{\partial x} \ll \frac{\partial}{\partial y}, \frac{\partial}{\partial x} \ll \frac{\partial}{\partial z}$。

利用湍动射流的这些基本特征,并通过量级比较忽略小量,方程(9-41)和方程(9-42)可简化为边界层方程,如对于平面射流问题在忽略质量力的情况下,边界层方程为:

$$\frac{\partial u}{\partial t} + u\frac{\partial u}{\partial x} + v\frac{\partial u}{\partial y} = -\frac{1}{\rho}\frac{\partial p}{\partial x} + \frac{1}{\rho}\frac{\partial}{\partial y}\left(\mu \frac{\partial u}{\partial y} - \rho \overline{u'v'}\right) \tag{9-43}$$

$$\frac{\partial p}{\partial y} = 0 \tag{9-44}$$

连续方程为：
$$\frac{\partial u}{\partial x}+\frac{\partial v}{\partial y}=0 \tag{9-45}$$

令 $\tau_1=\mu\frac{\partial u}{\partial y}$为黏性切应力项，$\tau_t=-\rho\overline{u'v'}$为湍动切应力项，则方程(9-43)可写为：

$$\frac{\partial u}{\partial t}+u\frac{\partial u}{\partial x}+v\frac{\partial u}{\partial y}=-\frac{1}{\rho}\frac{\partial p}{\partial x}+\frac{1}{\rho}\frac{\partial}{\partial y}(\tau_1+\tau_t) \tag{9-46}$$

在湍动射流中黏性切应力项远小于湍动切应力项，一般可将前者忽略不计，又对于湍动自由射流，轴向时均压力梯度认为是一个可忽略的小量，即$\frac{\partial p}{\partial x}=0$。则平面自由射流方程为：

$$\frac{\partial u}{\partial t}+u\frac{\partial u}{\partial x}+v\frac{\partial u}{\partial y}=\frac{1}{\rho}\frac{\partial \tau_t}{\partial y} \tag{9-47}$$

$$\frac{\partial u}{\partial x}+\frac{\partial v}{\partial y}=0 \tag{9-48}$$

对于不可压缩平面定常流动，则：

$$u\frac{\partial u}{\partial x}+v\frac{\partial u}{\partial y}=\frac{1}{\rho}\frac{\partial \tau_t}{\partial y} \tag{9-49}$$

$$\frac{\partial u}{\partial x}+\frac{\partial v}{\partial y}=0 \tag{9-50}$$

此式为对于不可压缩平面定常射流的基本方程。
自由湍流射流边界层方程的另一种形式：
湍流切应力按定义可表示为：

$$\tau_t=-\rho\overline{u'v'}=\rho\gamma_t\frac{\partial u}{\partial y}$$

式中，γ_t 为湍流运动黏度，将上式代入式(9-49)，可得自由湍流射流边界层方程为：

$$u\frac{\partial u}{\partial x}+v\frac{\partial u}{\partial y}=\gamma_t\frac{\partial^2 u}{\partial y^2} \tag{9-51}$$

9.2.2.2　边界条件

边界条件为：

在 $y=0$ 处，$u=u_m, v=0, \frac{\partial u}{\partial y}=0, \tau=0$；

在 $y\to\infty$ 处，$u\to 0, v=v_e, \frac{\partial u}{\partial y}=0, \tau=0$。

式中，u_m 为断面中心轴线上的纵向最大时均速度；v_e 为卷吸速度。

9.2.2.3　卷吸速度

对基本方程中式(9-49)对 y 积分，得：

$$\rho\int_0^\infty u\frac{\partial u}{\partial x}\mathrm{d}y+\rho\int_0^\infty v\frac{\partial u}{\partial y}\mathrm{d}y=\int_0^\infty\frac{\partial \tau}{2y}\mathrm{d}y \tag{9-52}$$

式(9-52)中第一项根据莱布尼茨(leibuiz)法则，交换微分与积分的次序，可改写为：

$$\rho\int_0^\infty u\frac{\partial u}{\partial x}\mathrm{d}y=\frac{1}{2}\frac{\partial}{\partial x}\int_0^\infty\rho u^2\mathrm{d}y=\frac{1}{2}\frac{\mathrm{d}}{\mathrm{d}x}\int_0^\infty\rho u^2\mathrm{d}y$$

式(9-52)中第二项根据分部积分可写成：

$$\rho\int_0^\infty v\frac{\partial u}{\partial y}\mathrm{d}y=\rho uv\Big|_0^\infty-\rho\int_0^\infty u\frac{\partial v}{\partial y}\mathrm{d}y$$

由于边界条件 $y=0, v=0; y\to\infty, u=0$ 及连续方程，上式进一步改写为：

$$\rho\int_0^\infty u\frac{\partial u}{\partial y}\mathrm{d}y = \rho\int_0^\infty u\frac{\partial u}{\partial x}\mathrm{d}y = \frac{1}{2}\frac{\mathrm{d}}{\mathrm{d}x}\int_0^\infty \rho u^2\mathrm{d}y$$

依 τ 的边界条件（$y=0, \tau=0; y=\infty, \tau=0$）则有：

$$\int_0^\infty \frac{\partial \tau}{\partial y}\mathrm{d}y = \tau(\infty) - \tau(0) = 0$$

于是式(9-52)可写成：

$$\frac{\mathrm{d}}{\mathrm{d}x}\int_0^\infty \rho u^2\mathrm{d}y = 0 \tag{9-53}$$

另外，单位时间内射流通过 x 横截面（单位厚度）上的动量为：

$$J = 2\int_{-\infty}^\infty \rho u^2\mathrm{d}y = 2\int_0^\infty \rho u^2\mathrm{d}y \tag{9-54}$$

由式(9-53)可得，J 沿方向不变，即：

$$J = 2\int_0^\infty \rho u^2\mathrm{d}y = 2\rho u_0^2 b_0 = 常数 \tag{9-55}$$

式中　u_0——喷嘴出口处的流速；

b_0——喷嘴宽度之半。

再将射流基本方程的式(9-50)对 y 积分，得：

$$\int_0^\infty \frac{\partial u}{\partial x}\mathrm{d}y + \int_0^\infty \frac{\partial v}{\partial y}\mathrm{d}y = 0$$

根据莱布尼茨法则和 v 的边界条件（$y=0, v=0; y=\infty, v=-v$），上式变为：

$$\frac{\mathrm{d}}{\mathrm{d}x}\int_0^\infty u\mathrm{d}y - v_e = 0$$

由于射流通过任意截面 x 处的体积流量 Q 为：

$$Q = \int_{-\infty}^\infty u\mathrm{d}y = 2\int_0^\infty u\mathrm{d}y$$

故射流的卷吸速度为：

$$v_e = \frac{\mathrm{d}}{\mathrm{d}x}\int_0^\infty u\mathrm{d}y = \frac{1}{2}\frac{\mathrm{d}Q}{\mathrm{d}x} \tag{9-56}$$

式(9-56)说明：由于射流不断卷吸周围的流体，射流的流量沿射流方向不断增加，且沿 x 方向单位长度内流量的增量 $\frac{\mathrm{d}Q}{\mathrm{d}x}$ 等于卷吸速度的 2 倍，Q 也是决定射流状态的重要特征量。

9.2.3 射流动量积分方法

湍流射流动量积分法就是类似于平板边界层动量积分方程的近似解法。现讨论自由湍流射流的主体段流动，并以平面射流和圆孔射流为例，使用动量积分方法求解。

9.2.3.1 平面自由射流

湍动射流的动量积分方程是将微分方程在射流的横断面上积分得到的，在射流分析中起重要的作用，如对平面问题，从 $y=0$ 到 $y=\infty$ 积分微分时均运动方程得：

$$\int_0^\infty \rho\frac{\partial u}{\partial t}\mathrm{d}y + \int_0^\infty \rho u\frac{\partial u}{\partial x}\mathrm{d}y + \int_0^\infty \rho v\frac{\partial u}{\partial y}\mathrm{d}y = \int_0^\infty -\frac{\partial p}{\partial x}\mathrm{d}y + \int_0^\infty \frac{\partial}{\partial y}(\tau_1 + \tau_t)\mathrm{d}y \tag{9-57}$$

对于定常流动问题，式(9-57)等号左边第一项为零；在平面自由射流中纵向压力梯度可略去不计，这样式(9-57)等号右边第一项也可消去，则式(9-57)变为：

$$\int_0^\infty \rho u \frac{\partial u}{\partial x}\mathrm{d}y + \int_0^\infty \rho v \frac{\partial u}{\partial y}\mathrm{d}y = \int_0^\infty \frac{\partial}{\partial y}(\tau_1 + \tau_t)\mathrm{d}y \tag{9-58}$$

对于式(9-58)中各项分别处理如下：

$$\int_0^\infty \rho u \frac{\partial u}{\partial x}\mathrm{d}y = \frac{1}{2}\int_0^\infty \frac{\partial \rho u^2}{\partial x}\mathrm{d}y = \frac{1}{2}\frac{\mathrm{d}}{\mathrm{d}x}\int_0^\infty \rho u^2\mathrm{d}y$$

$$\int_0^\infty \rho v \frac{\partial u}{\partial y}\mathrm{d}y = \rho\int_0^\infty v\frac{\partial u}{\partial y}\mathrm{d}y = \rho\left(uv\Big|_0^\infty - \int_0^\infty u\frac{\partial u}{\mathrm{d}y}\mathrm{d}y\right)$$

$$= \rho\int_0^\infty u\frac{\partial u}{\partial x}\mathrm{d}y = \frac{1}{2}\frac{\mathrm{d}}{\mathrm{d}x}\int_0^\infty \rho u^2\mathrm{d}y$$

$$\int_0^\infty \frac{\partial}{\partial y}(\tau_1 + \tau_t)\mathrm{d}y = (\tau_1 + \tau_t)\Big|_0^\infty = 0$$

注：在上式推导中，利用了射流的对称和边界条件，即在射流对称轴上，在 $y=0$ 时，$u=u_m$，$v=0$；在静止环境射流边界上，$y\to\infty$，$u=0$，$v=v_e$。

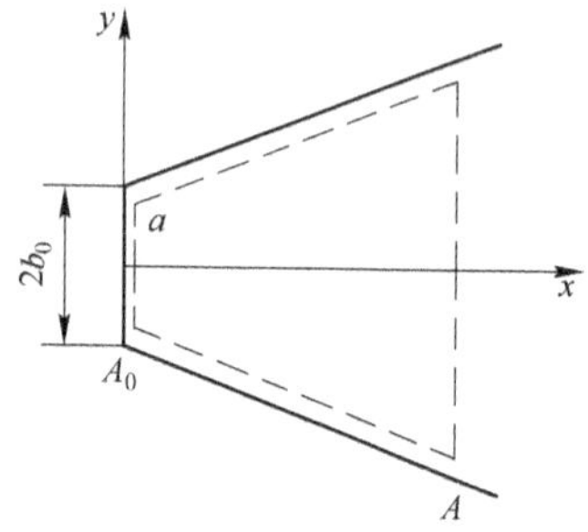

图 9-12　喷口中心控制体

将以上三式代入式(9-57)中得：

$$\frac{\mathrm{d}}{\mathrm{d}x}\int_0^\infty \rho u^2\mathrm{d}y = 0 \tag{9-59}$$

设不可压缩流体以均匀分布的速度从厚度 $2b_0$ 的喷口射出，射流出口的动量为 $m_0=2\rho u_0^2 b_0$。取喷口中心为坐标原点 O，取控制体如图 9-12 所示中虚线边界区域：进口截面为喷口截面 A_0，出口截面为任意位置的主体段截面 A（初始段也可用类似方法求解），侧面为射流外边界。由于作用在控制体上的合外力为零，根据动量定理可表示成：

$$\int_{CS}\rho u(\boldsymbol{u}\cdot\boldsymbol{n})\mathrm{d}A = 0 \tag{9-60}$$

控制面 CS 的侧面为射流外边界，在外边界上卷吸速度对称分布、方向相反，且 $u=0$，这部分的动量积分为零，因此出口截面的动量积分与入口动量守恒，即：

$$\int_0^\infty \rho u^2\mathrm{d}y = m_0 = \rho u_0^2 b_0 \tag{9-61}$$

式(9-61)即为静止环境中平面自由射流的动量积分方程。

9.2.3.2　轴对称圆形自由射流

对于静止环境中的轴对称圆形自由射流，在横断面上对微分方程积分，得：

$$\int_0^\infty \rho u\frac{\partial u}{\partial x}2\pi r\mathrm{d}r + \int_0^\infty \rho v\frac{\partial u}{\partial r}2\pi r\mathrm{d}r = \int_0^\infty \frac{1}{r}\frac{2r\tau_t}{\partial r}2\pi r\mathrm{d}r \tag{9-62}$$

对式(9-62)各项进行同样的处理，得：

$$\int_0^\infty \rho u\frac{\partial u}{\partial x}2\pi r\mathrm{d}r = \frac{1}{2}\frac{\mathrm{d}}{\mathrm{d}x}\int_0^\infty \rho u^2\cdot 2\pi r\mathrm{d}r$$

$$\int_0^\infty \rho v\frac{\partial u}{\partial r}2\pi r\mathrm{d}r = 2\pi\rho\int_0^\infty vr\frac{\partial u}{\partial r}\mathrm{d}r = 2\pi\rho\left(uvr\Big|_0^\infty - \int_0^\infty u\frac{\partial vr}{\partial r}\mathrm{d}r\right)$$

$$= 2\pi\rho\int_0^\infty u\frac{\partial ru}{\partial x}\mathrm{d}r = \frac{1}{2}\frac{\mathrm{d}}{\mathrm{d}x}\int_0^\infty \rho u^2\cdot 2\pi r\mathrm{d}r$$

$$\int_0^\infty \frac{1}{r}\frac{\partial r\tau_t}{\partial r}2\pi r\mathrm{d}r = 2\pi(r\tau_t)\Big|_0^\infty = 0$$

代入式(9-62)得：

$$\frac{\mathrm{d}}{\mathrm{d}x}\int_0^\infty \rho u^2 \cdot 2\pi r \mathrm{d}r = 0$$

$$\int_0^\infty \rho u^2 \cdot 2\pi r \mathrm{d}r = m_0 = \rho \pi r_0^2 u_0 (r_0 \text{ 为射流出口半径}) \tag{9-63}$$

式(9-63)为轴对称图形自由射流的动量积分方程。

9.2.4 湍流自由射流的流速分布求解

9.2.4.1 平面自由射流的流速分布理论解

求解雷诺方程，关键在于对雷诺应力项的模拟，共两种方法：其一，基于普朗特混合长度理论——托尔明法(Tollmion)；其二，基于普朗特的自由紊流现象——格特勒法(Goertler)。

A 托尔明法(主段速度分布)

紊流问题需要补充雷诺应力的物理方程才能求解，1926 年托尔明引用普朗特的混合长度理论，给出紊流剪切应力为：

$$\tau = \rho l^2 \left|\frac{\partial u}{\partial y}\right| \frac{\partial u}{\partial y} \tag{9-64}$$

根据实验，混合长度 l 与射流宽度 b 成比例，而射流宽度 b 又与 x 成比例，可将混合长度写为($l \propto b, b \propto c$)：

$$l = cx \tag{9-65}$$

式中　c——实验确定的常数。

将式(9-65)代入式(9-64)得：

$$\tau = \rho c^2 x^2 \left|\frac{\partial u}{\partial y}\right| \frac{\partial u}{\partial y}$$

(1) 射流基本方程式(9-49)右端变化。为了将射流基本方程式化成模化动量方程，写成：

$$\frac{1}{\rho}\frac{\partial \tau}{\partial y} = 2c^2 x^2 \left|\frac{\partial u}{\partial y}\right| \frac{\partial^2 u}{\partial y}$$

令 $2c^2 = a^3$，则上式成为：

$$\frac{1}{\rho}\frac{\partial \tau}{\partial y} = a^3 x^2 \frac{\partial u}{\partial y}\frac{\partial^2 u}{\partial y} \tag{9-66}$$

(2) 射流基本方程(9-49)左边变化。

轴向最大速度 u_m

对于平面自由紊动射流，轴向最大速度可表示成下列函数：

$$u_m = f_1(M_0, \rho, x)$$

如图 9-13 所示，出口厚度为 $2b_0$，出口速度为 u_0，M_0 为喷管出口动量($M_0 = 2b_0 \rho u_0^2$)

根据 π 定理，$\pi_1 = \dfrac{u_m}{\sqrt{M_0/\rho x}} = \text{const}$

则：$\dfrac{u_m}{u_0} = \dfrac{c_1}{\sqrt{x/b_0}}$，常数 c_1 可通过实验确定。

对于射流的半扩展厚度 b，令：

$$b = f_2(M_0, \rho, x)$$

同样利用 π 定理，$\dfrac{b}{x} = \text{const}$ 或 $\dfrac{b}{b_0} = c\dfrac{x}{b_0}$，$c$ 由实

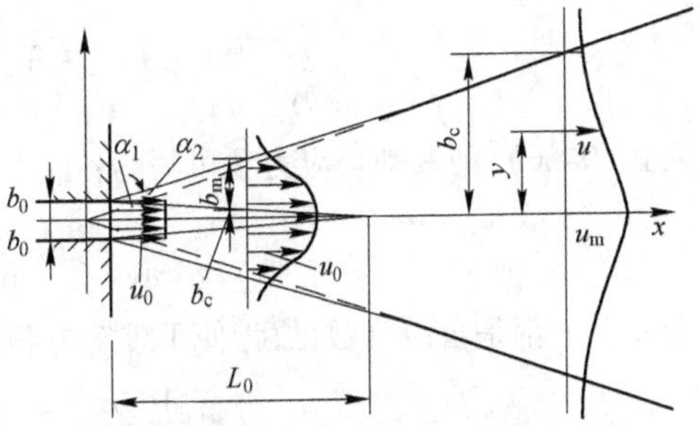

图 9-13　平面自由紊动射流

α_1—内边界与 u_0 的夹角；

α_2—外边界与 u_0 的夹角

验确定。

因此

$$u_{m} = n/\sqrt{x}$$

式中　n——比例常数。

B　任意速度分布

由射流主体段纵向时,可设: $\dfrac{u}{u_{m}} = f\left(\dfrac{y}{b}\right)$

令 $\phi = \dfrac{y}{cx}(b \propto x, b = cx)$,$c$ 为常数。

则 $u = u_{m} f(y/b) = u_{m} f\left(\dfrac{y}{cx}\right) = u_{m} f(\phi) = \dfrac{c_1}{\sqrt{x}} f(\phi)$,$c_1$ 为常数。

引入流函数 ψ,则:

$$u = \frac{\partial \psi}{\partial y} \qquad v = -\frac{\partial \psi}{\partial x}$$

积分上式,可得:

$$\psi = \int u \mathrm{d}y = \frac{c_1}{\sqrt{x}} \int f c x \mathrm{d}\phi = c c_1 \sqrt{x} F(\phi)$$

式中

$$F(\phi) = \int f \mathrm{d}\phi$$

$$u = \frac{\partial \psi}{\partial y} = \frac{\partial (c c_1 \sqrt{x} F)}{\partial y} = c c_1 \sqrt{x} F' \frac{1}{cx} = \frac{c_1}{\sqrt{x}} F'$$

$$v = -\frac{\partial \psi}{\partial x} = -\frac{\partial (c c_1 \sqrt{x} F)}{\partial x} = \frac{c c_1}{\sqrt{x}} \left(\phi F' - \frac{1}{2} F\right)$$

式中

$$F' = \mathrm{d}F/\mathrm{d}\phi$$

$$\frac{\partial u}{\partial x} = \frac{\partial}{\partial x}\left(\frac{c_1}{\sqrt{x}} f\right) = \frac{\partial}{\partial x}\left(\frac{c_1}{\sqrt{x}} F'\right) = -\frac{c_1}{x\sqrt{x}}\left(\frac{F'}{2} + \phi F''\right)$$

$$\frac{\partial u}{\partial y} = \frac{\partial}{\partial y}\left(\frac{c_1}{\sqrt{x}} F'\right) = \frac{c_1}{cx\sqrt{x}} F''$$

从而对流项可写为:

$$u \frac{\partial u}{\partial x} = \frac{c_1}{\sqrt{x}} F' \frac{\partial}{\partial x}\left(\frac{c_1}{\sqrt{x}} F'\right) = -\frac{c_1^2}{x^2}\left(\frac{F'F'}{2} + \phi F'' F'\right)$$

$$v \frac{\partial u}{\partial y} = \frac{c c_1}{\sqrt{x}}\left(\phi F' - \frac{F}{2}\right) \frac{c_1}{cx\sqrt{x}} F'' = \frac{c_1^2}{x^2}\left(\phi F' F'' - \frac{F}{2} F''\right)$$

代入式(9-66),则紊动切应力项可写为:

$$\frac{1}{\rho} \frac{\partial \tau}{\partial y} = 2 l^2 \frac{\partial u}{\partial y} \frac{\partial^2 u}{\partial y^2} = \frac{2a^2}{c^3} \frac{c_1^2}{x^3} F'' F'''$$

由于 a 和 c 都是自由常数,故为便于求解方程,选取 $2a^2 = c^3$,则上式变为:

$$\frac{1}{\rho} \frac{\partial \tau}{\partial y} = 2 l^2 \frac{\partial u}{\partial y} \frac{\partial^2 u}{\partial y^2} = \frac{c_1^2}{x^3} F'' F'''$$

将上述各式代入射流基本方程式中,得:

$$-\left(\frac{F'F'}{2} + \phi F'' F'\right) + \left(\phi F' F'' - \frac{1}{2} F F''\right) = F'' F'''$$

整理后有：

$$F''F''' + \frac{1}{2}FF'' + \frac{1}{2}F'F' = 0$$

或

$$\frac{\mathrm{d}}{\mathrm{d}\phi}[(F'')^2 + FF'] = 0 \tag{9-67}$$

边界条件是：

$$y=0, \phi=0, u/u_m = F'(0) = 1$$
$$y=\infty, \phi=\infty, u/u_m = F'(\infty) = 0$$
$$y=0, \phi=0, v=0, F(0)=0$$
$$y=0, \phi=0, \tau=0, F''(0)=0$$
$$y=\infty, \phi=\infty, \tau=0, F''(\infty)=0$$

利用 $\phi=0$ 处的边界条件，积分式(9-67)得：

$$(F'')^2 + FF' = 0$$

此即为模化动量方程，它是一个二阶非线性常微分方程。无解析解，托尔明曾用逐步逼近数字计算方法求解上式，求得无量纲横向分速度和纵向分速度。

如图 9-11a 所示，b 为射流的半扩展厚度，也称为射流的理论半扩展厚度。$b_{1/2}$ 定义为 $u=\frac{1}{2}u_m$ 时的 y 值，b_0 定义为 $u=\frac{1}{e}u_m$ 时的 y 值。

拟合关系式为：

$$\frac{u}{u_m} = \left(0.86 + \frac{0.14}{1+\eta}\right)\exp(-0.621\eta^2)$$

横坐标为

$$\eta = y/b_{1/2}$$

由托尔明数值解得：

$$b_{1/2} = 0.995cx$$

现在确定射流中心线上速度的具体表达式，根据动量守恒方程，有：

$$\rho\int_0^\infty u^2\mathrm{d}y = \rho u_m^2 cx\int_0^\infty (F')^2\mathrm{d}\phi = \rho u_0^2 b_0$$

这样

$$\frac{u_m}{u_0} = \frac{u_m}{\sqrt{\frac{1}{b}\int_0^\infty u^2\mathrm{d}y}} = \frac{u_m}{\sqrt{\frac{ax}{b_0}\int_0^\infty u^2\mathrm{d}\phi}} = \frac{1}{\sqrt{\frac{ax}{b_0}\int_0^\infty (F')^2\mathrm{d}\phi}}$$

由于 $\int_0^\infty (F')^2\mathrm{d}\phi = 0.685$，得：

$$\frac{u_m}{u_0} = \frac{1.208}{\sqrt{c}} = \frac{1}{\sqrt{x/b_0}} \tag{9-68}$$

C　格特勒法(Gortler)

格特勒法是基于普朗特自由紊流理论的。

普朗特自由紊流理论（即涡黏性模型）思想是把紊动应力（雷诺应力）与黏性应力做一比较。

$$\tau_2 = -\rho u'v' = \rho l^2\left(\frac{\mathrm{d}u}{\mathrm{d}y}\right)^2 = \mu_t\frac{\mathrm{d}u}{\mathrm{d}y}$$

式中，$\mu_t = \rho l^2\left|\frac{\mathrm{d}u}{\mathrm{d}y}\right|$，为湍流黏性系数或虚黏度。

$$\frac{\tau}{\rho} = -\overline{u'v'} = \gamma_t\frac{\partial u}{\partial y}$$

式中，$\gamma_t = \frac{\mu_t}{\rho}$，为涡黏度。

对于自由射流，做如下决定：

$$\gamma_t \propto u_m b \quad b \propto x \quad 或 \quad \gamma_t = \alpha u_m b$$

式中，α 为常数。

根据射流的自模性（时均速度分布相似性）格特勒取：

$$\frac{u}{u_m} = F'\left(\sigma \frac{y}{x}\right) = F'(\xi)$$

引入新变量 $\xi = \sigma \frac{y}{x}$，σ 为自由常数（待定常数）。

又因为 $u_\infty \propto 1/\sqrt{x}$则：

$$u = u_m F'(\xi) = \frac{c_1}{\sqrt{x}} F'(\xi)$$

式中，c_1 为常数。

由连续方程　　$$\frac{\partial u}{\partial x} + \frac{\partial v}{\partial y} = 0$$

引入流函数 ψ，则有：$u = \frac{\partial \psi}{\partial y} \quad v = \frac{\partial \psi}{\partial x}$

流函数 ψ 为　　$$\psi = \int u \mathrm{d}y = \frac{c_1}{\sqrt{x}} \int \frac{F'x}{\sigma} \mathrm{d}\xi = \frac{c_1}{\sigma} \sqrt{x} F(\xi)$$

式中，$F(\xi) = \int F' \mathrm{d}\xi$，且：

$$u = \frac{\partial \psi}{\partial y} = \frac{\partial (c_1 \sqrt{x} F/\sigma)}{\partial y} = \frac{c_1 \sqrt{x} F'}{\sigma} \frac{\sigma}{\sqrt{x}} = \frac{c_1}{\sqrt{x}} F'$$

$$v = -\frac{\partial \psi}{\partial x} = -\frac{\partial (c_1 \sqrt{x} F/\sigma)}{\partial x} = \frac{c_1}{\sigma \sqrt{x}} \left(\xi F' - \frac{1}{2} F\right)$$

$$\frac{\partial u}{\partial x} = \frac{\partial}{\partial x}\left(\frac{c_1}{\sqrt{x}} F'\right) = -\frac{c_1}{x\sqrt{x}}\left(\frac{F'}{2} + \xi F''\right)$$

$$\frac{\partial u}{\partial y} = \frac{\partial}{\partial y}\left(\frac{c_1}{\sqrt{x}} F'\right) = \frac{\sigma c_1}{x\sqrt{x}} F''$$

则射流基本方程中式(9-49)对流项可写为：

$$u \frac{\partial u}{\partial x} = \frac{c_1}{\sqrt{x}} F' \frac{\partial}{\partial x}\left(\frac{c_1}{\sqrt{x}} F'\right) = -\frac{c_1^2}{x^2}\left(\frac{F'F'}{2} + \xi F'F''\right)$$

$$v \frac{\partial u}{\partial y} = \frac{c_1}{\sigma \sqrt{x}}\left(\xi F' - \frac{F}{2}\right) \frac{\sigma}{x} \frac{c_1}{\sqrt{x}} F'' = \frac{c_1^2}{x^2}\left(\xi F'F'' - \frac{F}{2} F''\right)$$

又由于　　$$\frac{\tau_t}{\rho} = -\overline{u'v'} = \gamma_t \frac{\partial u}{\partial y} = \alpha u_m b \frac{\partial u}{\partial y} = c\alpha \frac{c_1}{\sqrt{x}} x \frac{\partial u}{\partial y} = c_1 c_2 \sqrt{x} \frac{\partial u}{\partial y}$$

式中，$c_2 = cx$ 为常数。

紊动切应力项（雷诺应力）可写为：

$$\frac{1}{\rho} \frac{\partial \tau_t}{\partial y} = \frac{\partial}{\partial y}\left(\gamma_t \frac{\partial u}{\partial y}\right) = \frac{\partial}{\partial y}\left(\alpha u_m b \frac{\partial u}{\partial y}\right) = \sigma^2 c_2 \frac{c_1^2}{x^2} F'''$$

由于 σ 和 c_2 为自由常数。故为便于求解方程，取 $\sigma^2 c_2 = 1/4$。

则上式变为
$$\frac{1}{\rho}\frac{\partial\tau_t}{\partial y}=\frac{1}{4}\frac{c_1^2}{x^2}F'''$$

现将上述几式代入射流基本方程中第一式,得:
$$-\left(\frac{F'F'}{2}+\xi F''F'\right)+\left(\xi F'F''-\frac{1}{2}FF''\right)=\frac{1}{4}F'''$$

整理后有:
$$F'''+2FF''+2F'F'=0$$

或者
$$\frac{d}{d\xi}[F''+2FF']=0 \qquad (9\text{-}69)$$

边界条件是:
$$y=0,\xi=0,u=u_m,u/u_m=F'(0)=1$$
$$y=\infty,\xi=\infty,u=0,u/u_m=F'(\infty)=0$$
$$y=0,\xi=0,v=0,F(0)=0$$
$$y=0,\xi=0,\tau_t=0,F''(0)=0$$
$$y=\infty,\xi=\infty,\tau_t=0,F''(\infty)=0$$

利用 $\xi=0$ 的边界条件,积分式(9-69),可得:$F''+2FF'=0$

或写为
$$\frac{d}{d\xi}(F'+F^2)=0$$

再利用 $\xi=0$ 处的边界条件,积分式(9-69),可得:
$$F'+F^2=1$$

求解上式,最后得:
$$F(\xi)=\frac{1-e^{-2\xi}}{1+e^{-2\xi}}=\text{th}(\xi)$$
$$F'(\xi)=1-F^2=1-\text{th}^2\xi$$

则
$$u/u_m=F'(\xi)=1-\text{th}^2\xi \qquad (9\text{-}70)$$
$$u/u_m=\frac{1}{\sigma}\left(\xi-\xi\text{th}^2\xi-\frac{1}{2}\text{th}\xi\right) \qquad (9\text{-}71)$$

设 $u=0.5u_m,y=b_{1/2}$,代入式(9-70)可得:
$$1-\text{th}^2\left(\sigma\frac{b_{1/2}}{x}\right)=\frac{1}{2}$$

即
$$\sigma\frac{b_{1/2}}{x}=\frac{1}{2}\ln\frac{\sqrt{2}+1}{\sqrt{2}-1}\approx 0.881$$

所以
$$\xi=\sigma\frac{y}{x}=0.881\frac{y}{b_{1/2}}=0.881\eta$$

代入式(9-70)和式(9-71)中,得:
$$\frac{u}{u_m}=1-\text{th}^2\xi=1-\text{th}^2\left(0.881\frac{y}{b_{1/2}}\right)=1-\text{th}^2(0.881\eta)$$
$$\frac{u}{u_m}=\frac{1}{\sigma}\left(0.881\eta-0.881\eta\,\text{th}^2(0.881\eta)-\frac{1}{2}\text{th}(0.881\eta)\right)$$

射流特征半速度可写为:
$$b_{1/2}=0.881\frac{x}{\sigma}$$

如果将格特勒解代入动量积分式 $2\int_0^\infty\rho u^2\,dy=M_0=2\rho u_0^2b_0$ 中得:

$$2\int_0^\infty \rho u^2 \mathrm{d}y = 2\rho u_m^2 \frac{x}{\sigma}\int_0^\infty (1 - \mathrm{th}^2\xi)^2 \mathrm{d}\xi = 2\rho u_0^2 b_0$$

由数值积分可得：$\int_0^\infty (1 - \mathrm{th}^2\xi)^2 \mathrm{d}\xi = 0.667$ 代入上式有：

$$\frac{u_m}{u_0} = 1.224\sqrt{\sigma}\frac{1}{\sqrt{x/b_0}} \tag{9-72}$$

9.2.4.2　平面自由射流的流速分布实验解

求解动量积分方程的关键在于合理假设出口截面上的速度分布形式。根据大量实验测定，无论对平面射流还是轴对称射流，合理的无量纲速度分布形式为：

$$\frac{u}{u_m} = (1 - \xi^{1.5})^2 \tag{9-73}$$

式中，u_m 为截面最大速度即轴线速度，$\xi = y/b$ 为无量纲纵坐标，b 为射流半厚度。

A　平面射流

设平面射流的宽度（沿 xy 平面垂直方向）为单位 1，喷口面积 $A_0 = 2b_0$，出口截面上微分面元 $\mathrm{d}A = \mathrm{d}y = b\mathrm{d}\xi$。由式(9-61)可得：

$$u_0^2 b_0 = \int_0^1 u^2 b \mathrm{d}\xi \tag{9-74}$$

两边同除 $u_m^2 b$，并利用式(9-73)可得：

$$\left(\frac{u_0}{u_m}\right)^2 \frac{b_0}{b} = \int_0^1 \left(\frac{u}{u_m}\right)^2 \mathrm{d}\xi = \int_0^1 (1 - \xi^{1.5})^4 \mathrm{d}\xi = 0.316 \tag{9-75}$$

$$\frac{u_m}{u_0} = \sqrt{0.316 b/b_0} \tag{9-76}$$

将式 $b = \pm cx$ 代入上式，并取 $c = 0.22$，可得无量纲轴线速度：

$$\frac{u_m}{u_0} = \frac{1}{\sqrt{0.136(0.22x/b_0)}} = \frac{3.79}{\sqrt{x/b_0}} \tag{9-77}$$

利用式(9-77)可确定转折截面（$u_m = u_0$）的位置 x_1 和边界层厚度 b_1，分别为：

$$x_1 = 3.79^2 b_0 = 14.38 b_0, b_1 = 0.22x_1 = 3.16 b_0 \tag{9-78}$$

利用式(9-73)和式(9-77)，单位宽度平面射流任意截面上的流量的无量纲形式为：

$$\frac{Q}{Q_0} = \frac{\int_0^1 ub\mathrm{d}\xi}{u_0 b_0} = \frac{b}{b_0}\frac{u_m}{u_0}\int_0^1 \frac{u}{u_m}\mathrm{d}\xi = \frac{b}{b_0}\frac{u_m}{u_0}\int_0^1 (1 - \xi^{1.5})^2 \mathrm{d}\xi$$

$$= \frac{0.22x}{b_0}\frac{3.79}{\sqrt{x/b_0}} 0.45 = 0.375\sqrt{x/b_0} \tag{9-79}$$

B　轴对称射流

设射流从半径为 r_0 的圆孔内以均流速度 u_0 沿 x 轴方向喷出，形成圆锥状自由射流。任意 x 位置上的圆截面半径为 r，无量纲纵坐标为 $\xi = y/r$，微分面元 $\mathrm{d}A = 2\pi y\mathrm{d}y = 2\pi r^2\xi\mathrm{d}\xi$，喷口面积为 $A = \pi r_0^2$，由式(9-61)可得：

$$u_0^2 \pi r_0^2 = 2\pi r^2 \int_0^1 u^2 \xi \mathrm{d}\xi \tag{9-80}$$

两边同除，并利用式(9-73)可得：

$$\left(\frac{u_0}{u_m}\right)^2 = 2\left(\frac{r}{r_0}\right)^2 \int_0^1 \left(\frac{u}{u_m}\right)^2 \xi\mathrm{d}\xi = \left(\frac{r}{r_0}\right)^2 \int_0^1 (1 - \xi^{1.5})^4 \xi\mathrm{d}\xi = 0.134\left(\frac{r}{r_0}\right)^2$$

$$\frac{u_0}{u_m} = 0.366r/r_0 \tag{9-81}$$

对轴对称湍流射流主体段,式 $b = \pm cx$ 中的 b 相当于 r,取 $c = 0.22$,代入式(9-81)可得无量纲轴线速度:

$$\frac{u_m}{u_0} = \frac{r_0}{0.366(0.22x)} = \frac{12.42}{x/r_0} \tag{9-82}$$

轴对称湍流射流的转折截面($u_m = u_0$)的位置 x_1 和半径 r_1 分别为:

$$x_1 = 12.42r_0, r_1 = 0.22x_1 = 2.73r_0 \tag{9-83}$$

利用式(9-73)和式(9-82),轴对称射流在任一截面上的流量的无量纲形式为:

$$\begin{aligned}\frac{Q}{Q_0} &= \frac{\int_0^1 u2\pi r^2 \xi \mathrm{d}\xi}{u_0 \pi r_0^2} = 2\frac{u_m}{u_0}\left(\frac{r}{r_0}\right)^2 \int_0^1 \frac{u_m}{u_0}\xi \mathrm{d}\xi \\ &= \frac{u_m}{u_0}\left(\frac{r}{r_0}\right)^2 2\int_0^1 (1 - \xi^{1.5})^2 \xi \mathrm{d}\xi = \frac{u_m}{u_0}\left(\frac{r}{r_0}\right)^2 0.258 \\ &= \frac{12.42}{x/r_0}\left(\frac{0.22x}{r_0}\right)^2 0.258 = 0.155x/r_0\end{aligned} \tag{9-84}$$

10 撞 击 流

撞击流(Impingjing Streams,IS)最初的构想就是通过两股气-固两相流高速相向流动撞击,在撞击瞬间达到极高的相间相对速度,从而极大地强化相间传递。作为科学概念,撞击流由苏联学者 Elperin 于 1961 年首先提出。20 世纪从 70 年代初至 90 年代,以色列科学家 Tamir 做了大量的研究,得到了很有力的科研结论。我国的伍沅教授等也做了大量的理论研究和实验,取得了显著的科研成果。

10.1 撞击流技术的概述

10.1.1 撞击流的基本原理

Elperin 提出撞击流的原始构思,是使两股等量气体充分加速固体颗粒后形成的气-固两相流同轴高速相向流动并在两加速管的中间即撞击面上相互撞击,如图 10-1 所示。加速管出口处气速可高达 20 m/s 以上,理论上颗粒可被加速到接近气体速度。两股高速两相流撞击的结果,形成了一个高度湍动、颗粒浓度最高的撞击区(impingement zone),为强化热、质传递提供了极好的条件。在两相密度相差很大的体系如气-固悬浮体中,颗粒因惯性可从一股流体渗入另一股反向流体,并在开始渗入反向流的瞬间,相间相对速度达到最大值。渗入反向流后,颗粒又因反向气流的摩擦阻力而减速;达到零速度后又被该气流反向加速向撞击面运动,随后渗入原来的气流。如此减幅振荡往复运动若干次后,颗粒的轴向速度逐渐消失,最后被撞击后转为径向流动的气流带出撞击区。图 10-2 为液体连续相撞击流反应器结构示意图。

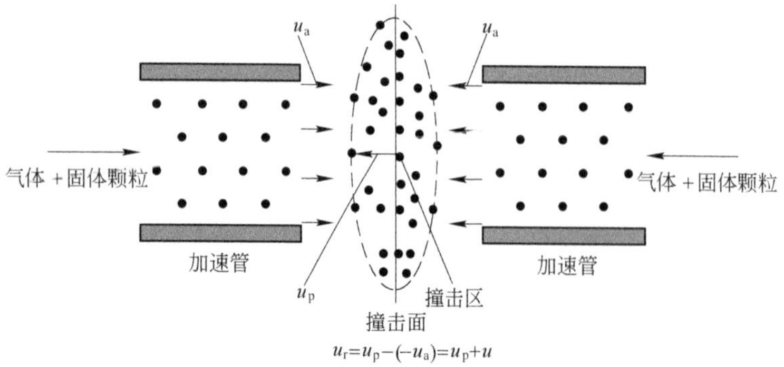

图 10-1　撞击流的基本结构和原理

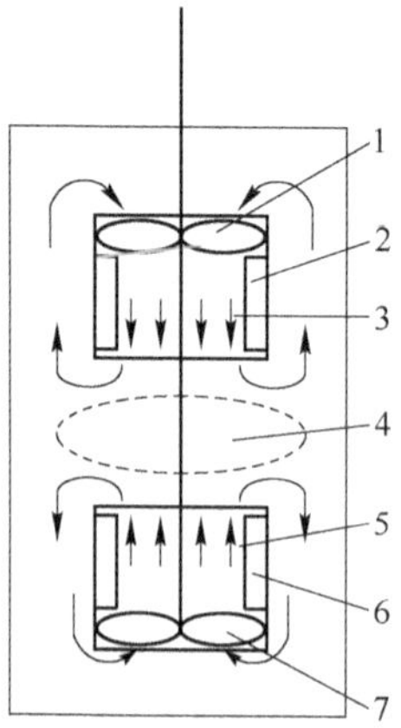

图 10-2　液体连续相撞击流反应器结构示意图

1—上螺旋桨;2,6—挡板;3,5—导流筒;4—撞击区;7—下螺旋桨

10.1.2 撞击流的特点

(1) 气体连续相撞击流。连续相黏度低,与分散相密度差大,操作的撞击速度高。这些特点

决定了气体连续相撞击流中的下列现象:撞击区湍动强烈,相间相对速度很大,分散相颗粒/液滴可以在两股相向流体间做往复渗透振荡运动。

(2) 液体连续相撞击流。以液体为连续相时,分散相通常可以是固体或液体。不论是固体还是液体为分散相,由于连续相黏度大且与分散相密度相差很小,相间摩擦力很大,分散相颗粒或液滴很快就达到与连续相相同或非常接近的速度,并跟随连续相沿流线运动。在撞击面处由于摩擦阻力很大、连续相和分散相密度相差很小,分散相颗粒或液滴依靠惯性渗入反向流的倾向很微弱,往复渗透振荡运动很难发生;同时由于液体流相向撞击时,由于撞击面上因流体间强烈的动量传递导致压力增大,相向流体的流团间可发生碰撞、剪切、挤压作用以致流团变形,最后可能发生分裂而缩小分割尺度。其结果为:与流团和分子运动有关的强烈的微观混合,流团或分子发生振动其部分流动能转化为振动能的压力波动。

10.1.3 撞击流的特性

(1) 很高的传热系数。

1) 颗粒与反向气流间的相对速度大幅度增大。

撞击面附近的相对速度可按下式计算:

$$u_r = u_p - (-u_a) = u_p + u_a$$

式中,气流速度 u_a 可近似认为恒定,颗粒速度 u_p 则在往复渗透运动中随时变化。颗粒刚渗入反向流体时,相对速度达到最大值;在极端情况下,若颗粒在加速管中被加速到等于气流速度,则该最大值可达气体速度的 2 倍。在其他任何时刻,颗粒与反向气流的相对速度都大于气流速度。对于气固体系撞击流,加速管中的气流操作速度一般在 10 m/s 以上,有时甚至可达到 20 m/s 以上。传统塔设备操作的相间相对速度显然不能与之相比拟。

2) 颗粒在相向气流间往复渗透延长了它们在传递活性区中的停留时间,使强化传递的条件在一定程度上得以延续。往复振荡运动延长颗粒停留时间的宏观表现是撞击区颗粒(液滴)浓度显著高于该区以外的区域。

3) 在气-液体系撞击流中,高的相间相对速度和颗粒碰撞促使液相表面更新,减小液膜阻力,从而增大总传递系数。

4) 两股流体的连续相相向撞击,加上颗粒的往复振荡运动,导致撞击区强烈混合,造成温度和组成均化。在某些情况下,这有利于提高平均推动力,促进传递过程。

(2) 流动阻力适中。因为高速流体流动其流动阻力应引起关注,压降主要消耗在加速固体颗粒上,只要装置结构合理,流体阻力并不大。

(3) 撞击区混合强烈。由于撞击、渗透振动运动、撞击后颗粒运动的随机性使撞击区混合强化、均匀。

(4) 停留时间短。撞击区中颗粒停留时间很短,仅约 1 s。

(5) 破碎、分散和雾化。气固撞击流装置中气流携带被加速的颗粒相向撞击,可导致颗粒间或颗粒与壁间剧烈的碰撞,产生粉碎和研磨作用。

10.1.4 撞击流应用

(1) 撞击流反应制取超细粉体;

(2) 撞击流燃烧;

(3) 撞击流干燥;

(4) 撞击流粉碎和研磨;

(5) 撞击流吸收等。

10.2 层流撞击流技术

10.2.1 层流撞击流数学模型

建立数学模型时引入下列假定：流体黏度 $\mu_g=0$；不可压缩，即 $\rho_g=$ 常数；撞击流中为稳态流动；流动为无旋流；忽略重力的影响。其中关于流体不可压缩的假定大大简化了问题。由于撞击流过程中压降不大，可假定不致引起显著的误差。

因此，两轴流气体撞击流，两流体出口管间距离 S，流体的运动方程为：

$$\rho\boldsymbol{\nabla}\frac{1}{2}u^2-\rho[u\times(\boldsymbol{\nabla}\times u)]=-\overline{\boldsymbol{\nabla}}p \tag{10-1}$$

流体无旋流动方程为：

$$\boldsymbol{\nabla}\times u=0 \tag{10-2}$$

连续性方程为：

$$\boldsymbol{\nabla}\cdot u=0 \tag{10-3}$$

式中

$$-\overline{\boldsymbol{\nabla}}p=-\boldsymbol{\nabla}p+\rho g$$

在假定气体 $\mu_g=0$、$\rho_g=$ 常数和忽略重力 ρg 影响的情况下，式(10-1)简化为：

$$\rho\boldsymbol{\nabla}\frac{1}{2}u^2=-\boldsymbol{\nabla}p \tag{10-4}$$

式中，$\boldsymbol{\nabla}p$ 为压差。

10.2.2 平面二维撞击流

对于平面二维流动撞击流，设速度向量 u 为：

$$u=u_{xi}+u_{yj}$$

根据 N-S 方程得运动方程：

$$\begin{cases}u_x\dfrac{\partial u_x}{\partial x}+u_y\dfrac{\partial u_x}{\partial y}=-\dfrac{1}{\rho}\dfrac{\partial p}{\partial x}\\ u_x\dfrac{\partial u_y}{\partial x}+u_y\dfrac{\partial u_y}{\partial y}=-\dfrac{1}{\rho}\dfrac{\partial p}{\partial y}\end{cases} \tag{10-5}$$

无旋流方程：

$$\frac{\partial u_x}{\partial y}-\frac{\partial u_y}{\partial x}=0 \tag{10-6}$$

连续性方程：

$$\frac{\partial u_x}{\partial x}+\frac{\partial u_y}{\partial y}=0 \tag{10-7}$$

利用式(10-5)～式(10-7)可确定 u_x、u_y 和 p 为坐标 x 和 y 的函数。

现采用流函数 $\psi(x,y)$ 和速度势函数 $\phi(x,y)$ 表示之。

$$u_x=-\frac{\partial\Psi}{\partial y},u_y=\frac{\partial\Psi}{\partial x} \tag{10-8}$$

$$u_x=\frac{\partial\Phi}{\partial x},u_y=\frac{\partial\Phi}{\partial y} \tag{10-9}$$

将式(10-8)和式(10-9)代入式(10-6)、式(10-7)得到拉普拉斯方程：

$$\boldsymbol{\nabla}^2\Psi=0 \tag{10-10}$$

$$\boldsymbol{\nabla}^2\Phi=0 \tag{10-11}$$

式(10-5)的第1式和第2式分别对 y、x 微分，再由式(10-8)代入整理得：

$$\frac{\partial(\Psi,\ \boldsymbol{\nabla}^2\Psi)}{\partial(x,y)}=\begin{vmatrix}\dfrac{\partial\Psi}{\partial x} & \dfrac{\partial\Psi}{\partial y}\\ \dfrac{\partial(\ \boldsymbol{\nabla}^2\Psi)}{\partial x^2} & \dfrac{\partial(\ \boldsymbol{\nabla}^2\Psi)}{\partial y^2}\end{vmatrix} \tag{10-12}$$

由式(10-4)，有：

$$0.5\rho(u_x^2+u_y^2)+p=\text{常数} \tag{10-13}$$

上式方程的解以速度势函数形式给出为：

$$\phi=0.5M(-x^2+y^2) \tag{10-14}$$

式中，M 是根据已知离原点一定距离处的速度确定的常数。

利用式(10-12)和式 $\mathrm{d}\psi=u_x\mathrm{d}x-u_y\mathrm{d}y$，可得出速度分量表达式为：

$$u_x=-Mx,u_y=My \tag{10-15}$$

和

$$\frac{\mathrm{d}y}{\mathrm{d}x}=\frac{u_y}{u_x}=-\frac{y}{x}\quad(\Psi=\text{常数时}) \tag{10-16}$$

由式(10-13)和式(10-15)确定流场中的压力分布：

$$p=p_0-0.5\rho M^2(x^2+y^2) \tag{10-17}$$

式中，p_0 是撞击点 $x=y=0$ 处的压力。

平面二维撞击流的流线如图10-3所示。流线上的斜率等于点速度向量。它满足下列关系式：

$$\boldsymbol{u}=(u_x^2+u_y^2)^{0.5}=M(x^2+y^2)^{0.5}$$

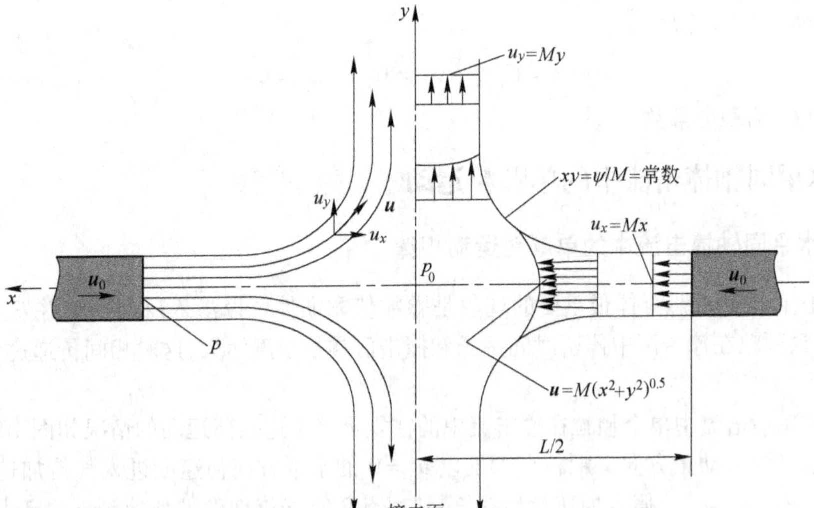

图10-3　二维撞击流的流线

这说明，x 大或 y 大时速度分布是平坦的；当 x 和 y 大小相当时。速度在轴线处最小，随 x 和 y 增大而增大。图10-3显示了这种关系。对于忽略黏度影响的情况，此结果是合理的。积分式(10-16)和式(10-8)，得到流线方程为：

$$xy = \frac{\Psi}{M} = 常数 \tag{10-18}$$

10.2.3　一般三维撞击流

对于一般三维撞击流，我们可以采用下列方程组求解。

速度势函数　$u = -\nabla\Phi$

无旋流动方程　$\nabla \times u = 0$

拉普拉斯方程　$\nabla^2 \Phi = 0$

运动方程　$\rho \nabla \frac{1}{2} u^2 = -\nabla p$

满足上述方程组的解以速度势函数给出为：

$$\phi = 0.5M(-2x^2 + y^2 + z^2) \tag{10-19}$$

微分式(10-19)得到各速度分量为：

$$\begin{cases} u_x = \dfrac{\partial \phi}{\partial x} = -2Mx \\ u_y = \dfrac{\partial \phi}{\partial y} = My \\ u_z = \dfrac{\partial \phi}{\partial z} = Mz \end{cases} \tag{10-20}$$

利用式(10-20)和式(10-4)，可求得压力分布方程：

$$p = p_0 - 0.5\rho M^2 (4x^2 + y^2 + z^2) \tag{10-21}$$

流线方程为：

$$u_x : u_y : u_z = \mathrm{d}x : \mathrm{d}y : \mathrm{d}z = -2x : y : z \tag{10-22}$$

式(10-22)的积分结果为：

$$y = C_1 z,\quad xy^2 = C_2,\quad xz^2 = C_2 \tag{10-23}$$

式中，C_1 和 C_2 为积分常数。

10.3　水平同轴撞击流中的单颗粒运动

10.3.1　水平同轴撞击流中的单颗粒运动规律

在撞击流中气-固悬浮体最重要的现象是颗粒依靠惯性可以渗入反向气流并发生往复振荡运动，它导致颗粒在撞击区中停留时间延长和撞击区颗粒浓度增大，这对相间传递过程有重要的正面影响。

水平同轴撞击流中单个颗粒在撞击流中的往复贯穿渗透振荡运动的情况如图 10-4 所示，其中坐标 x 定义为流动正方向。颗粒在 1 处以 $u_p = 0$ 的水平方向初速度进入气流加速管，这时相对速度 $u_r = u_g - u_p = u_g$。假定加速管足够长，到达点 2 时气流把颗粒加速到 u_g。于是，在从点 2 到接近撞击面的点 3 的过程中相对速度 $u_r = 0$。当颗粒前进到刚过撞击面、紧邻点 3 的点 4 时，遇到反向气流。这时相对速度 $u_r = -u_g - u_g = -2u_g$，负号表示流动方向相反，此时这么高的相对速度将会极大的强化相间传递。从点 4 继续向前运动时，颗粒将因反向气流的阻挡而减速。到达点 5 时颗粒速度变为零，相对速度 $u_r = -u_g$。从点 4 到点 5 是这一参数对撞击流装置的设计有一定的指导意义。到达点 5 后，颗粒又被反向气流加速，进行反向运动，到达撞击面时又可能渗透进入原来气流。当颗粒反向速度衰减到零时,又会被原来气流正向加速而向撞击面运动,如此做往复振荡运动。

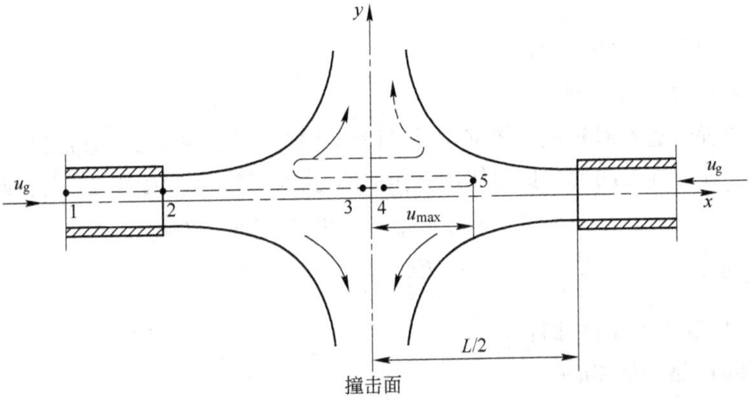

图 10-4 水平撞击流中单颗粒的运动

由于颗粒有动能损失,速度绝对值不可能达到原来的数值,颗粒渗回原气流的深度也不可能达到 x_{max},颗粒在撞击流场中不可能不停地做等幅振荡运动。由于流体的摩擦阻力,颗粒的动能不断损耗,使其运动变成减幅振荡;由于重力的作用,颗粒有跌落离开撞击流场的倾向,跌落倾向的大小取决于颗粒大小、密度和撞击速度;两股流体相向撞击后在撞击面附近转为径向流动,径向流体与颗粒间的动量传递使颗粒获得径向速度分量,从而产生向外运动的、离开撞击流场的倾向。

10.3.2 单颗粒运动的数学模型

10.3.2.1 单个颗粒运动的一般方程

颗粒的运动规律是各种力共同作用的结果。在流体中遇到的单个颗粒受三种力的作用:(1) 颗粒所受的场力就是重力;(2) 浮力,根据 Archimedes 原理,它等于颗粒所排出流体的重量,方向与重力相反;(3) 阻力,取决于颗粒与流体间的相对速度。描述质量为 m_p 的单个颗粒运动的一般方程式可写为:

$$m_p \frac{du_p}{dt} = m_p g - \left(\frac{m_p}{\rho_p}\right) - 0.5 C_D \rho_g A_p |u_p - u_g| (u_p - u_g) \tag{10-24}$$

式中,m_p 为颗粒质量;A_p 为面积;u_p、u_g 为颗粒和气体的速度;ρ_g 为气体密度。而其中 C_D 为曳力系数,其颗粒与流体间的相对速度称为滑移速度,由下式确定:

$$|u_p - u_g| = \sqrt{(u_{p,x} - u_{g,x})^2 + (u_{p,y} - u_{g,y})^2 + (u_{p,z} - u_{g,z})^2} \tag{10-25}$$

10.3.2.2 单个颗粒运动的一般方程的简化

在水平同轴撞击流装置操作中,固体颗粒首先在加速管中被气流加速,加速管中的气流速度通常相当高,达 10 ~ 20 m/s,甚至更高,这取决于加速管长度,颗粒可被加速至气速的 50% ~ 70%。由于颗粒的动能与重力相比,同时考虑固体颗粒与气体的密度差极大,因此重力和浮力可以忽略。

按 Tamir 方法,假定气流速度在流场中均匀分布,u_g = 常数,则单颗粒的一维水平运动方程可简化为:

$$\frac{du_p}{dt} = -0.75 C_D \frac{\rho_g}{\rho_p d_p} |u_p - u_g| (u_p - u_g) \tag{10-26}$$

Enyakin 的实验结果表明，这一假定可以给出较好的近似结果。

10.3.3　单个颗粒运动的解析

10.3.3.1　加速管中的运动

A　加速管中的运动方程

在撞击流装置中通常对每股流体都设置一段加速器。假定颗粒以零速度进入加速管。从点1到点2，颗粒在其与气流间的摩擦力作用下作加速运动，颗粒与气流运动方向相同。有：

$$|u_p - u_g| = u_g - u_p, u_p - u_g = -(u_g - u_p)$$

则式(10-26)变为：

$$\frac{du_p}{dt} = 0.75 C_D \frac{\rho_g}{\rho_p d_p}(u_g - u_p)^2 \quad (10\text{-}27)$$

式中曳力系数 C_D 取决于流型，即：

层流区(Stokes 区) $Re \leqslant 0.4$：

$$C_D = \frac{24}{Re_p} \quad (10\text{-}28)$$

过渡区 $0.4 \leqslant Re_p \leqslant 500$：

$$C_D = \frac{18.5}{Re_p^{0.5}} \quad (10\text{-}29)$$

湍流区(自相似区) $500 \leqslant Re_p \leqslant 105$：

$$C_D = 0.44 \quad (10\text{-}30)$$

颗粒 Reynolds 数 Re_p 定义为：

$$Re_p = \frac{d_p u_r \rho_g}{\mu_g} \quad (10\text{-}31)$$

Re_p 的影响因素：一方面，撞击流装置处理的固体颗粒大小不同；另一方面，颗粒在加速、减速运动中相对速度不断发生变化。而这两个因素都会引起 Reynolds 数较大幅度的变化。

B　加速管中的颗粒在不同流型区的运动方程

层流区

$$\frac{du_p}{dt} = 18 \frac{\mu_g}{\rho_p d_p^2}(u_g - u_p) = a_1 \quad (10\text{-}32)$$

过渡区

$$\frac{du_p}{dt} = 13.88 \frac{\rho_g^{0.5}\mu_g^{0.5}}{\rho_p d_p^{1.5}}(u_g - u_p)^{1.5} = a_2 \quad (10\text{-}33)$$

湍流区

$$\frac{du_p}{dt} = 0.33 \frac{\rho_g}{\rho_p d_p}(u_g - u_p)^2 = a_3 \quad (10\text{-}34)$$

式中，a_1、a_2 和 a_3 分别表示层流区、过渡区和湍流区中颗粒运动的加速度。

C　颗粒在加速管中运动的时间

由于已假定气流速度为均匀分布，u_g 为常数。此阶段运动方程的初值为：$u_p = 0, t = 0$。若出加速管时颗粒速度 u_{p0} 已给定，则式(10-32)、式(10-33)和式(10-34)分离变量并在区间 $[0, u_{p0}]$ 上积分，可求得颗粒在加速管中运动的时间 t_{ac} 为：

$$t_{ac} = \int_0^{u_{p0}} \frac{1}{f_k} du_p \quad (k = 1,2,3) \quad (10\text{-}35)$$

在颗粒从零加速到 u_{p0} 的过程中，相对速度 u_r 从零变到 $(u_g - u_{p0})$。其间可能发生流型区转变，例如可能从湍流区转为过渡区，还可能再转为层流区。因此，式(10-35)需要分段积分，根据 Re_p 数变化，用不同的表达式代替 $a_k(k=1,2,3)$ 进行计算。

D 加速管有效长度

有颗粒速度的定义为：$u_p = \frac{dx}{dt}$

则有：

$$\frac{du_p}{dt} = \frac{du_p}{dx}\frac{dx}{dt} = u_p\frac{du_p}{dx}$$

于是，式(10-27)改写为：

$$u_p\frac{du_p}{dx} = 0.75C_D\frac{\rho_g}{\rho_p d_p}(u_g - u_p)^2 \tag{10-36}$$

将不同流型区中曳力系数 C_D 的表达式分别代入式(10-36)得：

层流区：

$$u_p\frac{du_p}{dx} = 18\frac{\mu_g}{\rho_p d_p^2}(u_g - u_p)$$

过渡区：

$$u_p\frac{du_p}{dx} = 13.88\frac{\rho_g^{0.5}\mu_g^{0.5}}{\rho_p d_p^{1.5}}(u_g - u_p)^{1.5}$$

湍流区：

$$u_p\frac{du_p}{dx} = 0.33\frac{\rho_g}{\rho_p d_p}(u_g - u_p)^2$$

上述三式描述了颗粒速度随运动距离的变化。初始条件为：$u_p = 0, x = 0$。分离变量并在区间 $[0, u_{p0}]$ 上积分，可求得颗粒必须在加速管中运动的距离即加速管的有效长度 L_{ac} 为：

$$L_{ac} = \int_0^{u_{p0}}\frac{u_p}{f_k}du_p \quad (k = 1,2,3) \tag{10-37}$$

加速管有效长度即从颗粒进入点到出口的长度，是气-固相撞击装置一个重要的结果参数。理论上，只要加速管足够长，颗粒可以被加速到接近气速 u_g；但这将会大大增加系统阻力。而加速管过短又会降低撞击流的效率。因此，对加速管出口的颗粒速度需要合理地选择。一般来说，该速度可取为气流速度的 50% ~ 70%，即加速管长度应保证 u_{p0} 达到 $(0.5 \sim 0.7)u_g$。

10.3.3.2 匀速运动阶段

从点 2 到点 3，可以近似认为颗粒在离开加速管时的速度下做匀速运动，速度方程为：

$$\frac{du_p}{dt} = 0 \tag{10-38}$$

此阶段运动距离为撞击距离的一半，运动时间 t_c 为：

$$t_c = \frac{S}{2u_{p0}} \tag{10-39}$$

10.3.3.3 第一减速段

A 第一减速段运动方程

从点 4 到点 5，颗粒因受迎面气流的阻力而减速。该阶段中颗粒速度与气流速度相反。有：

$$|u_p - u_g| = u_p + u_g, u_p - u_g = -(u_p + u_g)$$

式(10-26)变为：

$$\frac{\mathrm{d}u_{\mathrm{p}}}{\mathrm{d}t}=-0.75C_{\mathrm{D}}\frac{\rho_{\mathrm{g}}}{\rho_{\mathrm{p}}d_{\mathrm{p}}}(u_{\mathrm{p}}+u_{\mathrm{g}})^{2} \tag{10-40}$$

B　第一减速段颗粒在不同流型区的运动方程

曳力系数 C_{D} 取决于流型区。第一减速段在不同流型区的运动方程分别变为：

层流区：

$$\frac{\mathrm{d}u_{\mathrm{p}}}{\mathrm{d}t}=-18\frac{\mu_{\mathrm{g}}}{\rho_{\mathrm{p}}d_{\mathrm{p}}^{2}}(u_{\mathrm{p}}+u_{\mathrm{g}})=a_{4} \tag{10-41}$$

过渡区：

$$\frac{\mathrm{d}u_{\mathrm{p}}}{\mathrm{d}t}=-13.88\frac{\rho_{\mathrm{g}}^{0.5}\mu_{\mathrm{g}}^{0.5}}{\rho_{\mathrm{p}}d_{\mathrm{p}}^{1.5}}(u_{\mathrm{p}}+u_{\mathrm{g}})^{1.5}=a_{5} \tag{10-42}$$

湍流区：

$$\frac{\mathrm{d}u_{\mathrm{p}}}{\mathrm{d}t}=-0.33\frac{\rho_{\mathrm{g}}}{\rho_{\mathrm{p}}d_{\mathrm{p}}}(u_{\mathrm{p}}+u_{\mathrm{g}})^{2}=a_{6} \tag{10-43}$$

式中，a_4、a_5 和 a_6 分别表示层流区、过渡区和湍流区中颗粒减速运动的加速度。

C　颗粒在第一减速段运动的时间

因为 u_{g} 为常数，此阶段运动方程的初值为：

$$u_{\mathrm{p}}=u_{\mathrm{p},4},t=0$$

式中，$u_{\mathrm{p},4}$是颗粒第一次到达点 4 时的速度，可以用点 2 处的速度，也就是加速管出口颗粒速度 u_{p0}来近似。式(10-41)～式(10-43)分离变量并在区间[u_{p0},0]上积分，即可求得颗粒在第一减速段运动的时间 t_{d} 为：

$$t_{\mathrm{d}}=\int_{u_{\mathrm{p0}}}^{0}\frac{1}{f_{k}}\mathrm{d}u_{\mathrm{p}}\quad(k=4,5,6) \tag{10-44}$$

与加速管中的运动相似，在颗粒从 u_{p0}减速到零的过程中，也可能发生流型区转变，式(10-44)也需要分段积分。

D　颗粒渗入反向流体的最大距离

利用颗粒速度的定义式可得到：

$$u_{\mathrm{p}}\frac{\mathrm{d}u_{\mathrm{p}}}{\mathrm{d}x}=-0.75C_{\mathrm{D}}\frac{\rho_{\mathrm{g}}}{\rho_{\mathrm{p}}d_{\mathrm{p}}}(u_{\mathrm{p}}+u_{\mathrm{g}})^{2} \tag{10-45}$$

将不同流型区中曳力系数 C_{D} 的表达式分别代入式(10-45)，可得到相应流型区的关系式：

层流区：

$$u_{\mathrm{p}}\frac{\mathrm{d}u_{\mathrm{p}}}{\mathrm{d}x}=-18\frac{\mu_{\mathrm{g}}}{\rho_{\mathrm{p}}d_{\mathrm{p}}^{2}}(u_{\mathrm{p}}+u_{\mathrm{g}})$$

过渡区：

$$u_{\mathrm{p}}\frac{\mathrm{d}u_{\mathrm{p}}}{\mathrm{d}x}=-13.88\frac{\rho_{\mathrm{g}}^{0.5}\mu_{\mathrm{g}}^{0.5}}{\rho_{\mathrm{p}}d_{\mathrm{p}}^{1.5}}(u_{\mathrm{p}}+u_{\mathrm{g}})^{1.5}$$

湍流区：

$$u_{\mathrm{p}}\frac{\mathrm{d}u_{\mathrm{p}}}{\mathrm{d}x}=-0.33\frac{\rho_{\mathrm{g}}}{\rho_{\mathrm{p}}d_{\mathrm{p}}}(u_{\mathrm{p}}+u_{\mathrm{g}})^{2}$$

上述三式描述了颗粒速度随运动距离的变化。初始条件为：

$$u_p = u_{p,4} = u_{p0}, x = 0$$

分离变量并在区间[u_{p0},0]上积分,即可求得颗粒在第一减速段运动的距离即渗入反向流体的最大距离 x_{max} 为:

$$x_{max} = \int_{u_{p0}}^{0} \frac{u_p}{a_k} du_p \quad (k = 4,5,6) \tag{10-46}$$

由撞击流的结构可以看出,x_{max}的数值对水平轴两流撞击流装置设计,主要是撞击距离的设计具有指导意义。同样,考虑到颗粒运动中流型区可能发生变化,此式积分也应分段进行。

10.3.3.4 第一加速段

到达点5时,颗粒速度降低到零,随后又被反向气流向撞击面方向加速,进行在撞击流场中的第一次加速运动。此阶段中颗粒速度与气流速度方向相同。由于已假定撞击流场中气流速度均匀分布,此阶段中的运动方程和解析方法都与加速管中颗粒的加速运动相同,初值也相同,只是终值不同。显然,此阶段将在颗粒返回到撞击面处结束,随后颗粒渗回原来所在的气流。由于这时颗粒速度方向与原来气流相反,运动受到阻碍,开始第二次减速运动。因此,第一加速段运动的距离在数值上等于渗入反向气流的最大距离 x_{max}。对距离 x 在[0,x_{max}]上积分可确定此阶段结束时的颗粒速度 $u_{p,ac1}$ 值;同时可确定颗粒在第一加速段运动的时间 t_{ac1}。同样,在这一运动阶段中颗粒速度也有相当大的变化,也会发生流型区转变,因此,积分也应当分段进行,根据 Re_p 数的变化选择适当的运动方程积分。

由于在每一次往复运动中都有能量损失,颗粒做减幅振荡运动。例如,第一次减速运动是在正向速度 u_{p0}下开始的,而第二次减速运动开始时,由于颗粒被加速的时间(距离)较短,其速度显然小于 u_{p0},渗透深度自然也小于 x_{max}。以此类推。按照上述假定,理论上颗粒可以往复运动无穷多次,这当然是不可能的。当渗入反向气流的距离很短时,可以忽略再次渗入反向气流的可能性,此时,颗粒因与径向流动气体间的动量传递获得径向速度,离开撞击区。

11 流体流动的相似性

流体力学理论体系的形成和发展与实验研究紧密相连,这些实验研究过程所依据的最基础的理论支撑、测试系统及其方法、数据处理和误差分析等构成的有机体系就是实验流体力学。实验流体力学和理论流体力学、计算流体力学并列为液体力学三大分支。

流体力学的实验方法包括实物实验、比拟实验、模型实验和计算机数值模拟四个方面。(1) 实物实验是用仪器实测原型系统的流动参数,这样的实验对于较小的原型系统比较适用,对于大型系统如飞机等就很难实施。(2) 比拟实验是利用电场或磁场来模拟流场,实施起来也受到诸多限制。(3) 模型实验在流体力学中占有重要地位,有些流动现象难以靠理论计算解决,有些由于成本太高或规模太大不可能做成原型实验,因此做模型实验。模型实验是指根据数学、物理和理论流体力学等理论指导和实验室条件来改变研究对象的尺度(放大或缩小),通过改变流体性质和流动条件,以便在模型实验中预演或重演自然界或工程中的流动现象,并使实测的数据能满足流体流动研究和工程设计的需要。同时根据模型实验所得的数据可以依据相似理论核算出原型的数据。(4) 计算机数值模拟就是指用数值计算方法求解运动微分方程,从而获得流场内有限点上流体速度及相关参数近似值的过程。

11.1 相似理论

在两个几何相似空间的流动系统中,若对应点的同名物理量之间有一定的比例关系,则这两个流动系统是相似的。流动相似包括几何、运动和动力相似三个方面,几何描述为长度、面积、体积等;运动描述为速度、加速度、体积流量等;动力描述为质量力、表面力、动量等。

11.1.1 几何相似

几何相似指模型流动的边界形状与原型相似,即在流场中,模型与原型流动边界的对应边要成一定比例。通常我们称自然或工程流动现象为原型,为进行实验研究所设计的流动系统称为模型。

若用 L_p、L_m 分别表示原型与模型相应的某一几何特征尺度(或称特征长度),即:

$$\frac{L_p}{L_m} = C_1$$

式中,C_1 为长度比尺,由于几何相似,模型与原型的对应面积,对应体积也必分别互成一定比例。

面积比例尺:
$$\frac{A_p}{A_m} = \frac{L_p^2}{L_m^2} = C_1^2$$

体积比例尺:
$$\frac{V_p}{V_m} = \frac{L_p^3}{L_m^3} = C_1^3$$

11.1.2 运动相似

运动相似是指在几何相似的前提下,表达运动的物理量相似。运动相似也意味着速度场相似,是指模型与原型的流场对应时刻、对应点上的流速方向相同、大小的比例相等。

速度比例尺为：$$C_v = \frac{v_p}{v_m}$$

由于流场的几何相似是运动相似的前提条件。因此，模型和原型流场中流体微团经过对应路程所需要的时间也必互成一定比例。

时间比例尺：$$C_t = \frac{\Delta t_p}{\Delta t_m}$$

根据速度、位移和时间间隔之间的关系，可确定速度比尺、长度比尺和时间比尺之间的关系为：$\frac{C_v C_t}{C_L} = 1$。

这说明若两个流动系统运动相似，则选定了速度、长度和时间三个比尺中的任意两个，另一个比尺也就确定了，不能再选。

其他还有以下比例尺：

加速度比例尺：$$C_a = \frac{a_p}{a_m} = \frac{v_p/t_p}{v_m/t_m} = \frac{C_v}{C_t} = \frac{C_v^2}{C_L}$$

可见只要确定了模型与原型的长度比例尺和速度比例尺，便可由它们确定所有运动学量的比例尺。

11.1.3 动力相似

动力相似是指两个几何相似、运动相似的流动系统中，对应点处作用的相同性质的力 F，其方向相同、大小成一定比例，且比例常数对两个流场中任意对应点都不变，即它们的动力场相似。

F_p、F_t、F_g、F_I 分别为总压力，切向力、重力和惯性力，m、a 分别为流体微团的质量和加速度，则：

$$C_f = \frac{F_p}{F'_p} = \frac{F_t}{F_t} = \frac{\omega}{\omega'} = \frac{F_I}{F'_I}$$

式中，C_f 为力的比例尺。

根据牛顿第二定律 $\boldsymbol{F} = m\boldsymbol{a}$，则有：

$$C_f = \frac{F_p}{F_m} = \frac{\rho_p V_p a_p}{\rho_m V_m a_m} = C_\rho C_l^2 C_v^2 = 常数$$

或写成 $$\frac{C_f}{C_\rho C_l^2 C_v^2} = 1$$

其中力的比例尺：$$C_f = \frac{F_p}{F_m}$$

密度比例尺：$$C_\rho = \frac{\rho_p}{\rho_m}$$

C_ρ、C_l、C_f 为基本比例尺，其他动力学比例尺均可按照物理量的定义或量纲由基本比例尺确定。如：

质量比例尺：$$C_m = \frac{m_p}{m_m} = \frac{\rho_p V_p}{\rho_m V_m} = C_\rho C_l^3$$

压强（应力）比例尺：$$C_p = \frac{F_p/A_p}{F_m/A_m} = \frac{C_F}{C_A} = C_\rho C_v^2$$

动力黏度比例尺：$$C_\mu = \frac{\mu_p}{\mu_m} = \frac{\rho_p \gamma_p}{\rho_m \gamma_m} = C_\rho C_\gamma = C_\rho C_l C_v$$

综上可以看出流场的几何相似是流动的力学相似的前提条件，动力相似是决定运动相似的主导因素，而运动相似是几何相似和动力相似的表现。

11.2　相似原理

两个流动要实现动力相似、作用在对应点上的各种力的比例尺要满足一定的约束关系，这种约束关系称为相似准则。

11.2.1　相似准则

描写流体运动和受力关系的是流体运动微分方程，两个相似流体流动必须满足同一运动微分方程（N-S 方程），现分别写出原型和模型流动的不可压缩流体在 Z 方向的运动微分方程标量形式，即：

原型

$$\frac{\partial V_{pz}}{\partial t_p}+V_{px}\frac{\partial V_{pz}}{\partial x_p}+V_{py}\frac{\partial V_{pz}}{\partial y_p}+V_{pz}\frac{\partial V_{pz}}{\partial z_p}=-g_p-\frac{1}{\rho_p}\frac{\partial p_p}{\partial z_p}+\frac{\mu_p}{\rho_p}\left(\frac{\partial^2 V_{pz}}{\partial x_p^2}+\frac{\partial^2 V_{pz}}{\partial y_p^2}+\frac{\partial^2 V_{pz}}{\partial z_p^2}\right) \tag{11-1}$$

模型

$$\frac{\partial V_{mz}}{\partial t_m}+V_{mx}\frac{\partial V_{mz}}{\partial x_m}+V_{my}\frac{\partial V_{mz}}{\partial y_m}+V_{mz}\frac{\partial V_{mz}}{\partial z_m}=-g_m-\frac{1}{\rho_m}\frac{\partial p_m}{\partial z_m}+\frac{\mu_m}{\rho_m}\left(\frac{\partial^2 V_{mz}}{\partial x_m^2}+\frac{\partial^2 V_{mz}}{\partial y_m^2}+\frac{\partial^2 V_{mz}}{\partial z_m^2}\right) \tag{11-2}$$

根据流动相似条件，若模型和原型系统相似，则两系统对应点上的各种参量之比应分别有相同的相似比尺，即：

几何相似：　$x_p=C_l x_m\quad y_p=C_l y_m\quad z_p=C_l z_m$

运动相似：　$V_{px}=C_v V_{mx}\quad V_{py}=C_v V_{my}\quad V_{pz}=C_v V_{mz}\quad t_p=C_t t_m$

动力相似：　$p_p=C_p P_m\quad g_p=C_g g_m$

其他物理量：　$\rho_p=C_\rho \rho_m\quad \mu_p=C_\mu \mu_m$

将上述各量代入原型方程，可得以模型参数和相似比尺表示的原型系统流动微分方程：

$$\frac{C_v}{C_t}\frac{\partial V_{mz}}{\partial t_m}+\frac{C_v^2}{C_l}\left(V_{mx}+V_{my}\frac{\partial V_{mz}}{\partial y_m}+V_{mz}\frac{\partial V_{mz}}{\partial z_m}\right)=-C_g g_m-\frac{C_p}{C_l C_\rho}\frac{1}{\rho_m}\frac{\partial p_m}{\partial z_m}+\frac{C_v C_u \mu_m}{C_l^2 C_\rho \rho_m}\left(\frac{\partial^2 V_{mz}}{\partial x_m^2}+\frac{\partial^2 V_{mz}}{\partial y_m^2}+\frac{\partial^2 V_{mz}}{\partial z_m^2}\right) \tag{11-3}$$

比较模型方程式（11-2）和变换的原型方程式（11-3）可见，只要变换后的方程中各相似比尺项满足下列条件，则两个方程描述的黏性不可压缩流体流动相似。

$$\frac{C_v}{C_t}=\frac{C_v^2}{C_l}=C_g=\frac{C_p}{C_\rho C_v^2}=\frac{C_v^2}{C_l C_g}=\frac{C_l}{C_t C_v}=1 \tag{11-4}$$

当式（11-4）成立时，变换方程中的各相似比尺就可以消去，于是原型变换方程与模型方程完全一样。由此可见，只要两系统的边界条件也相似，则一旦获得模型方程的解，就可按各种相似比例关系获得原型系统的各个参数，而不必求解原型系统的流动方程。

用 C_v^2/C_l 遍除相似准则式（11-4）中各项，整理出相似准则式的等价形式，即：

$$\frac{C_v C_l C_\rho}{C_\mu}=\frac{C_p}{C_\rho C_v^2}=\frac{C_v^2}{C_l C_g}=\frac{C_l}{C_t C_v}=1 \tag{11-5}$$

从此式中可以看出得到四个无量纲的数，称为相似准则数或相似准数。这种方法也是求相似准则数的一种方法，叫方程分析法，其步骤：(1)写出表达式和单值性条件，如 N-S 方程，单值性条件(几何条件、物理条件、边界条件、初值条件)；(2)写出相似倍数，如 $C_v=\frac{V_{im}}{V_i}$、$C_t=\frac{T_m}{T_p}$等；(3)相似变换法；(4)整理得到相似准则数。

无量纲化的意义：(1)模型实验根据相似原理中的相似准则数来设计和组织实验，相似准则数是多个相关物理量的组合量，在模型实验中，按相似准则数实现过程控制和测量，可减少试验次数，提高效率；(2)按无量纲的相似准则数整理和实现处理数据，可使实验曲线更具有代表性和适用性，有利于将模型实验结果推广应用到原型中；(3)既然物理方程是量纲齐次的，必可以将其化为无量纲形式。

11.2.2 相似准数

分别用 L、V、t、p、ρ、μ 表示流动系统的特征参量，且原型和模型处于同一重力场，即：$g_p=g_m=g$，整理相似准则式可得如下相似准数。

(1) 雷诺数 Re(Reynolds number)。

由$\frac{C_l C_v C_\rho}{C_\mu}=1$得：
$$\frac{L_p V_p \rho_p}{\mu_p}=\frac{L_m V_m \rho_m}{\mu_m}=Re$$

即雷诺数为：
$$Re=\frac{LV\rho}{\mu}$$

(2) 欧拉数 Eu(Euler number)。

由$\frac{C_p}{C_\rho C_v^2}=1$得：
$$\frac{P_p}{\rho_p V_p^2}=\frac{P_m}{\rho_m V_m^2}=Eu$$

即欧拉数为：
$$Eu=\frac{P}{\rho V^2}$$

(3) 弗劳德数 Fr(Froude number)。

由$\frac{C_v^2}{C_g C_l}=1$得：
$$\frac{V_p^2}{gL_p}=\frac{V_m^2}{gL_m}=Fr$$

即弗劳德数：
$$Fr=\frac{V^2}{gL}\text{或 }Fr=\frac{V}{\sqrt{gl}}$$

(4) 斯特劳哈尔数 Sr(Strouhal number)。

由$\frac{C_l}{C_v C_l}=1$得：
$$\frac{L_p}{V_p t_p}=\frac{L_m}{V_m t_m}=Sr$$

即斯特劳哈尔数为：
$$Sr=\frac{L}{Vt}$$

综上，N-S 方程描述的黏性的不可压缩流体流动相似准则为：原型和模型系统中相似准数 Re、Eu、Fr、Sr 应分别相等，在此基础上，若两系统边界条件、初始条件相似，就能保持原型系统和模型系统的流动相似。

11.2.3 相似准数的物理意义

从力的角度看 Z 方向 N-S 方程各项物理意义为：

$$\underset{\substack{\text{惯性力}(t)\\ \rho V/t}}{\rho\frac{\partial v_z}{\partial t}}+\underset{\substack{\text{惯性力}(V)\\ \rho V^2/L}}{\rho\left(v_x\frac{\partial v_z}{\partial x}+v_y\frac{\partial v_z}{\partial y}+v_z\frac{\partial v_z}{\partial z}\right)}=\underset{\substack{\text{重力}\\ \rho g}}{-\rho g}-\underset{\substack{\text{压力}\\ P/L}}{\frac{\partial p}{\partial z}}+\underset{\substack{\text{黏性力}\\ \mu V/L^2}}{\mu\left(\frac{\partial^2 v_z}{\partial x^2}+\frac{\partial^2 v_z}{\partial y^2}+\frac{\partial^2 v_z}{\partial z^2}\right)} \tag{11-6}$$

(1) 方程左边是单位体积流体质量(即密度)与流体加速度的乘积,即为惯性力,其中与时间有关的惯性力项表示为$\rho V/t$,与流体运动有关的惯性力表示为$\rho V^2/L$。

(2) 方程等号右边是单位体积流体受到的重力、压力和黏性力,分别用ρg、P/L、$\mu V/L^2$表示。

11.2.3.1　黏性力相似准则(雷诺数)

雷诺数是与黏性有关的相似数,表示惯性力与黏性力之比,即:

$$Re=\frac{F_{\text{惯性}}}{F_{\text{黏性}}}=\frac{\rho V^2/L}{\mu V/L^2}=\frac{\rho VL}{\mu}$$

对于黏性力作用下的相似流动,雷诺数一定相等。如果两流场 Re 数相等,流场一定相似。

11.2.3.2　压力相似准则(欧拉数)

欧拉数是与压力有关的相似数,表示压力与惯性力之比,即:

$$Eu=\frac{F_{\text{压力}}}{F_{\text{惯性}}}=\frac{P/L}{\rho V^2/L}=\frac{P}{\rho V^2}$$

对压力作用下的相似流动,欧拉数一定相等。欧拉数常用于描述压力对流速分布影响较大的流动,如空泡、空化现象就必须考虑欧拉数。

11.2.3.3　重力相似准则(弗劳德数)

弗劳德数是与重力有关的准数,表示惯性力与重力之比,即:

$$Fr=\frac{F_{\text{惯性}}}{F_{\text{重力}}}=\frac{\rho V^2/L}{\rho g}=\frac{V^2}{Lg}\quad\text{或}\quad Fr=\frac{V}{\sqrt{gL}}$$

在重力作用下的相似流动,弗劳德数一定相等。

11.2.3.4　非定常性相似准则(斯特劳哈尔数)

斯特劳哈尔数是与时间有关的数,表示速度随时间变化引起的力与惯性力之比,即:

$$Sr=\frac{F_{\text{时间变化}}}{F_{\text{惯性}}}=\frac{\rho V/t}{\rho V^2/L}=\frac{L}{Vt}$$

它是当地惯性力与迁移惯性力的比值,两个非定常流动相似,斯特劳哈尔数必定相等。

11.2.3.5　弹性力相似准则(柯西数 Cauchy 或马赫数 Mach)

对于可压缩的两个流场,由于压缩引起弹性力场,柯西数表示惯性力与弹性力比值。

$$Ca=\frac{\rho V^2}{K}$$

式中,K 为体积模量。

两个流动的弹性力作用相似,柯西数必定相等。

对于气体,由于 $K/\rho=C^2$(C 为声速),马赫数表示惯性力与可压缩性有关的力之比,即:

$$Ma=\sqrt{F_{\text{惯性}}/F_{\text{压缩性}}}=\sqrt{\rho V^2/L}/\sqrt{\rho C^2/L}=\frac{V}{C}$$

两个流动的弹性力作用相似,马赫数必定相等。

11.2.3.6　表面张力相似准则(韦伯数 Weber number)

韦伯数是表示惯性力与表面张力之比,即:

$$We = \sqrt{F_{惯性}/F_{表面张力}} = (\rho V^2 L)/(\sigma/L^2) = \rho V^2 L/\sigma$$

两个流动的表面张力作用相似，韦伯数必定相等。

11.2.4 相似定理

(1) 相似性质（相似第一定理）。

彼此相似的现象，同名准数一定相等，或彼此相似的物理现象必须服从同样的客观规律。若该规律能用物理现象方程表示，则物理方程式必须完全相同，而且对应的相似力学相似准则必定数值相等，这就是相似第一定理，也称相似正定理。

第一定理指出了实验时应该测量哪些物理量的问题，即判定两个流动是否相似，除几何相似、运动相似外，还应该满足相似第一定理，即作用在两个流动上的所有外力相似。

性质 1：相似现象必然发生在相似的空间里。

性质 2：相似现象必然有一个共同的数学表达、几何相似式、或共同的文字表述。

性质 3：表征同一物理现象的物理量的场都相似。

(2) 相似条件（相似第二定理）。

凡同一种类现象（即可用同一微分方程组描述的现象），并且由单值条件中的物理量所组成的相似准则在数值上相等，则这些现象一定相似，这就是相似第二定理，也称为相似逆定理。

(3) 单值性条件。

1) 几何条件：即流动空间的几何形状、尺寸大小，例如对管内流动、管内直径 d 及管长 l。

2) 物性条件：例如流体的密度、黏性。

3) 边界条件：即流场边界上物理量的分布，如进口、出口、壁面的速度、温度分布等。

4) 初始条件：对于非定常流动，初始状态时流体的速度及温度分布。

11.2.5 量纲分析

11.2.5.1 单位和量纲

物理量单位的种类或用来描述物体或系统物理状态的可测量性质称为它的量纲，例如米、厘米、毫米等同属长度单位，是长度的不同测量单位，属同一种类，用 L 表示，长度量纲用[L]表示，或在物理量前加符号 dim，如：

$$\dim\mu = \frac{\dim\tau}{\dim(dv/dn)} = \frac{L^{-1}MT^{-2}}{LT^{-1}/L} = L^{-1}MT^{-1}$$

为了完整地对物理现象进行描述，还有必要知道每一物理量的数值，例如，知道物体具有长度量纲还不够，必须知道这一长度的数值。国际单位制（System International d' unites）简称 SI 单位制。

单位与量纲的区别在于量纲是可测量的性质，而单位是测量标准基元，用这些基元和确定的数值可定量地描述量纲。换句话说，量纲只涉及量的本质或特点（种类），而单位除涉及量的本质或特点外，还涉及量的大小。

物理量量纲分为基本量纲或独立量纲（相当函数中自变量）和导出量纲或非独立量纲（相当于函数中因变量）。基本量纲是那些可以按一定规范建立测量尺度的量，流体力学基本量为质量、长度、时间、温度的量纲体系，简称 MLtT 量纲体系。导出量是其量纲可以用基本量纲的组合形式来表示的量。表 11-1 为流体力学中常用的物理量在 MLtT 量纲体系下的量纲和 SI 单位制下的单位。

表 11-1　流体力学中常用物理量的量纲与单位

物　理　量	量纲(MLtT)	单位(SI)
质量	$[M]$	千克(kg)
长度	$[L]$	米(m)
时间	$[t]$	秒(s)
热力学温度	$[T]$	开(尔文)(K)
角度	$[M^0L^0t^0T^0]$	弧度(rad)
面积	$[L^2]$	平方米(m^2)
体积	$[L^3]$	立方米(m^3)
线速度	$[Lt^{-1}]$	米/秒(m/s)
角速度	$[t^{-1}]$	弧度/秒(rad/s)
线加速度	$[Lt^{-2}]$	米/秒^2(m/s^2)
体积流量	$[L^3t^{-1}]$	米^3/秒(m^3/s)
力	$[MLt^{-2}]$	牛(顿)(N)
力矩	$[ML^2t^{-2}]$	牛·米或焦耳(N·m,J)
密度	$[ML^{-3}]$	千克/米^3(kg/m^3)
压强、应力	$[ML^{-1}t^{-2}]$	牛顿/米^2 或帕(N/m^2,Pa)
动量	$[MLt^{-1}]$	千克·米/秒(kg·m/s)
动量矩	$[ML^2t^{-1}]$	千克·米^2/秒(kg·m^2/s)
功、能量、热量	$[ML^2t^{-2}]$	焦(耳)(J)
功率	$[ML^2t^{-3}]$	瓦(特)(W)
动力黏性系数	$[ML^{-1}t^{-1}]$	帕·秒(Pa·s)
运动黏性系数	$[L^2t^{-1}]$	米^2/秒(m^2/s)
表面张力系数	$[Mt^{-2}]$	牛顿/米(N/m)

例如:速度 = 长度 ÷ 时间 $= \frac{L}{t} = Lt^{-1}$;

　　力 = 质量 × 加速度 $= MLt^{-2}$。

11.2.5.2　量纲和谐原理

只有量纲相同的物理量才能相加减,所以正确的物理关系式中各加和项的量纲必须是相同的,等式两边的量纲也必然是相同的,这就是量纲和谐原理。

量纲和谐原理的意义:利用量纲和谐原理,对影响物理过程的各有关变量进行量纲分析,可将这些变量组合成数目较少的无量纲准数,然后通过实验确定这些无量纲准数之间的关系,从而大大减少实验的次数使问题的分析得以简化,这种无量纲准数之间的实验关联式还可能将小模型上的实验数据应用于生产实际。

例如:连续性方程 $v_1A_1 = v_2A_2$

其每一项的量纲皆为$(Lt^{-1})(L^2) = L^3t^{-1}$

即连续性方程每一项皆为流量的量纲，量纲是和谐的。

又如：伯努利方程 $z_1 + \frac{p_1}{\rho g} + \frac{v_1^2}{2g} = H$

每一项的量纲皆为长度的量纲 L，量纲是和谐的。如果用 H 通除方程每一项，则该方程便化为零量纲方程，即：

$$\frac{z}{H} + \frac{p}{\rho gH} + \frac{v^2}{2gH} = 1$$

$$\alpha_1 + \alpha_p + \alpha_v = 1$$

量纲分析法正是依据物理方程量纲一致性原则，从量纲分析入手，找出流动过程的相似准数，并借助实验找出这些相似准数之间的函数关系，即准则方程。准则方程就是用相似准数表示的零量纲物理方程。根据相似原理，可以将准则方程式直接应用到原型及其他相似流动中去，常用的量纲分析法有瑞利法和 π 定理。

11.2.5.3 瑞利法

如果某一物理现象经过大量的观察、实验、分析，找出影响该物理现象的主要因素 $y, x_1, x_2, \cdots, x_n$ 它们之间待定的函数关系为：$y = f(x_1, x_2, \cdots, x_n)$。

瑞利(Rayleigh)法是用定性物理量 $x_1, x_2, \cdots, x_n$ 的某种幂次之积的函数来表示被决定的物理量 y，即：$y = KX_1^{a_1}X_2^{a_2}, \cdots, X_n^{a_n}$。

式中，K 是零量纲系数，由实验确定；$a_1 a_2, \cdots, a_n$ 为待定指数，根据量纲和谐原理确定。

推广而言，基于量纲和谐原理，一个正确而完整地描述物理现象的方程式，其两边各项的量纲必须一致，对于如下形式的方程：

$$a_1^{m_1} b_1^{n_1} c_1^{p_1} + a_2^{m_2} b_2^{n_2} c_2^{p_2} + \cdots = x$$

如果符合客观物理规律，则：

$$[a_1^{m_1} b_1^{n_1} c_1^{p_1}] = [a_2^{m_2} b_2^{n_2} c_2^{p_2}] = \cdots = [x]$$

瑞利方法的前提条件是影响流动现象的变量之间的函数关系是幂函数乘积的形式，求解这个函数关系式的步骤如下：

(1) 确定影响流动的重要物理参数，并假定它们之间的函数关系可表示为幂函数乘积形式。

(2) 根据量纲和谐原理，建立各物理量指数的联立方程组。

(3) 解方程组，求得各物理量参数的指数值，代入假定的函数关系式，得到无量纲数(相似准数)之间的函数关系式。

(4) 通过模型实验，确定关系式中的待定系数，从而得到描述该流动问题的具体的经验公式。

[例 11-1] 已知不可压缩黏性流体在水平圆管中的压强损失 Δp 与管内径 d、管壁绝对粗糙度 Δ、管长 l、流速 v、动力黏度 μ 以及流体的密度 ρ 有关，试用量纲分析法求圆管压强损失 Δp 的表达式。

解：根据题意，Δp 与其他物理量之间的函数关系为

$$\Delta p = f(d, \Delta, l, v, \mu, \rho)$$

由于所有物理量的量纲均能表示为基本量纲不同指数幂的乘积形式，因此此式可改写成：

$$\Delta p = Kd^a \Delta^b l^c v^e \mu^f \rho^g$$

式中，a、b、c、e、f、g 为待定指数，K 为常数。

写出各物理量的量纲如表 11-2 所示。

表 11-2　各物理量的量纲

物理量	量纲(MLtT)	物理量	量纲(MLtT)
Δp	$\mathrm{Mt^{-2}L^{-1}}$	v	$\mathrm{Lt^{-1}}$
d	L	μ	$\mathrm{ML^{-1}t^{-1}}$
Δ	L	ρ	$\mathrm{ML^{-3}}$
l	L		

代入前式,得到量纲关系式:

$$\mathrm{Mt^{-2}L^{-1}} = L^aL^bL^c\{\mathrm{Lt^{-1}}\}^e\{\mathrm{ML^{-1}t^{-1}}\}^f\{\mathrm{ML^{-3}}\}^g$$

由于一个物理方程式两边的量纲应该相同,因此有:

对 M　　$f+g=1$

对 T　　$-e-f=-2$

对 L　　$a+b+c+e-f-3g=-1$

因为只有三个基本量纲,所以方程组最小无关组为三个,其余的都可用 M、T、L 方程线性表示。因此上面三个方程中含有 6 个未知数,故把其中三个未知数 b、c、f 作为待定值,则可解得:

$$\begin{cases} g=1-f \\ e=2-f \\ a=-b-c-f \end{cases}$$

将上述结果代入 Δp 表示,找到无量纲关系,可得:

$$\Delta p = Kd^{-b-c-f}\Delta^b l^c v^{2-f}\mu^f\rho^{1-f} = K\left(\frac{\Delta}{d}\right)^b\left(\frac{l}{d}\right)^c\left(\frac{\mu}{\rho vd}\right)^f\rho v^2$$

实验证明,管路两端压差 Δp 与 $\frac{l}{d}$ 是线性关系,因此 $c=1$;又由于 $\frac{\mu}{\rho vd}=\frac{1}{Re}$,若取 $K=\frac{1}{2}$,则上式又可改写成 $\Delta p = f\left(\frac{\Delta}{d},Re\right)\frac{l}{d}\frac{\rho v^2}{2}$,令 $f\left(\frac{\Delta}{d},Re\right)=\lambda$,由实验确定,$\lambda$ 又称为沿程损失系数。

圆管压力损失的表达式为:$\Delta p = \lambda\frac{L}{d}\frac{\rho v^2}{2}$

对于水平管路,管路沿程流动损失为:$h_f = \frac{\Delta p}{\rho g} = \lambda\frac{l}{d}\frac{v^2}{2g}$

这就是著名的达西-威斯巴赫(Darcy-Weisbach)公式。

11.2.5.4　π 定理

π 定理是由白金汉(Bucking ham·E)于 1951 年提出的,所以又称为白金汉定理,也称为相似第三定理。

在一般流体力学问题中,物理量的基本量纲只有三个(不考虑温度影响),即 M、L、t,按量纲和谐原理对每个基本量纲[M]、[L]、[t]建立指数方程时,可以得到三个方程,只有当影响流动的参数也只有三个时,才能用三个等式求解三个未知数,如果影响流动问题的参数多于三个,那么指数就不能完全确定,出现了$(n-3)$个待定指数。因此在参数较多的情况下,瑞利法存在确定幂指数的困难。白金汉法可以把原来较多的变量改写为由无量纲值组成的较少的变量,从而使问题的处理较为方便。

A　π 定理定义

π 定理:若某一物理过程需要 n 个物理参数来描述,即物理过程的方程式为 $f(x_1,x_2,\cdots,x_n)=0$,

且这些物理参数涉及到基本量纲 m 个,则这个物理过程可以用由 n 个物理量组成的 $(n-m)$ 个无量纲数 π_1、π_2,…,π_{n-m} 的函数关系来描述,则该物理方程式可以转化为零量纲量的函数关系式,即准则方程式:

$$F(\pi_1,\pi_2,\pi_{n-m})=0$$

B π 定理解题步骤

(1) 确定基本量纲(用量纲矩阵确定基本物理量个数);

(2) 确定基本物理量(用选择原则确定是哪个物理量作为基本物理量);

(3) 确定无量纲量 π(用物理量除其基本物理量某次幂积);

(4) 确定幂指数(用量纲和谐原理确定);

(5) 代入准则方程确定各物理量之间的关系。

C 量纲矩阵

设有一物理现象,其各物理量之间存在函数关系为:

$$q_0=f(q_1,q_2,\cdots,q_k,q_{k+1},q_{k+2},\cdots,q_n),k\leqslant n$$

设这些物理量共包括了 K 个基本量纲:$G_1,G_2,G_3,\cdots,G_k$,则任一物理量 $q_i(i=0,1,2,\cdots,k,k+1,k+2,\cdots,n)$ 的量纲可写为:

$$\dim q_i=G_1^{C_{1i}}G_2^{C_{2i}}\cdots G_k^{C_{ki}} \tag{11-7}$$

式中,C 为物理量 $q_1,q_2,\cdots,q_n$ 的量纲可为:

$$\begin{cases}\dim q_1=G_1^{C_{11}}G_2^{C_{21}}\cdots G_k^{C_{k1}}\\ \dim q_2=G_1^{C_{12}}G_2^{C_{22}}\cdots G_k^{C_{k2}}\\ \quad\vdots\qquad\quad\vdots\qquad\quad\vdots\\ \dim q_m=G_1^{C_{1m}}G_2^{C_{2m}}\cdots G_k^{C_{km}}\\ \quad\vdots\qquad\quad\vdots\qquad\quad\vdots\\ \dim q_n=G_1^{C_{1n}}G_2^{C_{2n}}\cdots G_k^{C_{kn}}\end{cases} \tag{11-8}$$

通常将上列量纲式中的量纲指数排列成如下形式:

	q_1	q_2	…	q_n
G_1	C_{11}	C_{12}	…	C_{1n}
G_2	C_{21}	C_{22}	…	C_{2n}
⋮	⋮	⋮	⋮	⋮
G_k	C_{k1}	C_{k2}	…	C_{kn}

这种排列形式叫做量纲矩阵。

D 基本物理量的判别

在 q_0、q_1、$q_2\cdots q_n$ 这群物理量中,有 K 个基本量纲,也有 K 个基本量,设 q_1、$q_2\cdots q_n$ 中 q_1、$q_2\cdots q_k$ 为基本物理量,则导出量 q_m 量纲式可写为基本物理量乘积幂的形式:

$$\dim q_m=\dim(q_1^{\lambda_{1m}}q_2^{\lambda_{2m}}\cdots q_k^{\lambda_{km}}) \tag{11-9}$$

式中,λ_{1m}、λ_{2m}、…、λ_{km} 是待定系数(待定常数),$m=0,k+1,k+2\cdots n$ 时 q_m 即非基本物理量,其 q_m 的量纲等于基本物理量某幂积组合的量纲。

由于基本物理量是相互独立的,所以它们本身不可能组合成一个无量纲量,即任何 $\beta_j(j=1,$

$2\cdots k$)都不能使：

$$\dim(q_1^{\beta_1}q_2^{\beta_2}\cdots q_k^{\beta_k}) = G_1^0 G_2^0 G_k^0 \tag{11-10}$$

成立。

E　确定独立的无量纲数方法

将式(11-8)代入式(11-9)，并按相同量纲归并指数得：

$$\begin{aligned}
&G_1^{C_{1m}} G_2^{C_{2m}} L G_k^{C_{km}} \\
&= (G_1^{C_{11}} G_2^{C_{21}} L G_k^{C_{k1}})^{\lambda_{1m}} (G_1^{C_{12}} G_2^{C_{22}} L G_k^{C_{k2}})^{\lambda_{2m}} L (G_1^{C_{1k}} G_2^{C_{2k}} L G_k^{C_{kk}})^{\lambda_{km}} \\
&= (G_1^{C_{11}\lambda_{1m}} G_1^{C_{12}\lambda_{2m}} L G_1^{C_{1k}\lambda_{km}}) (G_2^{C_{21}\lambda_{1m}} G_2^{C_{22}\lambda_{2m}} L G_2^{C_{2k}\lambda_{km}}) L (G_k^{C_{k1}\lambda_{1m}} G_k^{C_{k2}\lambda_{2m}} L G_k^{C_{kk}\lambda_{km}}) \\
&= G_1^{C_{11}\lambda_{1m} + C_{12}\lambda_{2m} + L + C_{1k}\lambda_{km}} G_2^{C_{21}\lambda_{1m} + C_{22}\lambda_{2m} + L + C_{2k}\lambda_{km}} L G_k^{C_{k1}\lambda_{1m} + C_{k2}\lambda_{2m} + L + C_{kk}\lambda_{km}}
\end{aligned}$$

此式恒等得：

$$\begin{cases}
C_{11}\lambda_{1m} + C_{12}\lambda_{2m} + \cdots + C_{1k}\lambda_{km} = C_{1m} \\
C_{21}\lambda_{1m} + C_{22}\lambda_{2m} + \cdots + C_{2k}\lambda_{km} = C_{2m} \\
\quad\vdots \qquad\quad \vdots \qquad\quad \vdots \qquad\quad \vdots \qquad\quad \vdots \\
C_{k1}\lambda_{1m} + C_{k2}\lambda_{2m} + \cdots + C_{kk}\lambda_{km} = C_{km}
\end{cases} \tag{11-11}$$

根据克莱姆法则，$\lambda_{1m}, \lambda_{2m}, \cdots, \lambda_{km}$存在解的充分必要条件是：

$$\begin{vmatrix}
C_{11} & C_{12} & \cdots & C_{1k} \\
C_{21} & C_{22} & \cdots & C_{2k} \\
\vdots & \vdots & \vdots & \vdots \\
C_{k1} & C_{k2} & \cdots & C_{kk}
\end{vmatrix} \neq 0 \tag{11-12}$$

此行列式是量纲矩阵中阶数最高的方阵，此阶数即量纲矩阵的秩。基本物理量的个数与量纲矩阵的秩必相等。

将式(11-8)代入式(11-9)，按相同量纲归并指数后得：

$$\begin{cases}
C_{11}\beta_1 + C_{12}\beta_2 + \cdots + C_{1k}\beta_k = 0 \\
C_{21}\beta_1 + C_{22}\beta_2 + \cdots + C_{2k}\beta_k = 0 \\
\quad\vdots \qquad\quad \vdots \qquad\quad \vdots \qquad\quad \vdots \qquad \vdots \\
C_{k1}\beta_1 + C_{k2}\beta_2 + \cdots + C_{kk}\beta_k = 0
\end{cases} \tag{11-13}$$

如果式(11-12)成立，则式(11-12)只存在β的零解。可证明出式(11-12)也是式(11-12)不能成立的条件，因此可见式(11-12)是$q_1, q_2, \cdots, q_k$可作为基本物理量的充分必要条件。例如：有一群物理量ρ、v、l和μ，其量纲分别为：

$$\dim\rho = \mathrm{L}^{-3}\mathrm{M}$$
$$\dim v = \mathrm{L}\mathrm{t}^{-1}$$
$$\dim l = \mathrm{L}$$
$$\dim\mu = \mathrm{L}^{-1}\mathrm{M}\mathrm{t}^{-1}$$

将其排列为量纲矩阵为：

基本量纲 \ 物理量	ρ	v	l	μ
L	−3	1	1	−1
M	1	0	0	1
t	0	−1	0	−1

在这个量纲矩阵中，ρ、v、l 三个物理量的行列式：

$$\begin{vmatrix} -3 & 1 & 1 \\ 1 & 0 & 0 \\ 0 & -1 & 0 \end{vmatrix} \neq 0$$

故该行列式的阶数为量纲矩阵的秩，由此可判定 ρ、v、l 三个物理量可作为 ρ、v、l 和 μ 这群物理量的基本物理量。

如果 n 个物理量的基本量纲为 M、L、t，即基本量纲数 $m=3$，则在这 n 个物理量中选取 m 个互为独立的量作为基本量，例如选取 x_1、x_2、x_3，基本量选取的一般原则是：为了保证几何相似，应选取一个长度变量。例如直径 d 或长度 l；为了保证运动相似，应选一个速度变量，如 v；为了保证动力相似，应选一个与质量有关的物理量，如密度 ρ、通常这 m 个基本量应包含 M、L、t 这三个基本量纲。

F 相似准则数的确定

用这三个基本量与其他$(n-m)$个物理量中的任一量组合成无量纲数，这样就得到$(n-m)$个独立的无量纲数，如果这三个基本量是 x_{n-2}, x_{n-1}, x_n，则其他物理量均可用三个基本量的某种幂次与零量纲量 π_i 的乘积来表示，即：

$$x_i = \pi_i X_{n-2}^{a_i} X_{n-1}^{b_i} X_n^{c_i}$$

或

$$\pi_i = \frac{x_i}{X_{n-2}^{a_i} X_{n-1}^{b_i} X_n^{c_i}}$$

根据物理方程量纲一致性原则，便可确定待定指数 a_i、b_i、c_i，从而也就确定了 π_i，这样便把原来有 n 个物理量的物理方程式转化成了只有 $n-m$ 个零量纲量的准则方程式，变量减少了 m 个，这给模型实验和实验数据的整理带来很大方便。π 定理中的零量纲量就是相似准则数（包括几何相似等）。

[例 11-2] 翼型的阻力 F_η 与翼型的翼弦 b、翼展 L、冲角 α_a、翼型与空气的相对速度 v、空气密度 ρ、动力黏度 μ 和体积模量 K 有关，试用 π 定量导出翼型阻力的表达式。

解：根据与翼型阻力有关的物理量可以写出物理方程式：

$$F(F_D, \mu, K, L, \alpha_a, b, v, \rho) = 0$$

选择 b、v、ρ 为基本量，可以组成的无量纲量为：

$$\pi_1 = \frac{F_D}{b^{a_1} v^{b_1} \rho^{c_1}} \qquad \pi_2 = \frac{\mu}{b^{a_2} v^{b_2} \rho^{c_2}} \qquad \pi_3 = \frac{K}{b^{a_3} v^{b_3} \rho^{c_3}}$$

$$\pi_4 = \frac{L}{b^{a_4} v^{b_4} \rho^{c_4}} \qquad \pi_5 = \alpha_a$$

则准则方程为：$f'(\pi_1, \pi_2, \pi_3, \pi_4, \pi_5) = 0$

用基本量纲表示 π_1、π_2、π_3、π_4（π_5 已经是零量纲量）中的各物理量，得：

$$MLt^{-2} = L^{a_1}(Lt^{-1})^{b_1}(ML^{-3})^{c_1} \quad —— \pi_1$$

$$ML^{-1}t^{-1} = L^{a_2}(Lt^{-1})^{b_2}(ML^{-3})^{c_3} \quad —— \pi_2$$

$$ML^{-1}t = L^{a_3}(Lt^{-1})^{b_3}(ML^{-3})^{c_3} \quad —— \pi_3$$

$$L = L^{a_4}(Lt^{-1})^{b_4}(ML^{-3})^{c_4} \quad —— \pi_4$$

根据量纲一致性原则得：

$$a_1 = 2 \quad b_1 = 2 \quad c_1 = 1$$

$$a_2 = 1 \quad b_2 = 1 \quad c_2 = 1$$

$$a_3 = 0 \qquad b_3 = 2 \qquad c_3 = 1$$
$$a_4 = 1 \qquad b_4 = 0 \qquad c_4 = 0$$

故有 $\pi_1 = \dfrac{F_D}{\rho v^2 b^2}$　$\pi_2 = \dfrac{\mu}{\rho v b} = \dfrac{1}{Re}$　$\pi_3 = \dfrac{K}{\rho v^2} = \dfrac{C^2}{v^2} = \dfrac{1}{Ma}$　$\pi_4 = \dfrac{L}{b}$

由于 $\pi_1/\pi_4 = F_D/(\rho v^2 bL)$ 仍是无量纲量，所以将所有 π 值代入准则方程，得

$$f'\left(\frac{\pi_1}{\pi_4}, \pi_2, \pi_3, \pi_5\right) = 0$$

即：$f'\left(\dfrac{F_D}{\rho v^2 b^2/2}, Re, Ma, \alpha_a\right) = 0$，

则：$\dfrac{\dfrac{F_D}{\rho v^2 b^2/2}}{f(Re, Ma, \alpha_a)} = 1$

即：$F_D = f(Re, Ma, \alpha_a)\, bl \dfrac{\rho v^2}{2}$

令：$C_D = \dfrac{F_D}{A\rho v^2/2}$

则：$F_D = f(Re, Ma, \alpha_a)\, bL \dfrac{\rho v^2}{2} = C_D A \dfrac{\rho v^2}{2}$

式中，$C_D = f(Re, Ma, \alpha_a)$ 为阻力系数，一般由实验确定。对于翼型，当 $Ma < 0.3$ 时，可以不考虑压缩性的影响，$C_D = f(Re, \alpha_a)$；对于圆柱件的绕流问题，不存在 α_a 的影响，$C_D = f(Re)$。A 为物体的特征面积，一般取迎风截面积，对于机翼，取弦长与翼展的乘积，对于圆柱体，取直径与柱长的乘积。

11.3　模型实验解决的问题

流动相似理论是工程模型和实验的基础，根据流动相似原理，在应用模型实验研究流动问题时，首先要保证模型系统与原型系统的流动相似，即保证两系统流动的同名准则数都相等，然后通过实验测试和数据处理获得相似准则数之间的关系式或曲线，从而使得模型实验的结果应用于原型系统的放大设计。由此可见，模型与原型的相似以及参数的测试与数据处理是工程模型研究的两个核心问题。

在模型实验研究中需解决的问题有：

问题一，要进行模型实验，首先要解决如何设计模型，如何选择模型流动中的介质，才能保证与原型流动相似。根据相似第二定理，由单值条件相似和由单值条件中的物理量所组成的相似准则数相等的原则去设计模型，选择模型中的流动介质。

问题二，实验过程中，需要测定哪些物理量，如何处理实验数据才能反映客观实质？相似第一定理表明彼此相似的现象，必定具有数值相等的相似准则数，因此实验过程中应测定各相似准则数中包含的应预测定的一切物理量，并把它们整理成相似准则数。

问题三，模型实验结果如何才能找到规律性，以便推广应用到原型流动中去。由 π 定理可知，描述某物理现象的各种变量的关系可以表示成数目较小的无量纲 π 的关系式，各无量纲 π 表示各种不同的相似准则，它们之间的函数关系式亦称为准则方程，彼此相似的现象，它们的准则方程式也相同。因此，用与实验数据拟合的方法找出相似准则数之间的函数关系，即准则方程式，该方程式便可推广应用到原型及其他相似流动中去，有关物理量可按各自的比例尺进行换算。

［例 11-3］　研究球形颗粒在黏性流体中所受到的阻力为例。一个直径为 d 的光滑球形颗粒在黏性流体中以速度 v 缓慢运动，流体的密度和黏度分别为 ρ 和 μ，忽略重力的影响，求此颗粒所受到的阻力 F。

对于这样的问题，虽然具体的函数关系未知，但可写出一般表达式：

$$F=f(d,v,\rho,\mu)$$

如果不采用量纲分析法，要确定函数关系式，实验如此设计：确定 ρ_1 与 μ_1，在不同 v 值条件下找出 F 与 d 的函数关系如图 11-1a 所示，然后保持 ρ_1 一定，改变 μ_1 直到 μ_n，找出类似的函数关系如图 11-1b 所示，再分别保持 $\mu_1 \cdots \mu_n$ 一定，改变 ρ_1 直到 ρ_m，如图 11-1c 和图 11-1d 所示。由此可见，需要做大量的实验才能得到这些数据图，最后求出所需的经验公式。

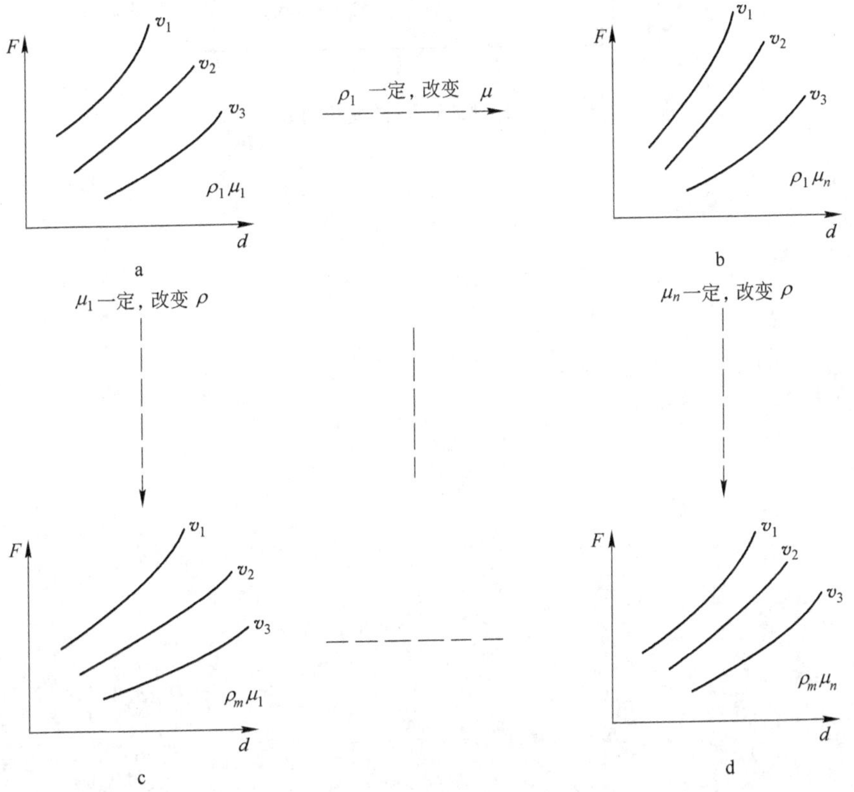

图 11-1　为求出 F 与 d、v、ρ、μ 的具体函数关系所需的实验数据

然而，用量纲分析法可使问题大大简化，用 π 定律可将此流动的方程简化为欧拉数 Eu 与雷诺数 Re 之间的关联式，即：

$$\frac{F/d_2}{\rho v^2}=f\left(\frac{\rho vd}{\mu}\right)\quad 或\quad Eu=f(Re)$$

这样，求阻力问题就转换为求欧拉数 Eu 与雷诺数 Re 之间关系的问题。如果将小球置于风洞或水洞中进行实验，只需改变风速或水流速度 v 就可改变雷诺数 Re，而不必将 d、μ、ρ 作为实验测试变量。这样设计的实验可大为降低实验的难度及工作量，而达到同样目的。实验中，根据不同速度（即不同雷诺数 Re）条件下实测的阻力 F 计算出欧拉数 Eu，就可将 Re 与 Eu 对应的数据点绘于坐标纸上，通过这些实验可拟合出 Eu 随 Re 的变化曲线如图 11-2 所示，最后求得具体的实验关联式。有了该实验曲线后，在应用中如果要求某一条件 d_a、v_a、μ_a、ρ_a 所对应的阻力 F_a 值，可根据这些物理参数计算出 Re_a 值，并查图 11-2 得到 Eu_a 值，从而由此计算出 F_a 值。

值得指出的是，实验中应尽量使作为自变量的无量纲数变化范围大一些，因为最后求得的关联式只在实验所测试的无量纲数的变化范围内才是有效的。

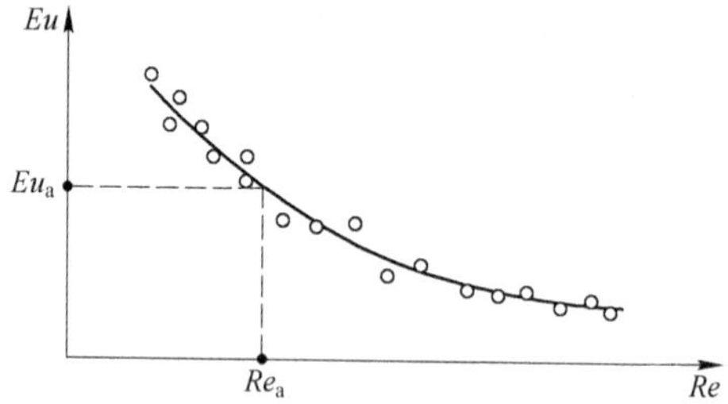

图 11-2　Eu 随 Re 的变化曲线

参考文献

[1] 王献孚,熊鳌魁. 高等流体力学[M]. 武汉:华中科技大学出版社,2003.
[2] 刘士和. 高速水流[M]. 北京:科学出版社,2005.
[3] 黄卫星,陈文梅. 工程流体力学[M]. 北京:化学工业出版社,2001.
[4] 蔡中林,黄临平. 弹性流变力学[M]. 北京:原子能出版社,2003.
[5] 王福军. 计算流体动力学分析[M]. 北京:清华大学出版社,2004.
[6] 傅德薰,马延文. 计算流体力学[M]. 北京:高等教育出版社,2002.
[7] 任玉新,陈海昕. 计算流体力学基础[M]. 北京:清华大学出版社,2006.
[8] 吴子牛. 计算流体力学基本原理[M]. 北京:科学出版社,2001.
[9] 盛森芝. 流速测量技术[M]. 北京:北京大学出版社,1987.
[10] 范洁川. 近代流动显示技术[M]. 北京:国防工业出版社,2002.
[11] 高学平,等. 流体力学[M]. 天津:天津大学出版社,2005.
[12] 范大年,徐重光. 张量流体力学[M]. 北京:中国水利水电出版社,1985.
[13] Tamir A. 撞击流吸收器—原理和应用[M]. 伍沅译. 北京:化学工业出版社,1996.
[14] 伍沅. 撞击流性质及其应用[M]. 化工进展,2001,20(11):8 ~ 13.
[15] 伍沅. 撞击流中连续相研究重点的转移[J]. 化工进展,2003,22(10):1066 ~ 1071.
[16] 盛森之,徐月亭,等. 90 年代的流动测量技术[M]. 北京:北京大学出版社,1993.
[17] 董志勇. 射流力学[M]. 北京:科学出版社,2005.
[18] 薛胜雄. 高压水射流技术工程[M]. 合肥:合肥工业大学出版社,2006.
[19] 孔珑. 流体力学(Ⅰ)[M]. 北京:高等教育出版社,2003.
[20] 丁祖荣. 流体力学(上)[M]. 北京:高等教育出版社,2003.
[21] 史里希廷 H. 边界层理论(下册)[M]. 孙燕候等译,北京:科学技术出版社,1988.
[22] 杜煦. 连续介质力学[M]. 北京:清华大学出版社,1985.
[23] 刘沛清. 自由紊动射流理论[M]. 北京:北京航空航天大学出版社,2008.
[24] 吴玉林,唐学林,刘树红,等. 水力机械空化和固液两相流体动力学[M]. 北京:中国水利水电出版社,2007.
[25] 张小宁,徐更光. 射流撞击粉碎制备超细 HMX 和 RDX 的研究[J]. 北京理工大学学报,1999,19(5):646 ~ 650.
[26] 李伟锋,刘海峰. 工程流体力学[M]. 上海:华东理工大学出版社,2009.
[27] 王松岭. 流体力学[M]. 北京:中国电力出版社,2004.
[28] 罗惕乾,程兆雪. 流体力学[M]. 北京:机械工业出版社,2003.

冶金工业出版社部分图书推荐

书　名	作　者	定价(元)
工程流体力学(第4版)	谢振华　主编	36.00
工程流体力学及环境应用	宋洪庆　主编	32.00
混凝土及砌体结构	王社良　熊仲明　主编	41.00
机械振动学	闻邦椿　等主编	25.00
建筑力学	杨丽珍　杨　静　主编	39.00
建筑施工技术(第2版)	王士川　主编	42.00
理论力学	刘俊卿　主编	35.00
粒子群优化算法	李　丽　牛　奔　著	20.00
流体力学数值方法	刘国勇　著	27.00
散体动力学理论及其应用	吴爱祥　孙业志　著	125.00
塑性力学基础	李立新　胡盛德　编著	20.00
土力学地基基础	韩晓雷　主编	36.00
微流体溶剂萃取技术	彭金辉　巨少华　编著	42.00
物理化学	邓基芹　主编	28.00
物理科学与辩证法	李浙生　著	30.00
物理实验创新研究	刘炎松　编著	20.00
岩石力学	杨建中　主编	26.00
转子动力学分析方法	袁惠群　编著	42.00